中国石漠化治理丛书

国家林业和草原局石漠化监测中心 ▣ 主审

CHINA KARST ROCKY DESERTIFICATION

中国喀斯特石漠化

吴照柏　但新球　吴协保
刘世好　刘　伟　宁小斌 ▣ 主编

中国林业出版社

·北京·

图书在版编目(CIP)数据

中国喀斯特石漠化 / 吴照柏等主编 . -- 北京 : 中国林业出版社 , 2020.9
（中国石漠化治理丛书）

ISBN 978-7-5219-0796-4

Ⅰ . ①中… Ⅱ . ①吴… Ⅲ . ①岩溶地貌—戈壁—地质演化—研究—中国
Ⅳ . ① P931.5

中国版本图书馆 CIP 数据核字 (2020) 第 175191 号

国家重点研发计划——喀斯特峰丛洼地石漠化综合治理与生态服务功能提升技术研究示范 (2016YFC0502400)

中国林业出版社
责任编辑：李 顺 陈 慧 薛瑞琦
出版咨询：（010）83143569

出 版：中国林业出版社（100009 北京西城区德内大街刘海胡同 7 号）
网 站：http://www.forestry.gov.cn/lycb.html
印 刷：北京博海升彩色印刷有限公司
发 行：中国林业出版社
电 话：（010）83143500
版 次：2020 年 9 月第 1 版
印 次：2020 年 11 月第 1 次
开 本：787mm × 1092mm 1 / 16
印 张：14.25
字 数：300 千字
定 价：198.00 元

《中国喀斯特石漠化》编写委员会

主　　编：吴照柏　但新球　吴协保　刘世好
　　　　　刘　伟　宁小斌

地图编绘：吴照柏

数据核审：吴照柏

照片收集：吴协保

前　言

石漠化是我国岩溶地区的首要生态问题，集中分布在湖北、湖南、广东、广西、重庆、四川、贵州和云南八省（自治区、直辖市）。这些地区是长江和珠江的重要水源涵养和水源补给区，也是珠江的发源地、珠江和长江流域的重要生态屏障，同时又是国家西电东输、南水北调、三峡水利等重大工程所在地，生态区位十分重要。石漠化是区域自然灾害之源、贫困落后之根、生态安全之隐患，直接影响珠江、长江两大流域的长治久安，严重制约着区域经济社会发展。加快石漠化防治十分必要，意义重大。

党和国家高度重视石漠化防治工作，党的十八大、十九大都把建设生态文明纳入了中国特色社会主义事业“五位一体”总体布局，明确提出要推进荒漠化、石漠化和水土流失综合治理，将石漠化综合治理列为国家重大生态修复工程。特别是第二次石漠化监测成果发布后，习近平、李克强等中央领导作出重要批示，充分肯定石漠化防治取得的成绩，并要求加大石漠化防治力度。习近平等中央领导的批示，为我国持续推进石漠化防治工作指明了方向，提出了明确的要求。

为进一步掌握岩溶地区石漠化动态变化情况，积极推进岩溶地区石漠化综合治理工作，在2005年、2011年完成的两次石漠化监测工作的基础上，国家林业和草原局组织开展了第三次石漠化监测工作。监测工作由国家林业和草原局防治荒漠化管理中心具体负责，国家林业和草原局石漠化监测中心（中南林业调查规划设计院）为技术负责单位，各省林业厅（局）负责组织各自行政区域内的石漠化监测工作，省级林业调查规划院具体负责本辖区的石漠化监测工作。另外，中国科学院亚热带农业生态研究所、北京林业大学、国家林业和草原局经研中心等单位承担了部分专题调查和研究。

本次监测于2016年4月启动，2017年9月结束，历时一年半。采用“3S”技术与地面调查相结合的方法，直接参与的技术人员达4000人，共区划和调查小班380万个，获取各类信息记录1.9亿条，建立GPS特征点10万个，拍摄实地景物照片 15 万余张。

监测结果显示，截至 2016 年底，岩溶地区有石漠化土地面积 1007.0 万 hm^2，占监测县岩溶土地面积的 22.3%，占监测县土地面积的 9.4%，涉及上述 8 个省（自治区、直辖市）的 457 个县（市、区）5482 个乡。与 2011 年相比，石漠化土地面积净减少 193.2 万 hm^2，年均减少 38.6 万 hm^2，年均缩减率为 3.45%。

岩溶地区潜在石漠化土地总面积为 1466.9 万 hm^2，占岩溶土地面积的 32.4%，占区域土地面积的 13.6%，涉及 8 个省（自治区、直辖市）的 463 个县（市、区）5702 个乡。

连续三期监测结果显示，岩溶地区石漠化土地面积持续减少、程度减轻，石漠化敏感性降低；林草植被群落结构进一步优化，植被盖度逐步提升；坡耕地面积减少，水土流失状况明显好转；生态系统稳定好转，应对气候变化能力增加。

通过三期监测全面掌握了石漠化土地现状、动态变化状况与原因，为我国制订石漠化防治决策等提供了科学依据，对实施乡村振兴战略、决胜全面建成小康社会和推进生态文明建设意义重大。

我国石漠化区域是“丝绸之路经济带”和“21 世纪海上丝绸之路”的重要节点和廊道，也是长江经济带的重要水源涵养区与生态屏障，直接关系到国家经济的可持续发展。

为了充分发挥监测成果的作用，扩大石漠化监测的影响，为了能够及时梳理第三次石漠化监测数据成果，系统总结三次石漠化监测形成的数据、结论，科学评价分析石漠化土地动态变化趋势与防治形势，全面总结与推广石漠化综合治理成效与典型成功经验，加快岩溶地区石漠化综合治理进程与区域生态文明建设，为我国各地下阶段石漠化防治提出建议意见，由国家林业和草原局荒漠化防治司组织，以国家林业和草原局防治荒漠化管理中心为主审单位，国家林业和草原局石漠化监测中心及 8 个省级林业厅（局）为主编单位，联合相关科研院所共同编写出版石漠化系列丛书。

该丛书是过去 10 多年来石漠化监测与石漠化治理的技术大成，可以为大力推进石漠化治理提供技术支撑。

《中国喀斯特石漠化》编委会

2020 年 5 月

目　录

第一章　岩溶（喀斯特）地区生态特征

石漠化是西南地区的首要生态问题，也是我国三大生态问题之一。石漠化的形成与演替除受西南地区分布广泛的碳酸盐岩，地表高低不平、沟壑纵横的地质背景和雨热同期、且多暴雨的自然气候环境影响外，更因区域人口密度大、人地矛盾突出等社会经济因素的叠加效应，导致区域岩溶土地退化加剧，呈现地表基岩裸露，地表植被稀疏，水土流失加剧的石质荒漠化景观。本章结合岩溶地区第三次石漠化监测，对岩溶地区生态特征与石漠化危害进行了深入分析，以期推进岩溶地区石漠化防治提供借鉴经验。

第一节　中国岩溶地区自然与社会经济情况

一、岩溶地区自然概况

（一）地理位置与生态区位

石漠化区域主要包括为以云贵高原为主体的贵州、广西、云南、湖南、四川、重庆、湖北、广东八省（自治区、直辖市）的岩溶土地，地理坐标为东经 98°39′~116°05′，北纬 22°00′~33°16′。行政范围涉及 8 个省的 465 个县（市、区），县域土地面积 107.1 万 km^2，其中岩溶土地面积 45.2 万 km^2。

该区域是珠江的源头（云南曲靖市境内乌蒙山脉的马雄山），长江的重要水源补给区，影响着珠江、长江下游的生态安全；既在我国“一带一路”的重要廊道中，也在长江经济带的重要水源涵养与生态屏障区中，涉及 15 个国家重要生态功能区；还是西电东输、南水北调、三峡水利等国家重大工程所在地，生态区位十分重要。

（二）地质地貌

该区域以山地地貌为主，岩溶地貌广泛分布。因受大地构造运动的影响，地表高程逐步抬升，岩体皱褶、变形和断裂，河流的切割作用不断加大，从而塑造了陡峭而破碎的地形特征。山岭河谷交错，相对高差大，山地面积占监测区总面积的 80% 以上。区域内分布着丰富的碳酸盐岩，由于长期的强烈侵蚀，地下岩溶发育成熟，峰丛、峰林、孤峰、残丘、石林等岩溶地貌广泛存在。

（三）气　候

该区域气候温暖湿润，干湿季节明显，水热条件较好。区域年均气温在 14~24℃，年降雨量 800~1800mm，绝大部分地区 1000~1400mm，降水量呈自东南向西北和由南向北递减的趋势，且具有明显的山地垂直气候特征。降水季节分布不均，降雨多集中在5~9月，通常占全年降雨量的70%左右，降雨强度大，年均暴雨日数多为2~6日，导致干旱和内涝灾害频发。岩溶地区虽然人均拥有水资源量3000~4000m^3/年，约为全国平均水平的1.6倍，但由于岩溶地区的漏斗效应，经常出现地带性、季节性缺水。

（四）水资源

该区域河流众多，分属长江、珠江及西南诸河的红河、澜沧江、怒江等，河流水量丰富，但落差大，具有夏涨冬枯和暴涨暴落的特性，季节性明显。岩溶地表下垫面透水性强，岩溶地下水文过程活动强烈。特别是长期不合理的人为活动干扰，致使森林植被遭到破坏，森林调蓄地表水和地下水能力减弱，导致岩溶地区的水资源利用率低，局部地区缺水严重。

（五）土　壤

该区域地处热带、亚热带，地域辽阔，各地作为成土母质的基岩风化物不同，土壤类型丰富，岩溶土地成土母岩主要为纯灰岩，间或有少部分泥质灰岩或硅质灰岩。碳酸盐岩质地较纯，含不溶成分较少，风化成土速率极慢。岩溶土壤土被不连续，土层与下伏的刚性岩石直接接触，缺少母质层，土层薄，易侵蚀，土壤理化性质有别于地带性的土壤，表现为富钙、偏碱性，有效营养元素供给不足且不平衡，质地黏重，有效水分含量偏低。岩溶土地因碳酸盐岩具有化学可溶性，形成独特的“双层水文结构”，导致岩溶土地呈现地表地下的水土双层漏失。而土地漏失与成土速率慢等自然特性，决定了石漠化土地“缺土少水”、富钙化、土地生产力低、抵御自然灾害能力弱等限制因素。

（六）植　被

区域植被类型丰富，几乎包含了东部季风区内所有地带性植被，植被类型主要有南亚热带常绿季雨林带、亚热带常绿阔叶林、亚热带落叶阔叶林、常绿落叶阔叶混交林、暖性针叶林、温带暗针叶林、竹林、灌木林和灌草丛。岩溶植被具有旱生性、喜钙性的特点，种质资源丰富，生物多样性指数较高。根据《中国南部和西南部石灰岩珍稀濒危植物名录》记载，中国目前已记录的自然分布于广西、贵州和云南的石灰岩上的维管植物共195科1213属4287种（包括亚种、变种和变型种），约占全中国植物区系的七分之一。

二、岩溶地区社会经济状况

岩溶地区土地总面积为107.1万km^2，截至2016年底，人口22270.8万人，其中农业人口12140.3万人，占总人口的54.5%，少数民族人口4514.3万人，主要居住有壮族、苗族、瑶族等46个民族，分布有50个少数民族自治县。人口密度为207人/km^2，相当于全国平均人口密度的 1.5 倍。岩溶地区人均耕地面积 1.3 亩 *，部分石漠化严重地区仅 0.5 亩，人地矛盾突出。监测区单位面积耕地产量为 4.1t/hm^2，较八省（自治区、直辖市）单位面积粮食产量低 24.2 个百分点，比全国单位面积粮食产量低 25.1 个百分点，土地生产力低。

石漠化与贫困互为孪生关系,脆弱的生态环境和落后的社会经济在该区域相互耦合,该区域为我国国家扶贫工作重点县(国家级贫困县)和集中连片特殊困难县主要分布区。截至 2016 年底, 岩溶地区 465 个石漠化监测县里有 217 个县属于国家级贫困县或集中连片特殊困难县, 有 160 个县属于全国重要生态功能区县, 其中岩溶地区贫困县个数占岩溶地区县数的 46.7%, 占八省(自治区、直辖市)贫困县数的 64.8%。该区域 2016 年有贫困人口 1525.9 万人, 占到八省(自治区、直辖市)的 76.8%, 占全国的 35.2%; 地区生产总值 86359.7 亿元, 占八省(自治区、直辖市)地区的 36.2%, 仅占全国的 11.6%。人均 GDP 为 39224.0 元, 为八省(自治区、直辖市)的 79.0%, 仅为全国的 72.7%。

第二节　中国岩溶地区生态与社会经济特征

一、岩溶地区景观高度破碎化，生态系统生物多样性丰富但规模小

岩溶地区造山运动和水流侵蚀造成该区域地形高度破碎，小生境异常丰富，堆积的地方环境较好，冲刷的地方环境恶劣，这种多样化的生境可以支撑生物多样性的复杂性，据广西壮族自治区气象局发布的重大气象信息专报显示，广西和贵州的植被生态质量位于全国前两名，这也佐证了岩溶地区的生物多样性丰富。但因为地形破碎带来复杂的生境，缺少大规模一致的生境也导致各种生物群体规模较小，抵御自然风险能力差。即岩溶地区生物群落的特点是规模小而多样化。

二、岩溶地区生态系统自我恢复能力低下, 影响区域生态恢复的进程

岩溶地区虽然生境多样，生物多样性丰富，但是生物种群数量一般较小，生物链中可替代物种选择性少，生态系统一旦破坏，很难自我恢复。很典型的是岩溶地区植被群落以次生植被为主，有些遭人为破坏的石漠化退化地区甚至以先锋植被群落占优势，生态系统的稳定性较差，缺少必需的生存资源，物种演替多处于初中级阶段，很难向较高演替阶段发展。

三、经济基础较差，区域经济水平落后

岩溶地区有很大一部分石漠化分布在我国三大阶梯过渡的斜坡地带，水流侵蚀导致

* 注：1 亩≈ 666.67m^2（下同）。

水土流失严重，地下溶洞普遍发育，水蚀过程带走了生物生存的物质基础——土壤下漏现象明显，使得地面保水能力更差，所以缺土少水致使该区域土地生产能力低下。该区域基岩裸露度较高，可利用土地面积小，加上其他可利用资源很少，经济基础较差，造成该区域经济水平落后，截至2016年，该区域GDP仅为全国的11.6%。是我国贫困面最广、贫困程度最深的区域，分布有国家级贫困县217个，占到全国四分之一以上的国家级贫困县，占到全国三分之一的贫困人口。

四、人口密度大，人地关系高度紧张

岩溶地区土地面积达107.1万km^2，占全国土地面积的九分之一；人口达2.22亿人，占全国人口的六分之一。2016年人口密度为207人/km^2，相当于全国人口密度的1.5倍，远超岩溶地区合理的生态环境承载力，人地关系高度紧张。石漠化区域耕地资源十分稀缺，人均耕地仅1.3亩，部分石漠化严重地区人均耕地不到0.5亩，其有限耕地大多属旱涝频发、收成难保的贫瘠山地。

据对贵州和广西的典型调查显示，每年因石漠化减少的耕地约占耕地总面积的0.5%，使本来就很尖锐的“人地矛盾”更加突出。

五、石漠化区域的生态地位极为重要

石漠化主要分布在我国大江大河源头及中上游地区，是我国重要的水源涵养与水土保持区，还是我国西电东输、南水北调、三峡水利、长江经济带等国家重大工程（战略）所在地，生态地位极为重要。

我国石漠化区域是珠江源头，也是长江和珠江的分水岭与重要水源补给区，还是澜沧江、红河等国际河流的中上游地区，涉及15个重要生态功能区。长期以来，石漠化导致区域生态系统功能退化，流域内截蓄降水、调节径流的能力减弱，水土流失加剧，泥沙淤积江河湖库，直接影响流域内水利水电设施的安全运行和效能发挥，威胁着长江、珠江等江河中下游地区的生态安全与可持续发展。

第三节　中国岩溶地区石漠化危害

一、石漠化使得可耕种土地面积缩减，土地生产力下降

“缺土少水”是石漠化土地的主要生态特征，普遍具有土层薄、土被不连续、土层结构不完整、水土下渗严重、保水保肥性差等特性，有限耕地大多属旱涝频发、收成难保的贫瘠山地。水土流失造成土地石漠化，石漠化又引起更严重的水土流失，这种恶性循环使岩溶地区水土流失极为严重，生态状况日渐恶化。岩溶地区造壤力极差，据有关研究报道，岩溶地区每厘米厚的土层需要4000~8500年才能形成。

此外，由于山高坡陡的地形条件和独特的岩溶双层地质结构，加上降水丰沛且多暴雨的气候特征，人类生存与发展最基础的生态条件——水土资源极易遭受雨水侵蚀、冲刷与地下渗漏而逐渐丧失，导致土地生产力下降，可耕种土地面积缩减，严重威胁到当地居民的生存空间。监测区内平均土壤侵蚀模数达 695.1 t/(km^2·a)，大部分岩溶山区缺水少土，生态状况日渐退化。

二、石漠化导致泥沙淤积江河湖库，直接影响流域内水利水电设施的安全

长期以来，水土流失造成土地石漠化，石漠化又引起更严重的水土流失，这种恶性循环致使林草植被减少，岩溶生态系统功能退化，流域内截蓄降水、调节径流的能力减弱，导致泥沙淤积江河湖库，直接影响流域内水利水电设施的安全运行和效能发挥，并威胁着长江、珠江等江河中下游地区的生态安全与可持续发展。

据《云南省 2015 年水土流失调查成果公告》，云南省全部石漠化县水土流失面积为 55169.8hm^2，占石漠化县土地面积的 30.28%；非石漠化县水土流失面积 49557.9hm^2，占非石漠化县土地面积的 24.65%，比石漠化县占比低 5.63%。这表明石漠化县比非石漠化县水土流失占土地面积的比例大，石漠化县更易发生水土流失现象。

三、区域贫困加剧，影响到全面小康社会建设进程

石漠化区域多属老、少、边、山、穷地区，既是西部地区、边疆地区，又是多民族聚居地区和革命老区，涉及 192 个少数民族县，2016 年有少数民族人口 4514.3 万人；区域山地面积占到 70% 以上；有陆地边界线近 2000km；还曾发生过百色起义、遵义会议和红军二万五千里长征，又是左右江革命根据地等所在地；涉及我国 8 个集中连片特殊困难片区，有集中连片特殊困难县和国家扶贫开发工作重点县共 217 个，石漠化区域贫困人口 1525.9 万人，占全国贫困人口的 35.2%，人均 GDP 仅为 39224.0 元，不足全国平均水平的四分之三；农民人均纯收入为 10839.0 元，仅相当于全国平均水平的 87.7%，区域贫困面大，贫困程度深，社会经济问题突出。日益严重的石漠化，不仅是区域生态恶化、经济落后、社会贫困的根源，还影响到民族的团结、群众的生存、社会的稳定。

长期以来，由于岩溶地区人口不断增加，人均耕地不足，人民群众为了生活，不得不以牺牲环境为代价，毁林开荒，过度樵采、滥用资源，导致了严重的生态危机。粮食不能自给，经济收入少，人地矛盾、人水矛盾不断加剧，许多岩溶石山地区陷入了“越穷越垦，越垦越穷”的恶性循环，使岩溶地区成为我国农村贫困面最广、贫困人口最多、贫困程度最深的地区之一。地貌上特有的“先天缺陷”加上人为的“后天失调”，使岩溶地区人民披上了土地石漠化和生活贫困化的双重包袱。

四、自然灾害频发，危及群众生命财产安全

岩溶地区属于自然灾害易发区域，旱灾、洪涝、崩塌、山体滑坡、泥石流等自然灾害都有不同程度发生，且时常交替发生。岩溶地区暴雨和山洪诱发的山体滑坡、泥石流等地质灾害点多面广，灾害频繁发生，对水利设施、农业生产和人民生命财产和安全构成了极大的威胁。

同时，受全球气候变化的影响，岩溶地区面临极端天气危害的挑战进一步加剧，干旱、暴雨、洪涝、有害生物等自然灾害及火灾对工程建设及治理成果巩固的潜在威胁越来越严峻。

由于地质结构和地被覆盖物的不稳定，岩溶地区地质灾害频发，据统计，仅 2015 年岩溶地区八省（自治区、直辖市）发生滑坡 3007 处，崩塌 758 处，泥石流 304 处，地面塌陷 198 处，对局部石漠化土地扩展造成重大影响。同时，因自然灾害对水利设施、农业生产和人民生命财产安全等构成了极大的威胁。

“十二五”期间，贵州省各类自然灾害累计受灾人口达 8240.04 万人次，因灾死亡失踪 418 人，农作物受灾面积 551.37 万 hm^2，其中成灾面积 316.46 万 hm^2，直接经济损失 729.46 亿元，平均每年因灾直接经济损失 145.89 万元，占全省 GDP 的 2.0%。干旱区分布约占全省总面积的 80%，其中伏旱约占 60%；汛期集中了全年降雨量的 70%，极易爆发洪涝灾害和引发地质灾害。“十二五”期间，仅滑坡、泥石流、崩塌等地质灾害就有 1271 起，造成 144 人死亡失踪。

五、生物多样性下降，影响到区域生态系统安全

有研究结果表明，岩溶地区植物多样性的 4 种指数（均匀度指数、丰富度指数、多样性指数、优势度指数）均低于非岩溶地区，不同程度石漠化环境的植物多样性 4 种指数均具有显著差异，显示了岩溶地区植物生态系统较脆弱，一旦破坏恢复难度较大。此外，被列入《外来有害生物的防治和国际生防公约》中四大恶草之一的紫茎泽兰长驱直入，成为石漠化地区生态退化的典型标志，同时对区域生态系统安全构成重大威胁。

六、重度及以上石漠化土地相对集中分布威胁区域生态安全

据第三期监测结果显示，重度及以上石漠化集中分布在云贵高原东南边缘向低山丘陵的过渡地带、云贵高原向青藏高原过渡地带的横断山脉一带和南北盘江峡谷地带，这三大片重度及以上石漠化面积占岩溶地区重度及以上石漠化面积的 50% 以上。石漠化程度较重的岩溶地区具有基岩裸露度较大、土壤不连续、土层结构不完整，土体浅薄且分布不均、水分下渗严重、保水保肥性差等生态特征。贫乏的土地资源不可避免导致更多的人为干扰，进而造成该区域生态环境恶化，植被结构简单化，生态系统退化，又进一步减少可用的土地资源，形成恶性循环，如缺少外力干扰很难自我恢复。该区域的地质

结构不稳定极易引发泥石流、山体滑坡等重大自然灾害，严重威胁区域生态安全。

第四节 结 论

岩溶生态系统脆弱，抗风险能力差，区域社会经济发展整体滞后，石漠化导致自然灾害频发，水土流失加剧、生态系统退化、土地生产力下降，加深区域民众贫困，严重制约着区域的可持续发展和全国全面建设小康社会进程，其危害影响深远。在岩溶地区继续实施以石漠化综合治理等为依托的国家重大生态工程，是实现石漠化治理与区域可持续发展的必由之路。

第二章　石漠化现状

岩溶地区第三次石漠化监测范围包括贵州、广西、云南、湖南、四川、重庆、湖北、广东八省（自治区、直辖市）的岩溶土地（与第二次石漠化监测范围一致），涉及8个省（自治区、直辖市）的465个县（市、区），区域土地总面积107.1万km^2，岩溶土地面积45.2万km^2，地理坐标为东经98°39′~116°05′，北纬22°00′~33°16′。

第一节　岩溶土地现状

截至2016年底，岩溶地区分布有岩溶土地4522.3万hm^2，涉及湖北、湖南、广东、广西、重庆、四川、贵州和云南8个省（自治区、直辖市）的465个县（市、区）5909个乡（表2-1）。

表2-1　分省岩溶土地基本情况表

统计单位	分布县数/个	分布县土地面积/hm^2	分布县岩溶土地		
			面积/hm^2	占分布县土地面积比例/%	占八省岩溶土地面积比例/%
合计	465	107102346	45222580.8	42.2	100.0
湖北	57	13558242	5096476.1	37.6	11.3
湖南	83	16715904	5496381.2	32.9	12.2
广东	21	5086122	1059636.0	20.8	2.3
广西	77	18077005	8331203.6	46.1	18.4
重庆	37	8316410	3268325.0	39.3	7.2
四川	46	11582671	2782006.6	24.0	6.1
贵州	79	15543412	11247200.3	72.4	24.9
云南	65	18222580	7941352.0	43.6	17.6

一、分省状况

岩溶土地主要分布在贵州、广西和云南三省（自治区），面积分别为1124.7万hm^2、833.1万hm^2、794.1万hm^2，分别占岩溶土地总面积的24.9%、18.4%、17.6%；其他依次为湖南、湖北、重庆、四川和广东，面积分别为549.6万hm^2、509.6万hm^2、326.8万hm^2、278.2万hm^2和106.0万hm^2，分别占岩溶土地总面积的12.2%、11.3%、7.2%、6.1%

和 2.3%。

二、分流域状况

岩溶土地分布范围涉及长江、珠江、红河、澜沧江和怒江等流域，各流域岩溶土地面积分别为 2753.2 万 hm^2、1556.6 万 hm^2、116.2 万 hm^2、34.7 万 hm^2 和 61.6 万 hm^2，分别占岩溶土地总面积的 60.9%、34.4%、2.6%、0.8% 和 1.3%（图 2-1）。

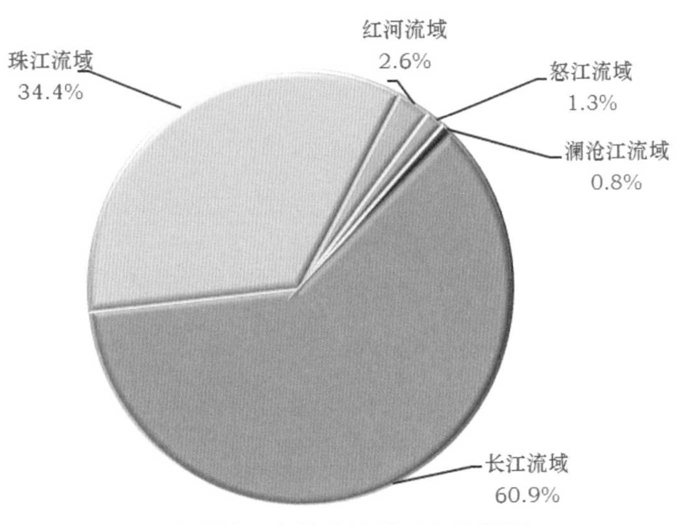

图 2-1　岩溶地区土地分流域面积比例图

三、分岩溶地貌状况

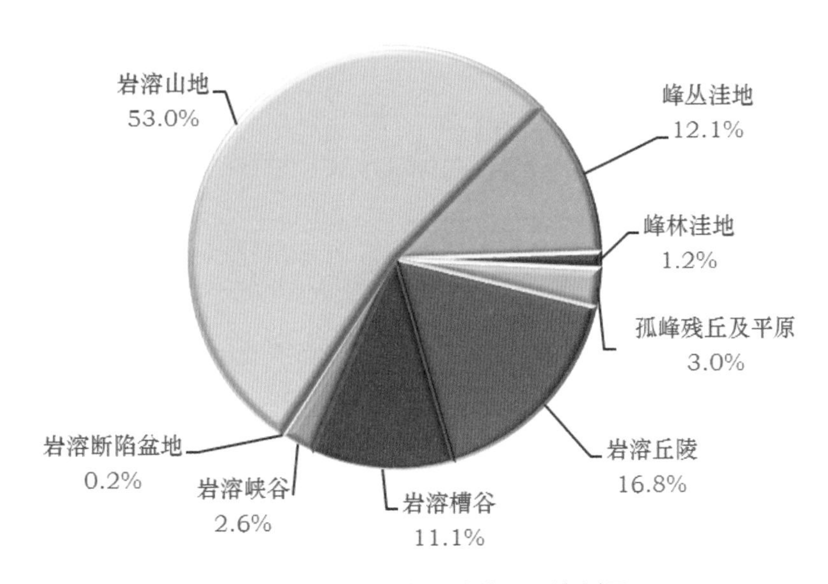

图 2-2　岩溶地区土地分岩溶地貌面积比例图

按岩溶地貌分，岩溶土地以岩溶山地为主，面积 2398.8 万 hm^2，占岩溶土地总面积的 53.0%；其他依次为岩溶丘陵、峰丛洼地、岩溶槽谷、孤峰残丘及平原、岩溶峡谷、峰林洼地、岩溶断陷盆地，面积分别为 758.8 万 hm^2、547.8 万 hm^2、503.4 万 hm^2、134.9 万 hm^2、116.1 万 hm^2、53.6 万 hm^2 和 8.9 万 hm^2，分别占岩溶土地总面积的 16.8%、12.1%、11.1%、3.0%、2.6%、1.2% 和 0.2%（图 2-2）。

四、分土地利用类型状况

岩溶土地按土地利用类型分，乔灌林地[1]面积 2854.4 万 hm^2，占岩溶土地总面积的 63.1%。

其他林地[2]面积 137.4 万 hm^2，占 3.0%。

耕地面积 1276.1 万 hm^2，占 28.2%。其中旱地 1027.4 万 hm^2，水田 248.7 万 hm^2。

草地面积 20.9 万 hm^2，占 0.5%。

水域面积 44.5 万 hm^2，占 1.0%。

未利用地面积 57.1 万 hm^2，占 1.3%。

建设用地面积 131.9 万 hm^2，占 2.9%（图 2-3）。

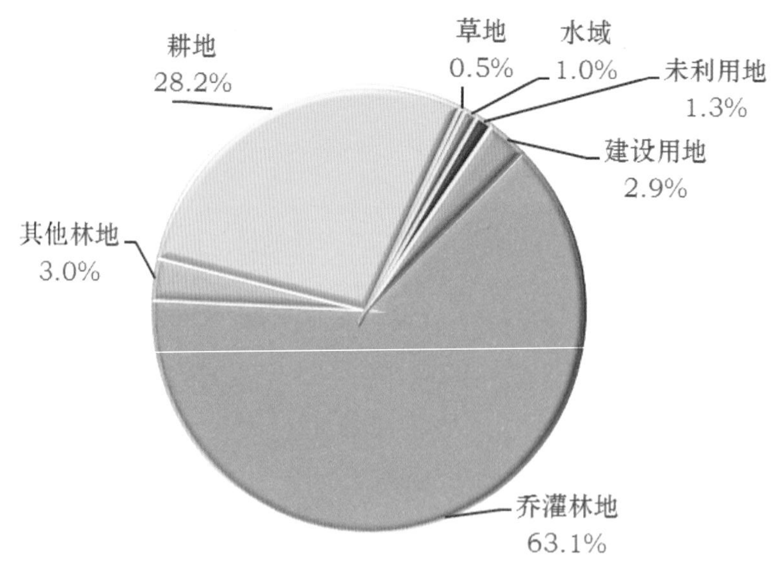

图 2-3　岩溶地区土地分土地利用类型面积比例图

五、植被类型状况

岩溶地区植被类型分为乔木型、灌木型、草本型、旱地作物型、无植被型 5 类，面积

1 乔灌林地指有林地和灌木林地的统称。

2 林业生产辅助用地、水田、水域、建设用地 4 类不作植被调查。

4097.1 万 hm^2，占岩溶土地总面积的 90.6%；其他 425.2 万 hm^2（包括林业生产辅助用地、水田、水域、建设用地 4 类不开展植被调查的土地面积），占岩溶土地总面积 9.4%。

各植被类型情况如下：

乔木型面积 1874.3 万 hm^2，占各植被类型土地总面积的 45.7%。

灌木型面积 1057.3 万 hm^2，占 25.8%。

草本型面积 114.0 万 hm^2，占 2.8%。

旱地作物型面积 1027.4 万 hm^2，占 25.1%。

无植被型面积 24.1 万 hm^2，占 0.6%（图 2-4）。

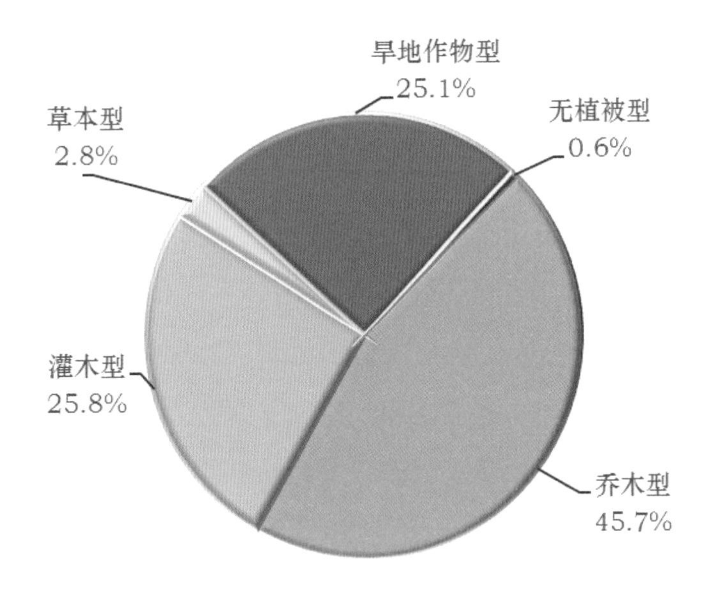

图 2-4 岩溶地区土地分植被类型面积比例图

第二节 石漠化土地现状

截至 2016 年底，监测区有石漠化土地总面积 1007.0 万 hm^2，占监测区岩溶土地面积的 22.3%，占监测区土地面积的 9.4%，涉及湖南、湖北、广东、广西、重庆、四川、贵州和云南 8 个省（自治区、直辖市）457 个县（市、区）5482 个乡（表 2-2）。

表 2-2 分省石漠化土地基本情况表

统计单位	分布县数 / 个	石漠化土地		
		面积 /hm^2	石漠化发生率 /%	占八省石漠化土地面积比例 /%
合计	457	10070118.7	22.3	100.0
湖北	57	961510.1	18.9	9.6
湖南	81	1251402.8	22.8	12.4

（续表）

统计单位	分布县数/个	石漠化土地		
		面积/hm²	石漠化发生率/%	占八省石漠化土地面积比例/%
广东	19	59446.7	5.6	0.6
广西	76	1532898.9	18.4	15.2
重庆	36	772864.8	23.6	7.7
四川	44	669926.5	24.1	6.6
贵州	79	2470132.1	22	24.5
云南	65	2351936.8	29.6	23.4

一、石漠化土地分布状况

（一）分省状况

石漠化土地主要分布在贵州、云南和广西，面积为 635.5 万 hm^2，占石漠化土地总面积 63.1%。其中：以贵州省石漠化土地面积最大，为 247.0 万 hm^2，占石漠化土地总面积的 24.5%，云南、广西、湖南、湖北、重庆、四川和广东石漠化土地面积分别为 235.2 万 hm^2、153.3 万 hm^2、125.1 万 hm^2、96.2 万 hm^2、77.3 万 hm^2、67.0 万 hm^2 和 5.9 万 hm^2，分别占石漠化土地面积的 23.4%、15.2%、12.4%、9.6%、7.7%、6.6% 和 0.6%（图 2-5）。

单位：万 hm^2

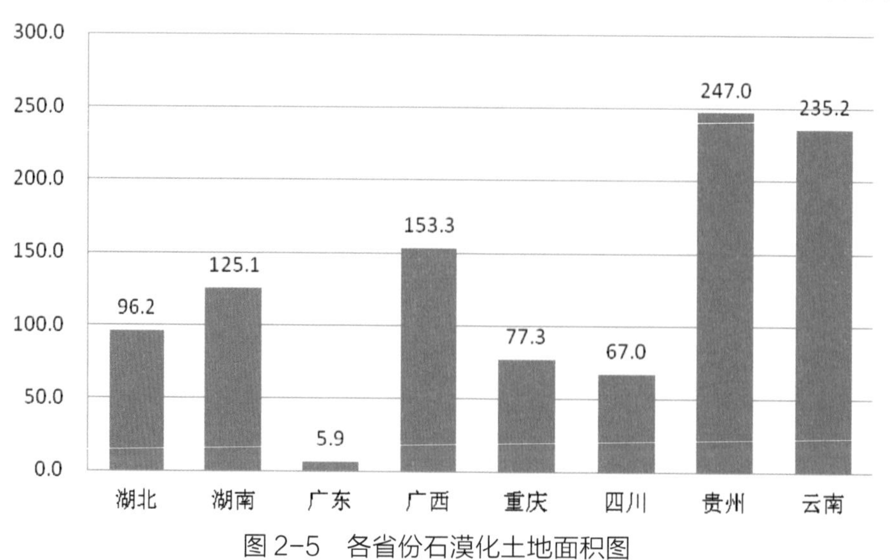

图 2-5　各省份石漠化土地面积图

（二）分流域状况

石漠化土地主要分布在长江、珠江流域，其面积达 943.1 万 hm^2，占石漠化土地总面积的 93.6%。

长江流域石漠化土地面积最大，为 599.3 万 hm^2，占石漠化土地总面积的 59.5%。长江二级流域中，主要分布在洞庭湖、乌江和金沙江石鼓以下流域，达 442.1 万 hm^2，占长江流域石漠化土地面积的 73.8%，其中以洞庭湖流域石漠化土地面积最大，为 164.8 万 hm^2，占该流域石漠化土地面积的 27.51%。

珠江流域石漠化土地面积为 343.8 万 hm^2，占 34.1%。珠江二级流域中，主要分布在南北盘江和红柳江流域，达 278.6 万 hm^2，占珠江流域石漠化土地面积的 81.0%，其中以南北盘江流域石漠化土地面积最大，为 146.4 万 hm^2，占该流域石漠化土地面积的 42.6%。

红河流域石漠化土地面积为 45.9 万 hm^2，占 4.6%。红河流域中，以盘龙江流域石漠化土地面积最大，为 42.3 万 hm^2，占该流域石漠化土地面积的 92.2%。

怒江流域石漠化土地面积为 12.3 万 hm^2，占 1.2%。怒江流域中，以怒江勐古以下流域石漠化土地面积最大，为 9.7 万 hm^2，占该流域石漠化土地面积的 78.8%。

澜沧江流域石漠化土地面积为 5.7 万 hm^2，占 0.6%。澜沧江流域中，以沘江口以下流域石漠化土地面积最大，为 5.2 万 hm^2，占该流域石漠化土地面积的 90.8%（图 2-6）。

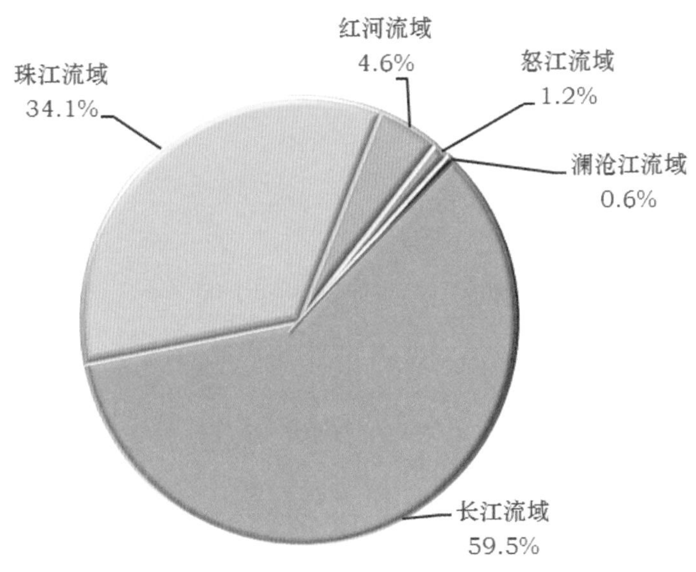

图 2-6　各流域石漠化面积比例图

（三）分岩溶地貌状况

岩溶山地上分布的石漠化土地面积最大，为 562.2 万 hm^2，占石漠化土地总面积的 55.8%，峰丛洼地、岩溶槽谷、岩溶丘陵、岩溶峡谷、孤峰残丘及平原、峰林洼地和岩溶断陷盆地上分布的石漠化土地分别为 138.4 万 hm^2、133.2 万 hm^2、125.8 万 hm^2、21.5 万 hm^2、12.9 万 hm^2、11.3 万 hm^2 和 1.6 万 hm^2，分别占石漠化土地面积的 13.8%、13.2%、12.5%、2.1%、1.3%、1.1% 和 0.2%（图 2-7）。

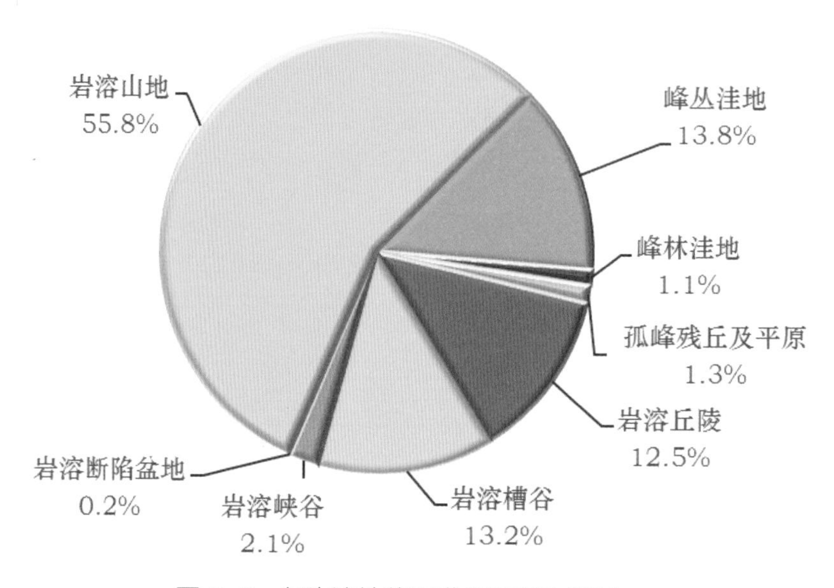

图 2-7　各岩溶地貌石漠化面积比例图

（四）分土地利用类型状况

乔灌木林地上分布的石漠化土地面积 585.1 万 hm^2，占石漠化土地总面积的 58.1%。

其他林地上分布的石漠化土地面积 95.9 万 hm^2，占 9.5%。

耕地上分布的石漠化土地面积 261.6 万 hm^2，占 26.0%，主要分布在坡耕旱地上。

草地上分布的石漠化土地面积 11.6 万 hm^2，占 1.2%，主要分布在天然草地上。

未利用地上分布的石漠化土地面积 52.8 万 hm^2，占 5.2%。

在石漠化土地中，乔灌林地以斜坡和中缓坡为主，面积为 412.4 万 hm^2，占乔灌林地上石漠化土地面积的 70.5%；在耕地（旱地）中，以中缓坡和斜坡面积为主，为 179.2 万 hm^2，占耕地上石漠化土地面积的 68.4%；而 15° 以上的坡耕旱地面积高达 86.1 万 hm^2，占耕地上石漠化土地面积的 32.9%，其中 25° 以上坡耕旱地有 11.4 万 hm^2；在其他林地、草地和未利用地中，均以斜坡面积居多，而斜坡以上面积合计达 102.0 万 hm^2，占其他林地、草地和未利用地上石漠化土地面积的 63.6%（表 2-3）。

表 2-3 石漠化土地按土地利用类型分坡度级面积统计表

土地利用类型		总计	平坡（5°以下）	平缓坡（6°~9°）	中缓坡（10°~14°）	斜坡（15°~24°）	陡坡（25°~34°）	急坡（35°~44°）	险坡（45°以上）
总计	面积 /hm²	10070118.7	385299.5	1205150.7	2866432.8	4039442.3	1401364.1	164711.8	7717.5
	比例 /%	100.0	3.8	12.0	28.5	40.1	13.9	1.6	0.1
乔灌林地	面积 /hm²	5850918.5	158238.7	502720	1457688.3	2666427.3	957038	103796.5	5009.7
	比例 /%	100.0	2.7	8.6	24.9	45.6	16.3	1.8	0.1
其他林地	面积 /hm²	958731.9	46877.7	119584.9	262915	359472.3	152808.3	16369.9	703.8
	比例 /%	100.0	4.9	12.5	27.4	37.5	15.9	1.7	0.1
耕地	面积 /hm²	2616165.3	164230.9	545665.2	1045065.8	746749.8	106084.6	7878.7	490.3
	比例 /%	100.0	6.3	20.9	39.9	28.5	4.1	0.3	0.0
草地	面积 /hm²	116254.2	1817.8	10700.1	27423.5	42370.8	30310.9	3553.9	77.2
	比例 /%	100.0	1.6	9.2	23.6	36.4	26.1	3.0	0.1
未利用地	面积 /hm²	528048.8	14134.4	26480.5	73340.2	224422.1	155122.3	33112.8	1436.5
	比例 /%	100.0	2.7	5.0	13.9	42.5	29.4	6.2	0.3

（五）各植被类型石漠化土地状况

植被类型为灌木型的石漠化土地面积最多，为 359.7 万 hm²，占石漠化土地总面积的 35.7%；乔木型次之，面积为 277.5 万 hm²，占石漠化土地总面积的 27.6%；以下依次为旱地作物型、草丛型和无植被型，面积分别为 261.6 万 hm²、87.7 万 hm² 和 20.5 万 hm²，分别占石漠化土地面积的 26.0%、8.7% 和 2.0%（图 2-8）。

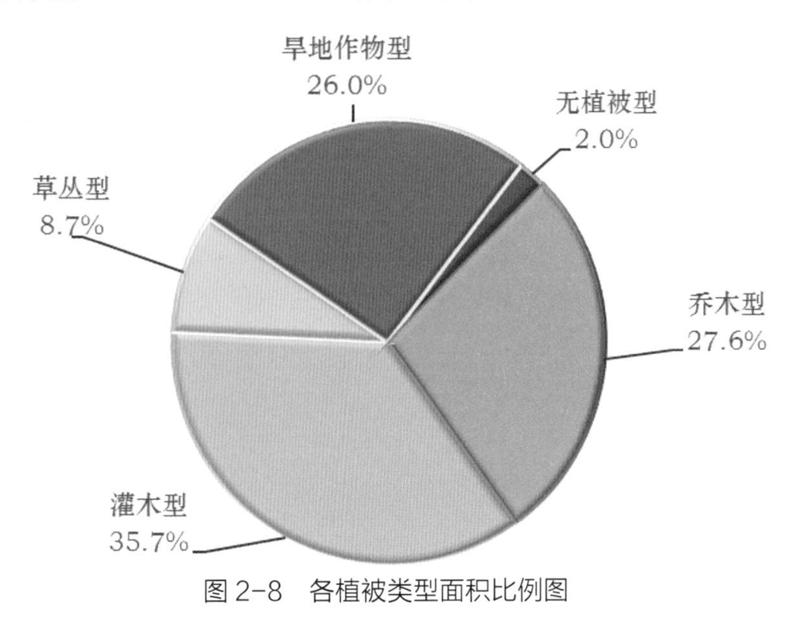

图 2-8 各植被类型面积比例图

二、石漠化程度状况

在石漠化土地中，轻度石漠化土地面积 391.3 万 hm^2，占石漠化土地总面积的 38.8%；中度石漠化土地面积 432.6 万 hm^2，占 43.0%；重度石漠化土地面积 166.2 万 hm^2，占 16.5%；极重度石漠化土地面积 16.9 万 hm^2，占 1.7%（图 2-9）。

石漠化土地以轻度、中度石漠化土地为主，重度石漠化土地次之，极重度石漠化土地面积最少，比例最低。

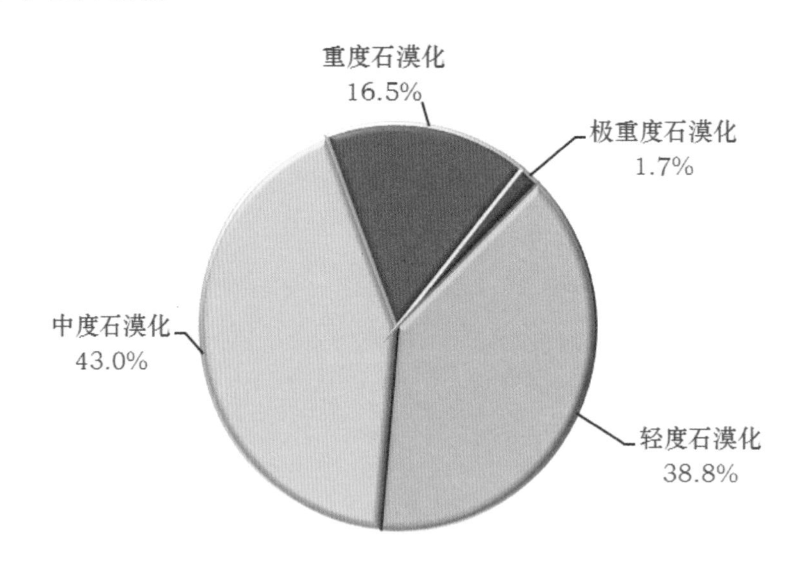

图 2-9　石漠化程度面积比例图

（一）分省状况

贵州、云南、湖南、湖北、四川、重庆均以轻度、中度石漠化土地为主，且轻、中度石漠化土地占该省石漠化土地面积的比重均在 85.0% 以上。

而广西、广东以重度、中度石漠化土地为主。其中，广西重度、中度石漠化土地面积分别为 80.4 万 hm^2 和 46.0 万 hm^2，占全区石漠化土地面积的 52.4% 和 30.0%；广东重度、中度石漠化土地面积分别为 2.3 万 hm^2 和 2.2 万 hm^2，占全省石漠化土地面积的 39.4% 和 36.5%。

极重度石漠化土地主要分布在云南和广西，分别为 5.8 万 hm^2 和 4.5 万 hm^2，分别占极重度石漠化土地面积的 34.0% 和 26.9%（表 2-4、图 2-10）。

表 2-4　石漠化程度分省统计表

统计单位	合计		轻度石漠化		中度石漠化		重度石漠化		极重度石漠化	
	面积/hm^2	比例/%	面积/hm^2	比例/%	面积/hm^2	比例/%	面积/hm^2	比例/%	面积/hm^2	比例/%
合计	10070118.7	100	3912568.5	38.8	4326238.7	43.0	1662022.6	16.5	169288.9	1.7

（续表）

统计单位	合计		轻度石漠化		中度石漠化		重度石漠化		极重度石漠化	
	面积/hm^2	比例/%	面积/hm^2	比例/%	面积/hm^2	比例/%	面积/hm^2	比例/%	面积/hm^2	比例/%
湖北	961510.1	100	442813.3	46.1	429994.6	44.7	79217.1	8.2	9485.1	1.0
湖南	1251402.8	100	546275.0	43.7	517788.1	41.4	173274.4	13.8	14065.3	1.1
广东	59446.7	100	13581.7	22.8	21686.2	36.5	23448.4	39.4	730.4	1.2
广西	1532898.9	100	223699.9	14.6	460083.6	30.0	803650.4	52.4	45465.0	3.0
重庆	772864.8	100	323696.6	41.9	386146.6	50.0	57568.3	7.4	5453.3	0.7
四川	669926.5	100	297222.7	44.4	283829.3	42.4	77716.4	11.6	11158.1	1.7
贵州	2470132.1	100	934210.7	37.8	1254119.6	50.8	256421.1	10.4	25380.7	1.0
云南	2351936.8	100	1131068.6	48.1	972590.7	41.4	190726.5	8.1	57551.0	2.4

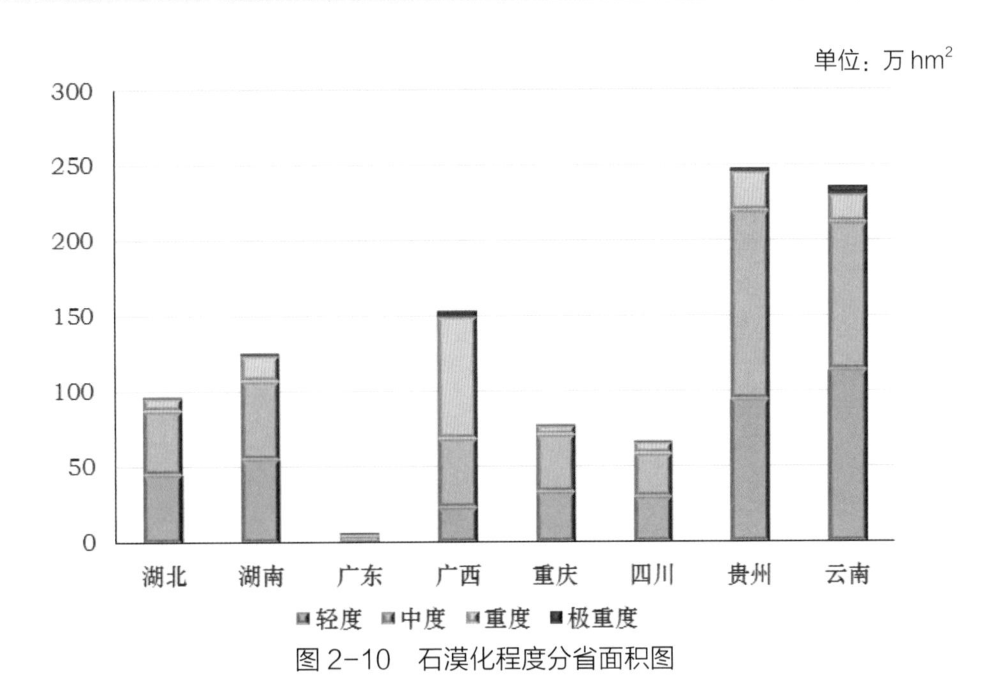

图 2-10　石漠化程度分省面积图

（二）分流域状况

长江流域以轻度、中度石漠化土地为主，面积分别为 263.0 万 hm^2、271.3 万 hm^2，分别占该流域石漠化土地面积的 43.9%、45.2%；重度、极重度石漠化土地面积分别仅占 9.4% 和 1.5%。

珠江流域：轻度、中度、重度石漠化土地面积分别为 99.5 万 hm^2、132.3 万 hm^2、104.5 万 hm^2，分别占该流域石漠化土地面积的 28.9%、38.5% 和 30.4%，重度石漠化土地所占比重较高。

红河流域：以轻度、中度石漠化土地为主，面积分别为 20.7 万 hm^2、20.4 万 hm^2，分别占该流域石漠化土地面积的 45.0% 和 44.3%。

怒江流域：以轻度、中度石漠化土地为主，面积分别为 6.4 万 hm^2、5.5 万 hm^2，分别占该流域石漠化土地面积的 52.4%、44.8%。

澜沧江流域：以轻度、中度石漠化土地为主，面积分别为 1.7 万 hm^2、3.2 万 hm^2，分别占该流域石漠化土地面积的 30.4%、56.5%（表 2-5）。

表 2-5　石漠化程度分流域统计表

流域	合计		轻度石漠化		中度石漠化		重度石漠化		极重度石漠化	
	面积/hm^2	比例/%	面积/hm^2	比例/%	面积/hm^2	比例/%	面积/hm^2	比例/%	面积/hm^2	比例/%
合计	10070118.7	100.0	3912568.5	38.8	4326238.7	43.0	1662022.6	16.5	169288.9	1.7
长江流域	5992774.1	100.0	2629625.2	43.9	2712565.0	45.2	561166.9	9.4	89417	1.5
珠江流域	3438343.7	100.0	994605.9	28.9	1322854.5	38.5	1045404.1	30.4	75479.2	2.2
红河流域	459260.9	100.0	206658.2	45.0	203670.8	44.3	46470.9	10.1	2461	0.6
怒江流域	122877.4	100.0	64400.6	52.4	55028.4	44.8	3361.2	2.7	87.2	0.1
澜沧江流域	56862.6	100.0	17278.6	30.4	32120	56.5	5619.5	9.9	1844.5	3.2

（三）分岩溶地貌石漠化程度状况

岩溶山地、岩溶槽谷、岩溶丘陵、岩溶峡谷、孤峰残丘及平原和岩溶断陷盆地地貌中，均以轻度、中度石漠化土地为主，轻、中度石漠化土地均占到该地貌上分布的石漠化土地面积的 72.0% 以上。

峰丛洼地以中度、重度石漠化土地为主，为 102.9 万 hm^2，占峰丛洼地上分布的石漠化土地面积的 74.3%。

峰林洼地以中度石漠化土地为主，为 6.9 万 hm^2，占峰林洼地上分布的石漠化土地面积的 60.6%（表 2-6）。

表 2-6 石漠化程度分岩溶地貌统计表

岩溶地貌	合计		轻度石漠化		中度石漠化		重度石漠化		极重度石漠化	
	面积 /hm^2	比例 /%	面积 /hm^2	比例 /%	面积 /hm^2	比例 /%	面积 /hm^2	比例 /%	面积 /hm^2	比例 /%
总计	10070118.7	100.0	3912568.5	38.8	4326238.7	43.0	1662022.6	16.5	169288.9	1.7
峰丛洼地	1384047.3	100.0	306300.9	22.1	492826.7	35.6	535933.1	38.7	48986.6	3.6
峰林洼地	113039.5	100.0	12468.9	11.0	68553.5	60.6	31715.0	28.1	302.1	0.3
孤峰残丘及平原	128625.5	100.0	56791.7	44.1	45475.0	35.4	23655.7	18.4	2703.1	2.1
岩溶丘陵	1258391.1	100.0	441489.1	35.1	475839.6	37.8	326848.1	26.0	14214.3	1.1
岩溶槽谷	1332489.5	100.0	546061.3	41.0	641812.7	48.2	128634.7	9.6	15980.8	1.2
岩溶峡谷	214796.9	100.0	106481.8	49.6	87034.4	40.5	14087.2	6.6	7193.5	3.3
岩溶断陷盆地	16439.0	100.0	7234.8	44.0	7999.7	48.7	955.3	5.8	249.2	1.5
岩溶山地	5622289.9	100.0	2435740.0	43.3	2506697.1	44.6	600193.5	10.7	79659.3	1.4

（四）各土地利用类型石漠化程度状况

乔灌木林地以轻度、中度石漠化土地为主，面积为 486.6 万 hm^2，占乔灌木林地上石漠化土地面积的 83.2%。

其他林地以轻度、中度石漠化土地为主，面积为 81.6 万 hm^2，占其他林地上石漠化土地面积的 85.1%。

耕地以中度石漠化土地为主，为 186.7 万 hm^2，占耕地上石漠化土地面积的 71.4%。

草地以中度石漠化土地为主，为 6.1 万 hm^2，占草地上石漠化土地面积的 52.3%。

未利用地以重度和极重度石漠化土地为主，占未利用地上石漠化土地面积的 71.4%。（表 2-7）。

表 2-7 石漠化程度分土地利用类型统计表

土地利用类型	合计		轻度石漠化		中度石漠化		重度石漠化		极重度石漠化	
	面积 /hm^2	比例 /%	面积 /hm^2	比例 /%	面积 /hm^2	比例 /%	面积 /hm^2	比例 /%	面积 /hm^2	比例 /%
合计	10070118.7	100.0	3912568.5	38.8	4326238.7	43.0	1662022.6	16.5	169288.9	1.7
乔灌林地	5850918.4	100.0	2993829.6	51.2	1871995.2	32.0	985093.6	16.8		
其他林地	958731.9	100.0	422675.7	44.1	393181.4	41.0	118620.6	12.4	24254.2	2.5

（续表）

土地利用类型	合计		轻度石漠化		中度石漠化		重度石漠化		极重度石漠化	
	面积/hm^2	比例/%	面积/hm^2	比例/%	面积/hm^2	比例/%	面积/hm^2	比例/%	面积/hm^2	比例/%
耕地	2616165.3	100.0	444982.2	17.0	1866932.0	71.4	286266.0	10.9	17985.1	0.7
草地	116254.2	100.0	33316.8	28.7	60847.4	52.3	18544.8	16.0	3545.2	3.0
未利用地	528048.9	100.0	17764.2	3.4	133282.7	25.2	253497.6	48.0	123504.4	23.4

（五）分植被类型状况

乔木型的石漠化土地以轻度石漠化为主，面积 194.2 万 hm^2，占乔木型石漠化土地面积的 70.0%。

灌木型的石漠化土地以轻度石漠化居多，面积 139.0 万 hm^2，占灌木型石漠化土地面积的 38.6%。

草丛型的石漠化土地以中度石漠化居多，面积 40.9 万 hm^2，占草丛型石漠化土地面积的 46.6%。

旱地作物型的石漠化土地以中度石漠化为主，面积 186.8 万 hm^2，占旱地作物型石漠化土地面积的 71.4%。

无植被型的石漠化土地以极重度、重度石漠化为主，面积 17.1 万 hm^2，占无植被型石漠化土地面积的 83.8%。无植被类型的石漠化土地主要发生在未利用地上，占 94.2%（表 2-8）。

表 2-8　石漠化程度分植被类型统计表

项目	合计		轻度石漠化		中度石漠化		重度石漠化		极重度石漠化	
	面积/hm^2	比例/%	面积/hm^2	比例/%	面积/hm^2	比例/%	面积/hm^2	比例/%	面积/hm^2	比例/%
合计	10070118.7	100.0	3912568.5	38.9	4326238.7	43.0	1662022.6	16.5	169288.9	1.7
乔木型	2774579.8	27.6	1942288.9	70.0	703940.2	25.4	127986.3	4.6	364.4	0.0
灌木型	3597572.8	35.7	1390237.6	38.6	1312314.6	36.5	894599.0	24.9	421.6	0.0
草丛型	876598.7	8.7	134936.6	15.4	408923.0	46.6	276559.3	31.5	56179.8	6.4
旱地作物型	2617947.0	26.0	445105.5	17.0	1868174.7	71.4	286517.5	10.9	18149.4	0.7
无植被型	203420.4	2.0	0.0	0.0	32886.3	16.2	76360.4	37.5	94173.7	46.3

第三节 潜在石漠化土地现状

潜在石漠化系基岩为碳酸盐类，基岩裸露度（或砾石含量）在30%以上，土壤侵蚀不明显，植被覆盖较好（森林为主的乔灌盖度达到50%以上，草本为主的植被综合盖度70%以上）或已梯土化，但如遇不合理的人为活动干扰，极有可能演变为石漠化土地。

截至2016年底，监测区有潜在石漠化土地面积1466.9万hm^2，占监测区岩溶土地面积的32.4%，占监测区总土地面积的13.6%，涉及湖南、湖北、广东、广西、重庆、四川、贵州和云南8个省（自治区、直辖市）465个县（市、区）5702个乡。

一、分省状况

监测区内以贵州潜在石漠化土地面积最大，为363.9万hm^2，占潜在石漠化土地总面积的24.8%，以下依次为广西、湖北、云南、湖南、重庆、四川和广东，分别为267.0万hm^2、249.2万hm^2、204.2万hm^2、163.4万hm^2、94.9万hm^2、82.2万hm^2和42.3万hm^2，分别占潜在石漠化土地总面积的18.2%、17.0%、13.9%、11.1%、6.5%、5.6%、2.9%。

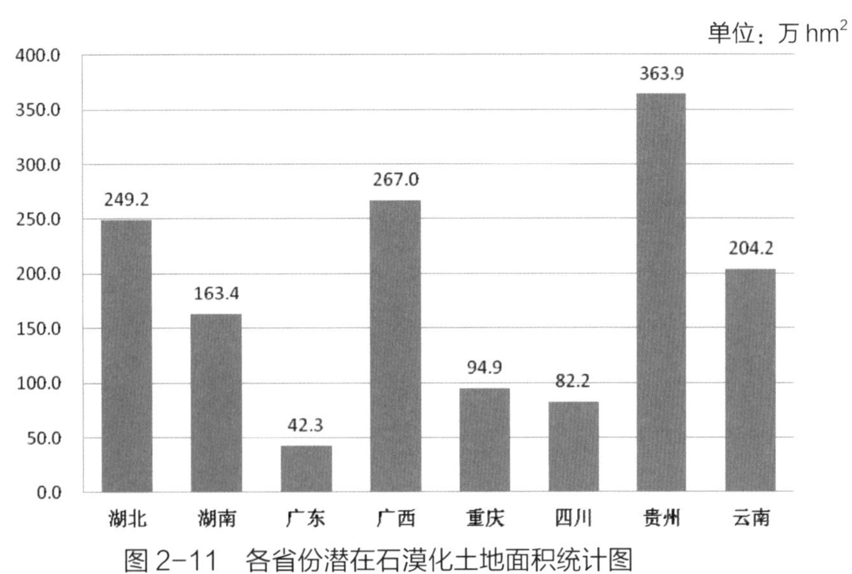

图2-11 各省份潜在石漠化土地面积统计图

二、分流域状况

潜在石漠化土地以长江流域分布面积最大，为931.1万hm^2，占潜在石漠化土地总面积的63.5%。长江流域中，以洞庭湖水系潜在石漠化土地面积最大，为231.0万hm^2，占该流域的24.8%。

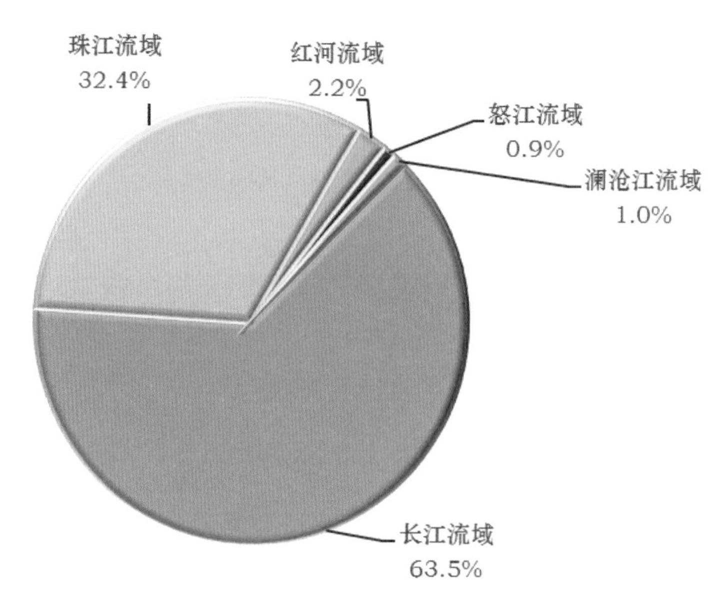

图 2-12　潜在石漠化分流域面积比例图

珠江流域潜在石漠化土地为 474.7 万 hm^2，占 32.4%。珠江流域中，以红柳江流域潜在石漠化土地面积最大，为 208.1 万 hm^2，占该流域的 43.8%。

红河流域潜在石漠化土地为 32.4 万 hm^2，占 2.2%。红河流域中，以盘龙江流域潜在石漠化土地面积最大，为 27.8 万 hm^2，占该流域的 85.7%。

怒江流域潜在石漠化土地为 13.7 万 hm^2，占 0.9%。怒江流域中，以怒江勐古以下区域潜在石漠化土地面积最大，为 10.0 万 hm^2，占该流域的 72.5%。

澜沧江流域潜在石漠化土地为 14.9 万 hm^2，占 1.0%。澜沧江流域中，以沘江口以下区域潜在石漠化土地面积最大，为 14.4 万 hm^2，占该流域的 96.8%（图 2-12）。

三、分岩溶地貌状况

岩溶山地上分布的潜在石漠化土地面积最大，为 775.2 万 hm^2，占潜在石漠化土地面积的 52.8%；以下依次为岩溶槽谷、峰丛洼地、岩溶丘陵、岩溶峡谷、孤峰残丘及平原、峰林洼地和岩溶断陷盆地，面积分别为 214.9 万 hm^2、212.0 万 hm^2、187.8 万 hm^2、36.7 万 hm^2、24.8 万 hm^2、14.1 万 hm^2 和 1.4 万 hm^2，分别占潜在石漠化总面积的 14.6%、14.5%、12.8%、2.5%、1.7%、1.0% 和 0.1%。

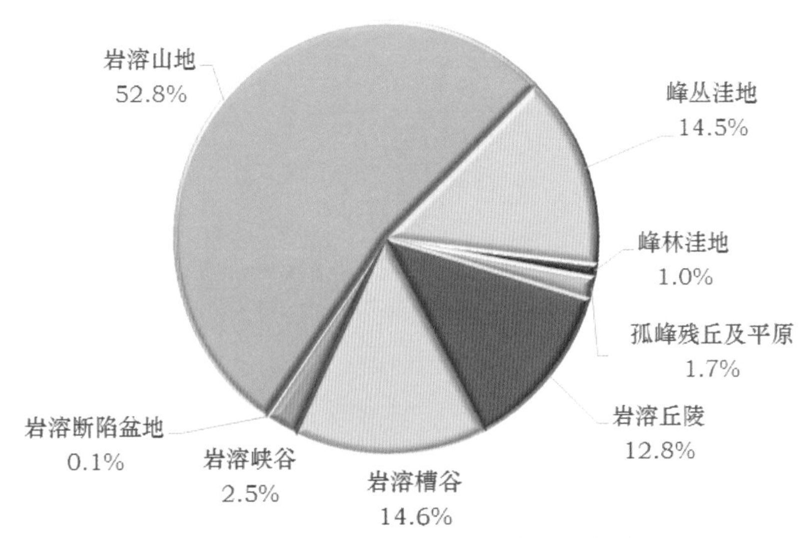

图 2-13　潜在石漠化分岩溶地貌面积比例图

四、分土地利用类型状况

从土地利用类型看，乔灌木林地上的潜在石漠化土地面积 1403.3 万 hm^2，占潜在石漠化土地总面积的 95.7%。

耕地上的潜在石漠化土地面积 60.7 万 hm^2，占 4.1%，均为梯土化旱地。

草地上的潜在石漠化土地面积 2.9 万 hm^2，占 0.2%。

在乔灌林地中，以斜坡和中缓坡为主，两者面积为 1040.4 万 hm^2，占乔灌林地上潜在石漠化土地面积的 74.2%；耕地（梯土化旱地）中以中缓坡和斜坡为主，两者面积为 42.6 万 hm^2，占耕地上潜在石漠化土地面积的 70.2%；草地中以斜坡和中缓坡为主，两者面积为 2.0 万 hm^2，占草地上潜在石漠化土地面积的 70.4%（表 2-9）。

表 2-9　潜在石漠化土地按土地利用类型分坡度级统计表

土地利用类型		合计	平坡（5°以下）	平缓坡（6°~9°）	中缓坡（10°~14°）	斜坡（15°~24°）	急坡（35°~44°）	险坡（45°以上）
合计	面积 /hm^2	14668784.1	378287.3	1254019.8	3861770.4	6988100.4	144046.9	6483.8
	比例 /%	100.0	2.6	8.6	26.3	47.6	1.0	0
乔灌林地	面积 /hm^2	14032735.1	346680.1	1138519.4	3619500.2	6784054.2	140926.1	6244.1
	比例 /%	100.0	2.5	8.1	25.8	48.4	1.0	0
耕地	面积 /hm^2	607497.2	30988.2	113502.2	234158.3	192048.5	2418.1	164.6
	比例 /%	100.0	5.1	18.7	38.6	31.6	0.4	0
草地	面积 /hm^2	28551.8	619	1998.2	8111.9	11997.7	702.7	75.1
	比例 /%	100.0	2.2	7.0	28.4	42.0	2.4	0.3

五、分植被类型状况

植被类型为乔木型的潜在石漠化土地面积最大，为 871.6 万 hm^2，占潜在石漠化土地总面积的 59.4%；以下依次为灌木型、旱地作物型和草丛型，面积分别为 531.7 万 hm^2、60.7 万 hm^2 和 2.9 万 hm^2，分别占潜在石漠化土地面积的 36.3%、4.1% 和 0.2%。

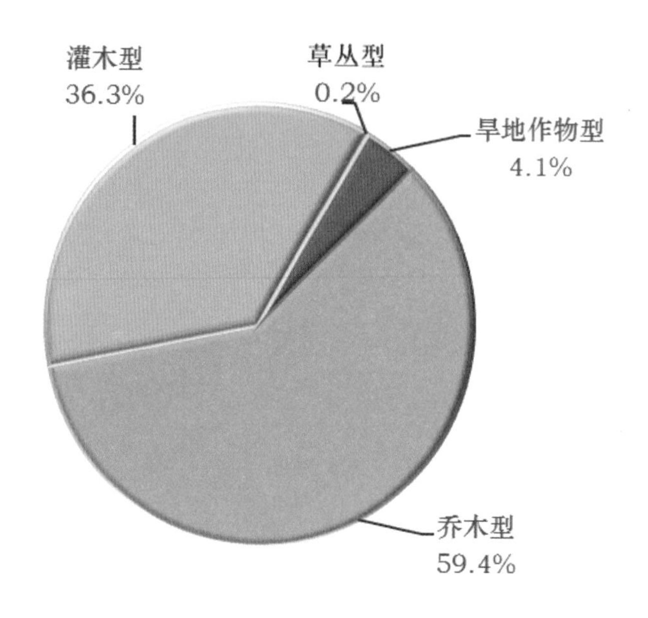

图 2-14　潜在石漠化土地分植被类型面积比例图

第四节　结　论

我国石漠化土地面积大，占岩溶土地比重高，且潜在石漠化土地面积亦大，石漠化仍将是岩溶地区的首要生态问题，严重制约着区域可持续发展和全面建设小康社会[3,4]。继续推进石漠化综合治理工程和新一轮退耕还草工程为支撑的生态建设十分必要，且应加大防治力度，其他生态工程应优先向石漠化区域倾斜。

参考文献

[1] 但新球，屠志方，李梦先，等. 中国石漠化 [M]. 北京：中国林业出版社，2014.

[2] 环境保护部，中国科学院.《关于印发全国生态功能区划（修编版）》的公告 [Z].2015-11-13

[3] 但新球，白建华，吴协保，等.岩溶地区石漠化综合治理工程规划研究[M].北京：中国林业出版社，2015.

[4] 宋同清，彭晚霞，杜虎，等.中国西南喀斯特石漠化时空演变特征、发生机制与调控对策[J].生态学报，2014(18)：5328-5341.

第三章　石漠化土地分布与质量

截至 2016 年，我国石漠化土地面积为 1007.0 万 hm^2，占岩溶土地面积的 22.3%。与 2011 年相比，5 年间石漠化土地净减少 193.2 万 hm^2，年均减少 38.6 万 hm^2，年均缩减率为 3.45%。石漠化扩展的趋势得到有效遏制，岩溶地区石漠化土地呈现面积持续减少，危害不断减轻，生态状况稳步好转的态势。

但是，石漠化土地仍然有 1007.0 万 hm^2，严重影响区域社会经济的发展，分析石漠化土地的质量与分布，是开展石漠化治理的关键工作。

第一节　石漠化土地分布特点

一、石漠化土地分布广泛又相对集中

2016 年岩溶区石漠化总面积为 1007.0 万 hm^2，从空间分布看云南、贵州、广西石漠化面积占监测区石漠化总面积 63.0%，石漠化土地主要分布在贵州高原周边、滇西北川西南高山峡谷区及秦巴山区三大片区。石漠化分布呈现既广泛又相对集中的特征。以县级监测单位为统计单元来看，全国 465 个县级监测单位中 457 个有石漠化土地分布，石漠化土地分布十分广泛。

石漠化土地面积超过 10 万 hm^2 的 10 个县分别是木里藏族自治县、广南县、宁蒗彝族自治县、都安县、大方县、巫溪县、酉阳土家族苗族自治县、丘北县、奉节县、古蔺县，石漠化面积之和达 131.9 万 hm^2，占全国石漠化土地总面积的 13.1%；石漠化土地面积超过 5 万 hm^2 的县有 56 个（含前述 10 个县），其石漠化土地面积之和为 437.1 万 hm^2，占全国石漠化土地总面积的 43.4%。同时，有石漠化土地分布且石漠化面积小于 1 万 hm^2 的 339 个监测县石漠化土地面积仅 61.7 万 hm^2，占全国石漠化土地面积的 6.1%（表 3-1）。

表 3-1　各级石漠化面积县个数统计表

统计单位	面积 /hm^2	县数 / 个	大于 3 万		大于 1 万小于等于 3 万		大于 0 小于等于 1 万	
			面积 /hm^2	县数 / 个	面积 /hm^2	县数 / 个	面积 /hm^2	县数 / 个
全国	10070118.71	457	6754190	118	2698939	136	616990.5	339
湖北	961510.1	57	677460.9	15	220166.4	10	63882.79	42
湖南	1251402.8	81	431030.5	10	676715	35	143657.3	71
广东	59446.66	19	0	0	34565.47	2	24881.19	19

（续表）

统计单位	面积/hm²	县数/个	大于3万		大于1万小于等于3万		大于0小于等于1万	
			面积/hm²	县数/个	面积/hm²	县数/个	面积/hm²	县数/个
广西	1532898.93	76	974936.9	17	434344.2	20	123617.8	59
重庆	772864.82	36	655623.7	9	71020.46	5	46220.64	27
四川	669926.53	44	410259.5	5	167276.7	9	92390.38	39
贵州	2470132.1	79	1693886	32	711799.2	36	64447.11	47
云南	2351936.77	65	1910992	30	383051.1	19	57893.28	35

二、石漠化土地的基岩裸露度与岩溶的发育、降雨量明显相关

岩溶地区第三次石漠化监测数据显示：石漠化土地、潜在石漠化土地、非石漠化土地的平均基岩裸露度分别为46.0%、42.5%、7.6%，符合岩溶地区土地发育的一般规律。

分省基岩裸露度平均值排序由高到低依次是广西、广东、湖南、湖北、贵州、重庆、四川、云南。这个规律与区域降雨量的分布一致，说明了降雨的长期影响，同时，也显示了岩溶地区水土流失的规律。

潜在石漠化土地排序依次为广西、广东、湖北、重庆、湖南、贵州、四川、云南。潜在石漠化土地的基岩裸露度与石漠化土地的基岩裸露度的规律基本一致，但是，也出现了特别的地方，湖北和重庆的排序靠前了一点，可能与这些地方长期的山地农业相关。

三、重度及以上石漠化主要分布在我国三大阶梯过渡地带

岩溶区重度及以上石漠化主要分布在我国三大阶梯过渡地带，即云贵高原东南边缘向低山丘陵的过渡地带、云贵高原向青藏高原过渡地带的横断山脉一带，这部分重度及以上石漠化面积占岩溶区重度以上石漠化的40%以上；其次分布较多的区域是南北盘江峡谷地带，占10%以上。如广西和广东位于我国第二阶梯向第三阶梯过渡地带，岩溶地貌以峰丛洼地和峰林洼地为主，石漠化程度较高。

以县为单位统计监测区重度及以上石漠化在岩溶土地发生率同样可以看出，石漠化发生率在5%以上的监测县主要分布在三大阶梯的过渡地带和南北盘江一带。

四、程度严重的石漠化多分布在经济发展滞后区域

据《国民经济和社会发展统计公报》显示，2016年我国农村居民人均可支配收入11422元/年，岩溶区八省农村居民人均可支配收入10438.4元，岩溶区465个县农村居民人均可支配收入10329元。重度及以上石漠化面积大于1万hm²的县有49个县（重

度及以上石漠化面积为 114.5 万 hm^2，占岩溶区重度及以上石漠化总面积的 62.53%），其中有 38 个县属于国家级贫困县或集中连片特殊困难县，农村居民人均可支配收入 6822 元，远低于全国平均水平，38 个贫困县重度及以上石漠化面积 92.6 万 hm^2，占 49 个县重度及以上石漠化面积的 80.87%，占岩溶区重度及以上面积的 50.57%。反映出石漠化程度越严重的区域，当地社会经济越落后。石漠化程度是制约当地社会经济发展的重要因素。一方面石漠化严重的区域资源缺乏，区域环境恶劣，制约当地经济的发展；另一方面落后的社会经济导致落后的能源利用方式和耕种方式，使得人为干扰对岩溶植被和土壤的扰动更大，造成区域水土流失和植被破坏现象，使得石漠化程度严重。

五、石漠化土地集中分布在海拔 500~1500m 范围内

由图 3-1 可以看出，海拔 500~1500m 的岩溶山地上分布石漠化土地面积达 505.2 万 hm^2，占石漠化土地总面积的 50.2%；在岩溶分布地区这一段海拔区段也正好处于我国的第二到第三阶梯的过渡地带（图 3-1）。

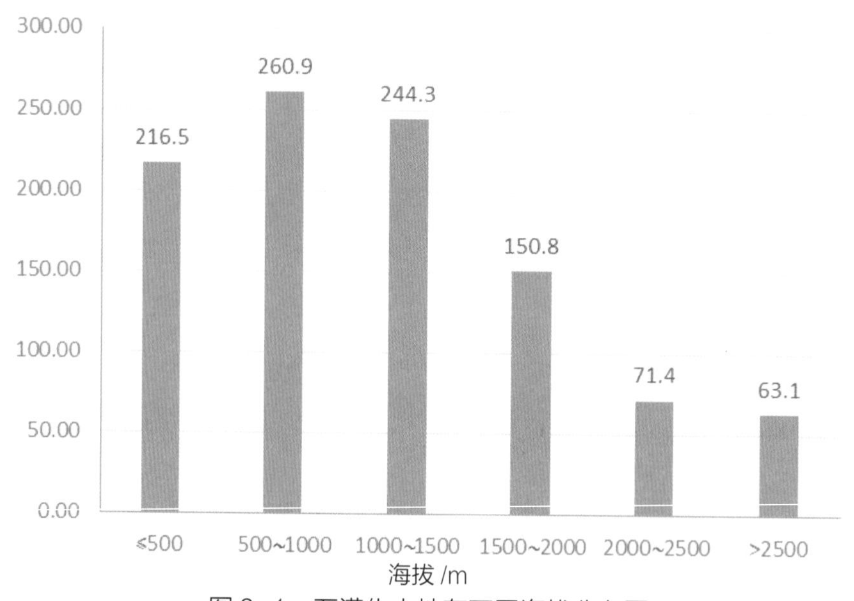

图 3-1　石漠化土地在不同海拔分布图

六、石漠化发生率随着坡度增大而提高

石漠化土地分布以中缓坡（9°~14°）和斜坡（15°~24°）为主，两者石漠化面积之和为 690.6 万 hm^2，占比达 68.6%。

随着坡度增加石漠化发生率上升，分析坡度与石漠化土地面积的关系（图 3-2），可以发现坡度在 2°~8° 和坡度在 26°~34° 石漠化发生率随坡度而增加的速率明显变大。

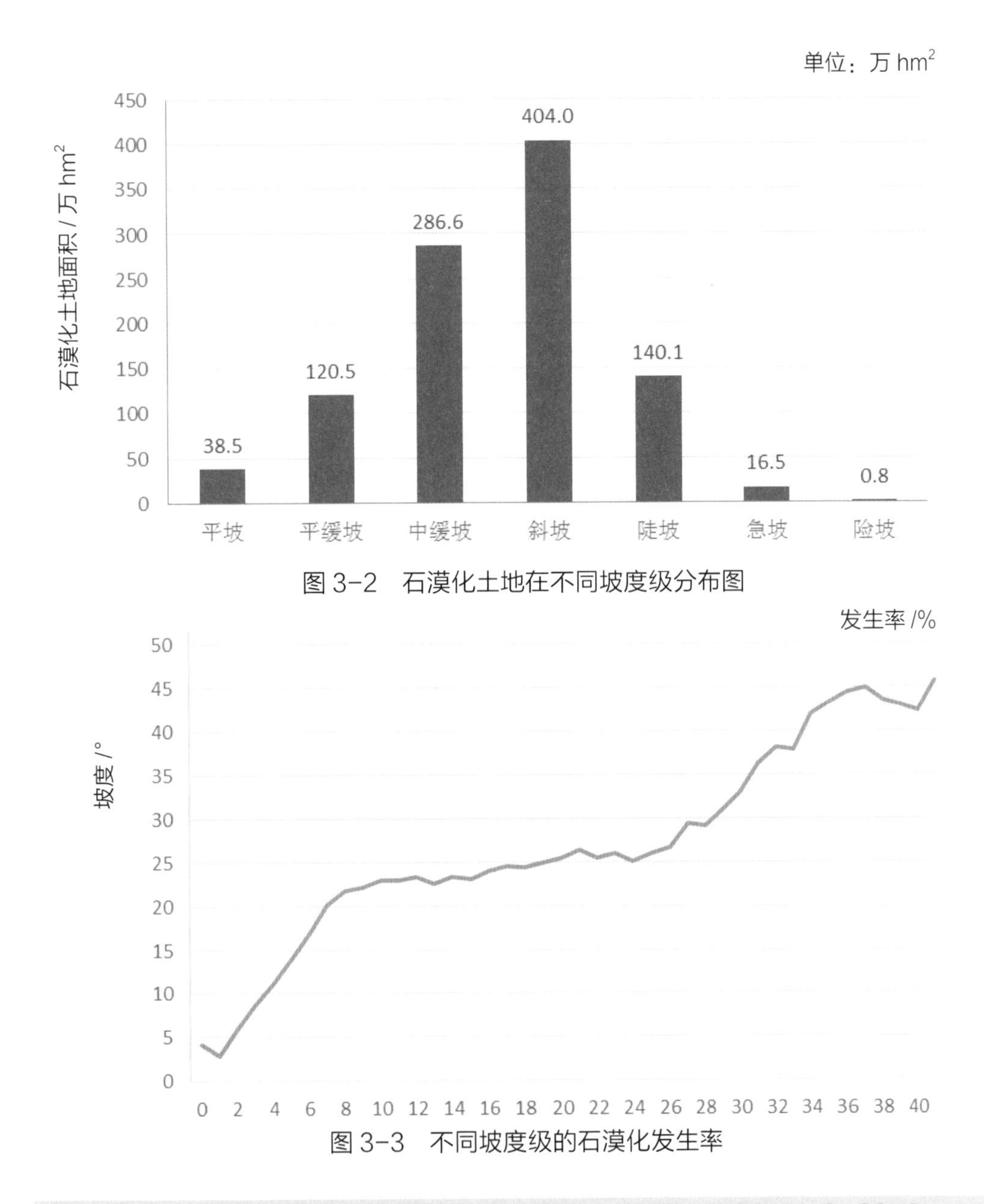

图 3-2 石漠化土地在不同坡度级分布图

图 3-3 不同坡度级的石漠化发生率

第二节 各土地利用类型石漠化土地分布特点

一、有林地石漠化

土层厚度为较薄、极薄，基岩裸露度 60% 以上，立地条件极为恶劣有林地上分布的石漠化土地面积为 15.2 万 hm^2，占分布在有林地上石漠化土地总面积的 6.5%。这部分土地虽然目前为有林地，但是生产力较低，按照目前的政策，应该作为脆弱土地纳入生态红线进行保护（表 3-2）。

表 3-2 有林地石漠化面积按照土层厚度、基岩裸露度分级分布表（单位：hm^2）

基岩裸露度	土层厚度				
	总计	中厚	薄	较薄	极薄
总计	2330765	350048	939050	760342	281326
30%~39%	1010354	159334.3	435260.1	312990.7	102768.8
40%~49%	718406.1	98301.02	299023	248354.4	72727.61
50%~59%	323677.1	45268.45	125187.6	109424.5	43796.54
≥ 60%	278328.4	47144.49	79578.75	89572.5	62032.62

二、灌木林地石漠化

土层厚度为较薄、极薄，基岩裸露度 60% 以上，立地条件极为恶劣灌木林地上分布的石漠化土地面积为 73.7 万 hm^2，占分布在石漠化灌木林地土地总面积的 20.9%。这部分土地虽然目前为灌木林地，但是生产力较低，按照目前的政策，应该作为脆弱土地纳入生态红线进行保护（表 3-3）。

表 3-3 灌木林地石漠化面积按照土层厚度、基岩裸露度分级分布表（单位：hm^2）

基岩裸露度	土层厚度				
	总计	中厚	薄	较薄	极薄
总计	3520153.01	421099.17	1210318.57	1218645.84	670089.43
30%~39%	1111530.31	119668.92	438038.05	406652.47	147170.87
40%~49%	789863.56	88163.37	307448.61	288047.6	106203.98
50%~59%	408497.9	59030.49	145707.03	137322.7	66437.68
≥ 60%	1210261.24	154236.39	319124.88	386623.07	350276.9

三、其他林地石漠化

土层厚度为较薄、极薄，基岩裸露度 60% 以上，立地条件极为恶劣其他林地上分布的石漠化土地面积为 8.3 万 hm^2，占分布在其他林地上石漠化土地总面积的 8.7%。这部分土地生产力较低，按照目前的政策，应该作为脆弱土地纳入生态红线进行保护（表 3-4）。

表 3-4 其他林地石漠化面积按照土层厚度、基岩裸露度分级分布表（单位：hm^2）

基岩裸露度	土层厚度				
	总计	中厚	薄	较薄	极薄
总计	958732	155726	380891	302595	119520
30%~39%	395435.2	65321.03	171039.5	127608.6	31466.06
40%~49%	273879.7	41581.41	115906.4	87094.89	29297.03
50%~59%	141996	22472.46	55802.34	45091.79	18629.4
≥ 60%	147421	26351.43	38142.34	42800.1	40127.1

四、草地石漠化近三分之一的石漠化草地立地条件较差，已经不适合放牧

草地石漠化面积靠前 50 个县主要分布在四川南部和云南交界区域，以及贵州西部。从其在各坡度级的分布可以看出草地石漠化主要分布在中缓坡、斜坡和陡坡，所占比例为 86.11%；从其土层厚度分布可以看出草地石漠化土层厚度集中在薄和较薄这两等级，所占比例为 74.12%；从其基岩裸露度可以看出，草地石漠化主要分布在基岩裸露度为 30%~39% 和 40%~49% 这两等级，所占比例为 68.09%。综合来看分布在土层厚度为较薄、极薄，基岩裸露度 60% 以上立地上的草地面积为 1.3 万 hm^2，占草地石漠化土地面积的 11.0%，这部分草地暂时已缺乏利用条件需要严格保护；分布在土层厚度为中厚、薄，基岩裸露度不超过 40% 立地上石漠化土地面积为 5.1 万 hm^2，相对便于利用，占 43.8%；剩下约 5.5 万 hm^2 有石漠化现象的草地可以在实行严格保护的基础上进行有条件的利用。

表 3-5　草地石漠化面积按照土层厚度、基岩裸露度分级分布表（单位：hm^2）

基岩裸露度	土层厚度				
	总计	中厚	薄	较薄	极薄
总计	116254	17647.1	48280.4	37889.1	12437.6
30%~39%	45601.15	5371.35	26878.29	12210.46	1141.05
40%~49%	33547.07	6194.62	10212.25	13233.32	3906.88
50%~59%	15089.78	3277.22	4788.4	5356.07	1668.09
≥ 60%	22016.22	2803.89	6401.49	7089.24	5721.6

五、未利用地石漠化

未利用地石漠化主要分布在土层厚度较薄、极薄，占到三分之二。三分之二分布在基岩裸露度 50% 以内的土地上。三分之一分布在斜坡。而分布在土层厚度为中厚、薄，基岩裸露度不超过 40% 立地上的石漠化土地面积为 3.3 万 hm^2，占未利用地上石漠化土地面积的 6.2%，这部分土地在仍具有一定的开发利用价值（表 3-6）。

表 3-6　未利用地石漠化面积按照土层厚度、基岩裸露度分级分布表（单位：hm^2）

基岩裸露度	土层厚度				
	总计	中厚	薄	较薄	极薄
总计	528048.83	58754.32	114672.58	189817.97	164803.96
30%~39%	63821.72	7600.83	25008.88	23380.85	7831.16
40%~49%	86465.65	15540.53	20851.01	30120.71	19953.40
50%~59%	64443.73	3147.89	16408.12	21493.12	23394.60
≥ 60%	313317.73	32465.07	52404.57	114823.29	113624.80

六、耕地石漠化

耕地上石漠化土地从其在各坡度级的分布可以看出主要分布在平缓坡、中缓坡和斜坡上，所占比例为 89.3%；从其土层厚度分布可以看出土层厚度从中厚、薄、较薄到极薄，所占比例分别为 25.4%、40.8%、26.1% 和 7.7%；从其基岩裸露度可以看出，草地石漠化主要分布在基岩裸露度为 30%~39% 和 40%~49% 这两等级，所占比例为 82.2%。综合来看大致有 30% 左右的耕地石漠化土地条件比较差。只有 20% 左右的土地具有进一步的开发利用价值。

表 3-7　耕地石漠化面积按照土层厚度、基岩裸露度分级、坡度级分布表（单位：hm^2）

基岩裸露度	土层厚度	坡度级						
		合计	平坡	平缓坡	中缓坡	斜坡	陡坡	急坡	险坡
总计		2616165.31	164230.89	545665	1045065.82	746749.77	106085	7878.67	490.35
30%~39%	中厚	444982.22	31938.74	98772.55	177983.8	115279.47	19377.79	1523.61	106.26
	薄	631449.41	40928.09	139906.3	244742.84	180152.3	24117.34	1500.58	101.92
	较薄	363502.15	21062.17	65464.77	145749.07	111495.74	18438.46	1227.46	64.48
	极薄	101326.77	6760.63	21330.04	40382.17	28564.48	3948.44	332.59	8.42
40%~49%	中厚	134890.53	7777.46	34172.16	54485.1	34650.81	3542.74	258.33	3.93
	薄	252735.89	14508.99	47229.59	104036.52	75666.45	10461.96	802.54	29.84
	较薄	174088.75	10771.75	30787.48	69759.12	55366.54	6877.62	504.41	21.83
	极薄	48355.65	3127.4	9948.33	20488.28	12554.25	2099.91	134.17	3.31
≥ 50%	中厚	85570.62	4910.86	17622.87	38230.96	22081.76	2540.96	176.45	6.76
	薄	182906.54	9359.72	39758.13	71766.54	54524.54	6708.6	707.44	81.57
	较薄	144654.47	9945.57	29119.56	58404.37	41176.52	5506.16	453.57	48.72
	极薄	51702.31	3139.51	11553.35	19037.05	15236.91	2464.66	257.52	13.31

第四章　潜在石漠化土地分布与质量

潜在石漠化系基岩为碳酸盐类，基岩裸露度（或砾石含量）在 30% 以上，目前已有较好的植被覆盖或已经梯土化，但如遇不合理人为活动干扰极可能变石漠化土地。现阶段不属于石漠化土地范畴，但其因基岩裸露度高，立地条件较恶劣，抵御人为扰动、自然灾害等能力低，逆转演变为石漠化土地的风险高。现阶段我国广大科研人员重点关注石漠化土地的形成、修复与防治技术等基础及实用技术研究[1~4]，针对潜在石漠化土地的分布、特点及防治方面的专门研究极少，仅有张盼盼等针对潜在石漠化的景观格局、与地形因子关系等进行了研究[5, 6]。本章以第三次石漠化监测成果为基础，对潜在石漠化土地进行研究分析，以期为岩溶地区生态建设与保护提供参考。

第一节　潜在石漠化土地质量评价

一、潜在石漠化在各坡度级的分布

潜在石漠化土地主要集中在斜坡、中缓坡，占到潜在石漠化面积的 73.9%，其中斜坡上的潜在石漠化土地面积最大，占全部潜在石漠化土地面积的 47.6%，接近一半。潜在石漠化和石漠化土地在各坡度级的分布情况基本一致。

单位：万 hm^2

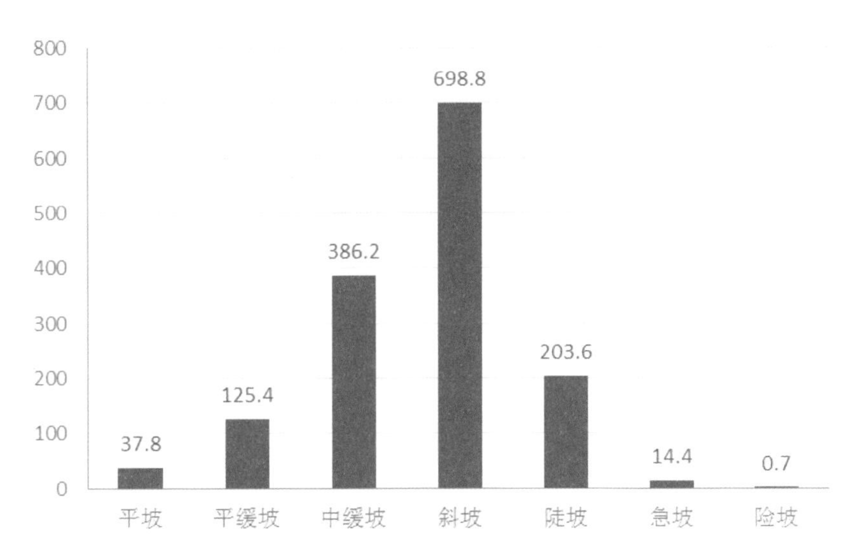

图 4-1　各坡度级潜在石漠化分布

从发生率来看，潜在石漠化在陡坡发生比例最高为 44.4%，其次为斜坡 42.9%；石漠化土地在险坡的发生比例最高为 45.2%，其次为急坡 44.0%。说明陡坡和斜坡最易发生潜在石漠化，险坡和急坡易发生石漠化。下个监测期应加大对陡坡和斜坡上潜在石漠化土地以及险坡和急坡石漠化土地的管护和植被恢复，防止发生逆向演替。

二、潜在石漠化按基岩裸露度分布

潜在石漠化土地的基岩裸露度平均为 45% 左右，较石漠化土地的基岩裸露度低 3~5 个百分点。从各省份基岩裸露度可以看出，广西、广东因岩溶地貌以岩溶发育晚期的峰丛洼地、峰林洼地及孤峰残丘等为主，基岩裸露度均岩溶地区高出 10 个百分点，其他各省份均在 40% 左右。

各省份潜在石漠化和石漠化的基岩裸露度分布规律基本一致，石漠化土地基岩裸露度均比潜在石漠化土地高出 4 个百分点左右。

三、潜在石漠化按照土层厚度分布

潜在石漠化土地的土层厚度以薄层（20~39cm）为主，大于 20cm 的比例为 59.7%，较石漠化土地的土层厚度要高。其中乔灌林地中土层厚度以薄层为主，占其总面积的 41.8%；耕地中土层厚度以薄层为主，占其总面积的 38.9%；草地中土层厚度以薄层为主，占其总面积的 39.9%。

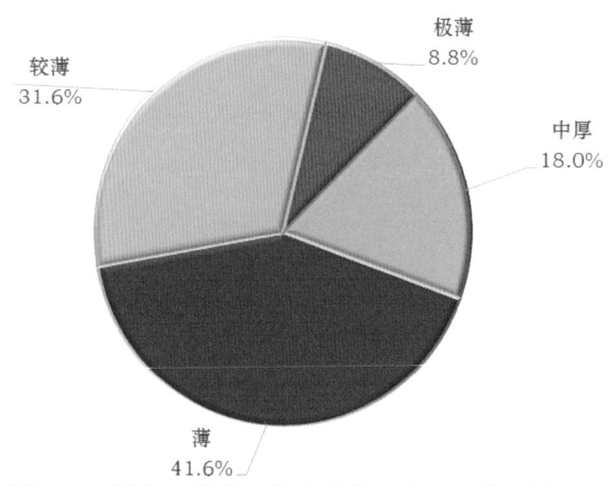

图 4-2　潜在石漠化土地各土层厚度面积比例图

表 4-1　潜在石漠化土地按土地利用类型分土层厚度统计表（单位：hm^2）

土层厚度	合计	乔灌林地	耕地	草地
合计	14668784.08	14032735.09	607497.2	28551.79
中厚（≥ 40cm)	2645458.12	2438536.02	200876.92	6045.18
薄 (20~39cm)	6107587.3	5859777.72	236404.15	11405.43

（续表）

土层厚度	合计	乔灌林地	耕地	草地
较薄 (10~19cm)	4629390.36	4496846.05	124083.43	8460.88
极薄 (<10cm)	1286348.3	1237575.3	46132.7	2640.3

第二节　潜在石漠化土地的保护与利用对策

一、乔灌林地潜在石漠化土地

潜在石漠化土地中的乔灌林地目前具有较好植被种质资源和植被覆盖度，处于相对稳定的状态。潜在石漠化土地应遵循“顺应自然、生态优先、自然恢复”的原则，通过封山管护、封山育林及局部人工促进措施，加强潜在石漠化土地的保护，充分发挥现有植物种质资源的自身修复与生长潜能，增强乔灌林地生物多样性和稳定性；同时结合乡村振兴战略与生态旅游业发展，加强生态经济型产业引领发展，重点是发展林下经济、经果林、林药、林牧等，发挥潜在石漠化土地的经济价值，促进岩溶地区生态扶贫；在局部开展林分提质改造，营建风景林，加快乔灌林地的非木质化利用，增加乔灌林地的生态服务价值[7]。

二、耕地潜在石漠化土地

耕地潜在石漠化土地在岩溶地区属基岩裸露度相对较低、耕作面坡度平缓、土地生产力相对较高的旱地，是岩溶地区粮食生产的重要土地资源。应加强潜在石漠化耕地的水保技术措施建设，尤其是建设生物篱和采取节水保水耕作措施，减少人为扰动的频度与强度，防治水土流失；加强潜在石漠化土地耕地质量改善，加大有机肥料的使用，减少化肥与农药使用量改善土壤结构，提升土地生产力[8]。

三、草地潜在石漠化土地

草地潜在石漠化土地是岩溶地区的重要牧草资源，但因其基岩裸露高较高，土壤承载力相对较低。应加强潜在石漠化土地的保护与提质，通过设置网围栏，合理补植补播草种，改善草地质量，提高草地生产力；加强草地管护，实行合理载畜，严禁在潜在石漠化草地中进行大规模野外放养，特别过度放牧；推行牲畜圈养模式，人工割草喂养，减少牲畜放养对土地的破坏。

参考文献

[1] 吴协保，吴健，但新球，等．竹类资源在我国石漠化防治中的应用研究[J].世界林业研究，2015，28(03)：37-41.

[2] 吴协保．我国县级石漠化综合治理的思路与技术探讨[J].中南林业调查规划，2009，28(01)：5-7+22.

[3] 王世杰，李阳兵，李瑞玲．喀斯特石漠化的形成背景、演化与治理[J].第四纪研究，2003(06)：657-666.

[4] 王德炉，朱守谦，黄宝龙．石漠化的概念及其内涵[J].南京林业大学学报(自然科学版)，2004(06)：87-90.

[5] 张盼盼，胡远满，肖笃宁，等．地形因子对喀斯特高原山区潜在石漠化景观格局变化的影响分析[J].土壤通报，2010，41(06)：1305-1310.

[6] 张盼盼，胡远满，肖笃宁，等．喀斯特高原山区土地潜在石漠化与地形因子的关系[J].生态与农村环境学报，2010，26(01)：20-24.

[7] 吴协保，孙继霖，林琼，等．石漠化综合治理中林业建设思路与内容探讨[J].山地农业生物学报，2009，28(04)：346-350.

[8] 但新球，白建华，吴协保，等．石漠化综合治理二期工程总体思路研究[J].中南林业调查规划，2015，34(03)：62-66.

第五章　岩溶地区旱地分布与质量

石漠化旱地因基岩裸露度高、土被不连续、土层薄，存在缺土少水，土地生产力整体较低的实际，但旱地是岩溶地区广大群众生存的根本和可持续发展的基础，直接关系到区域粮食生产安全、精确扶贫和乡村振兴战略的实现。加强石漠化区域旱地质量评价，因地制宜地开展旱地提质改造和合理开展农业生产经营活动，充分发挥旱地的生产潜力，是现阶段促进岩溶地区农业生产可持续发展的关键任务。目前广大学者主要是重点针对石漠化旱地开展土壤养分、结构、生产力及水土流失等方面进行研究[1~3]，但对石漠化旱地现状及保护利用对策方面研究极少。

第一节　石漠化旱地现状

据岩溶地区第三次石漠化监测，我国岩溶石漠化监测涉及湖北、湖南、广东、广西、重庆、四川、贵州、云南八省（自治区、直辖市）的465个县（市、区），县域土地总面积10710.2万hm^2，其中5909个监测乡岩溶土地面积4522.3万hm^2。截至2016年，岩溶地区有耕地面积1276.1万hm^2，占岩溶土地总面积的28.2%，其中旱地1027.4万hm^2，水田248.7万hm^2。

按照《岩溶地区第三次石漠化监测技术规定》的要求，在旱地中，凡基岩裸露度≥30%，没有梯土化的旱地为石漠化旱地；基岩裸露度≥30%，已梯土化的旱地为潜在石漠化旱地。

调查结果显示：截至2016年底，岩溶地区有旱地1027.4万hm^2。其中石漠化旱地面积261.6万hm^2，占区域旱地面积的25.5%，占石漠化土地总面积的26.0%；潜在石漠化旱地面积60.7万hm^2，占区域旱地面积的5.9%，占潜在石漠化土地面积的4.1%；非石漠化旱地面积705.1万hm^2，占区域旱地面积的68.6%。

一、空间分布状况

（一）分省情况

石漠化旱地中，以贵州省面积最大，为113.6万hm^2，占石漠化旱地总面积的43.5%，占到贵州省石漠化土地面积的46.0%。按旱地面积总量看，以下依次为云南、重庆、湖北、湖南、四川、广西和广东；按占各省份石漠化土地面积比重看，以下依次为重庆、云南、四川、湖北、广东、湖南和广西。贵州和云南的石漠化旱地面积分布较多，占到石漠化旱地面积的三分之二（表5-1）。

表 5-1 石漠化旱地分省情况表

统计单位	岩溶土地			石漠化土地			占石漠化旱地比例/%
	总面积/hm^2	旱地面积/hm^2	占比/%	总面积/hm^2	旱地面积/hm^2	占比/%	
湖北	5096476.1	721989.1	14.2	961510.1	183379.5	19.1	7.0
湖南	5496381.2	491061.7	8.9	1251402.8	170549.0	13.6	6.5
广东	1059636.0	113007.7	10.7	59446.7	8613.7	14.5	0.3
广西	8331203.6	1845467.7	22.2	1532898.9	114158.1	7.4	4.4
重庆	3268325.0	761291.4	23.3	772864.8	222066.3	28.7	8.5
四川	2782006.6	547555.3	19.7	669926.5	165083.1	24.6	6.3
贵州	11247200.3	3273032.8	29.1	2470132.1	1136493.9	46.0	43.5
云南	7941352.0	2520638.9	31.7	2351936.8	615821.7	26.2	23.5
合计	45222580.8	10274044.5	22.7	10070118.7	2616165.3	26.0	100.0

（二）分流域情况

按面积总量看，石漠化旱地中，以长江流域面积最大，为 169.9 万 hm^2，占石漠化旱地总面积的 64.9%，以下依次为珠江、红河、怒江和澜沧江，长江和珠江流域两者石漠化旱地面积占到全部石漠化旱地面积的 90.9%。按占各流域石漠化土地面积比重看，怒江流域石漠化旱地占比最高，达 38.4%，以下依次为红河、澜沧江、长江和珠江。

表 5-2 石漠化旱地分流域情况表

流域	岩溶土地			石漠化土地			占石漠化旱地 /%
	总面积/hm^2	旱地面积/hm^2	占比 /%	总面积/hm^2	旱地面积/hm^2	占比 /%	
长江流域	27531961.1	5762410.3	20.9	5992774.1	1698553.9	28.3	64.9
珠江流域	15565857.6	3865853.2	24.8	3438343.7	680280.9	19.8	26.0
红河流域	1161929.8	380970.4	32.8	459260.9	173791.0	37.8	6.7
怒江流域	616291.8	189158.5	30.7	122877.4	47240.0	38.4	1.8
澜沧江流域	346540.3	75652.1	21.8	56862.6	16299.5	28.7	0.6
总计	45222580.8	10274044.5	22.7	10070118.7	2616165.3	26.0	100.0

二、分石漠化程度状况

石漠化旱地以中度石漠化为主，面积为 186.7 万 hm^2，占石漠化旱地面积的 71.4%。其次为轻度、重度与极重度石漠化；面积分别为 44.5 万 hm^2、28.6 万 hm^2 和 1.8 万 hm^2；分别占 17.0%，10.9% 和 0.7%。石漠化旱地的石漠化程度以中度、轻度为主，处于治理的有利时期。

三、旱地质量评价与水土流失状况

（一）土层厚度状况

石漠化旱地土层厚度普遍较薄，土层厚度不足 40cm 的面积达 194.9 万 hm^2，占石漠化旱地面积的 74.5%，其中土层厚度为极薄（<10cm）的面积 20.1 万 hm^2，占石漠化旱地面积的 7.7%。因岩溶母岩不溶性物质含量低，成土速度慢，导致土层薄，表土层缺乏，而岩溶地区独特的双层水文结构，使得表层土壤的地下漏失严重，制约着岩溶地区的旱地石漠化综合治理进展与成效。

（二）基岩裸露度情况

石漠化旱地基岩裸露度以 30%~49% 居多，面积达 215.1 万 hm^2，占石漠化旱地面积的 82.2%，而基岩裸露度≥ 50% 的面积 46.5 万 hm^2，占石漠化旱地面积的 17.8%。基岩出露比重高，导致表层土被不连续，土层浅薄，可耕作土地面积比重低，严重影响到岩溶地区耕地质量和土地生产力。

（三）坡度状况

石漠化旱地以缓坡和斜坡（坡度为 5°~24°）为主，面积达 233.8 万 hm^2，占石漠化旱地面积的 89.3%；坡度≥ 25° 的面积有 11.5 万 hm^2，占到石漠化旱地面积的 4.4%。岩溶地区山高坡陡，石漠化旱地分布微地貌上高低起伏较大，地表凹凸不平，农作物春播耕种及秋收期间，对地表造成高强度的扰动，以及在地表植被覆盖度低的期间，遭受强降雨时会导致石漠化旱地区水土流失严重，自然灾害频发。

（四）水土流失状况

石漠化旱地虽土层薄，土壤容量小，但仍是岩溶地区土壤侵蚀与水土流失重灾区，根据《岩溶地区水土流失综合治理技术标准》（SL 461—2009），经测算，石漠化旱地水土流失面积达 257.1 万 hm^2，占到石漠化旱地面积的 98.3%，占到岩溶地区水土流失面积的 13.5%。2016 年石漠化旱地水土流失量 1822.3 万 t，占到岩溶地区水土流失量的 13.8%；土壤侵蚀模数为 708.8 $t/(km^2 \cdot a)$，较岩溶地区平均土壤侵蚀模数 695.1 $t/(km^2 \cdot a)$ 高，是岩溶地区土壤容许流失量 [50 $t/(km^2 \cdot a)$] 的 14 倍以上，水土流失问题依然突出。

表 5-3　土层厚度、坡度级及基岩裸露度面积分布表（单位：hm^2）

土层厚度	坡度级	基岩裸露度			
		合计	30 %~39 %	40 %~49 %	≥ 50 %
中厚（≥ 40cm）	小计	665443.4	444982.2	134890.5	85570.6
	平坡 (<5°)	44627.1	31938.7	7777.5	4910.9
	平缓坡 (5°~8°)	150567.6	98772.6	34172.2	17622.9
	中缓坡 (9°~14°)	270699.9	177983.8	54485.1	38231.0
	斜坡 (15°~24°)	172012.0	115279.5	34650.8	22081.8
	陡坡 (25°~34°)	25461.5	19377.8	3542.7	2541.0
	急坡 (35°~44°)	1958.4	1523.6	258.3	176.5
	险坡 (≥ 45°)	117.0	106.3	3.9	6.8
薄 (20~39cm)	小计	1067091.8	631449.4	252735.9	182906.5
	平坡 (<5°)	64796.8	40928.1	14509.0	9359.7
	平缓坡 (5°~8°)	226894.1	139906.3	47229.6	39758.1
	中缓坡 (9°~14°)	420545.9	244742.8	104036.5	71766.5
	斜坡 (15°~24°)	310343.3	180152.3	75666.5	54524.5
	陡坡 (25°~34°)	41287.9	24117.3	10462.0	6708.6
	急坡 (35°~44°)	3010.6	1500.6	802.5	707.4
	险坡 (≥ 45°)	213.3	101.9	29.8	81.6
较薄 (10~19cm)	小计	682245.4	363502.1	174088.8	144654.5
	平坡 (<5°)	41779.5	21062.2	10771.8	9945.6
	平缓坡 (5°~8°)	125371.8	65464.8	30787.5	29119.6
	中缓坡 (9°~14°)	273912.6	145749.1	69759.1	58404.4
	斜坡 (15°~24°)	208038.8	111495.7	55366.5	41176.5
	陡坡 (25°~34°)	30822.2	18438.5	6877.6	5506.2
	急坡 (35°~44°)	2185.4	1227.5	504.4	453.6
	险坡 (≥ 45°)	135.0	64.5	21.8	48.7
极薄 (<10cm)	小计	201384.7	101326.8	48355.6	51702.3
	平坡 (<5°)	13027.5	6760.6	3127.4	3139.5
	平缓坡 (5°~8°)	42831.7	21330.0	9948.3	11553.4
	中缓坡 (9°~14°)	79907.5	40382.2	20488.3	19037.1
	斜坡 (15°~24°)	56355.6	28564.5	12554.3	15236.9
	陡坡 (25°~34°)	8513.0	3948.4	2099.9	2464.7
	急坡 (35°~44°)	724.3	332.6	134.2	257.5
	险坡 (≥ 45°)	25.0	8.4	3.3	13.3
合计		2616165.3	1541260.6	610070.8	464833.9

第二节　动态变化状况

一、面积呈现由增加到减少的趋势

根据2005年、2011年和2016年三期石漠化监测显示，三期石漠化旱地面积分别为270.6万hm^2、275.0万hm^2和261.6万hm^2。2005~2011年间，我国石漠化旱地面积呈现增加，而2011~2016年石漠化旱地面积呈现减少，较前期减少13.35万hm^2，缩减率4.86%。2005~2011年期间，退耕还林还草工程在2006年已基本结束，而石漠化综合治理工程于2008年启动，2009年正式开展工程建设，截至2011年调查时，石漠化旱地实施面积有限；而岩溶地区旱地顺坡耕种、粗放经营突出，水土流失严重，由非石漠化及潜在石漠化旱地逆转为石漠化旱地现象突出；此外，受经济利益驱动，毁林开荒的现象依然突出，2005~2011年间，岩溶地区有8.1万hm^2林地被开垦为耕地[4]。2011~2016年间，石漠化旱地面积减少：首先国家加大了对低产田(地)的综合整治力度，土层较厚、坡度较大区域实行坡改梯工程，部分石漠化土地通过炸石客土等措施实施了彻底改造整治，建成了保土保水保肥的高产田地；另外，实施新一轮退耕还林还草工程，通过植树造林，石漠化旱地转变为林地；此外因耕作成本和回报的不成比例，使得农村劳动力大量输出，农村闲置撂荒地大量开始种植经济树种，提高植被覆盖度，降低了石漠化程度等级。

表5-4　历期石漠化旱地面积、程度动态变化（单位：hm^2）

年度	石漠化程度				石漠化旱地面积
	轻度	中度	重度	极重度	
2005年	346338.4	1962450.4	380978.5	16548.2	2706315.5
2011年	395051.2	1972390.9	363849.6	18455.7	2749747.4
2016年	444982.2	1866932.0	286266.0	17985.1	2616165.3

二、程度等级总体呈下降趋势

2005年、2011年和2016年旱地石漠化程度动态变化不显著，轻度与中度石漠化旱地面积稍微增加，重度与极重度石漠化旱地比重有所下降。2005年、2011年和2016年旱地轻度、中度石漠化面积占比分别为85.3%、86.1%和88.4%，旱地石漠化程度状况有所减轻。

三、演变趋势以稳定为主，局部扩展仍应重视

结合第二期石漠化监测结果，分析旱地石漠化演变情况，和上期相比石漠化程度或状况发生改变的面积为50.2万hm^2，占旱地总面积的5.0%，其中48.1万hm^2为顺向演变，但仍有2.1万hm^2的旱地石漠化状况逆向演变，占变化面积的4.2%。

表 5-5 石漠化旱地面积演变状况表

类型		旱地面积 /hm²	比例 /%
状态变化	合计	502369.7	100
	明显改善	241931.5	48.2
	轻微改善	239278.2	47.6
	退化型	4762.4	0.9
	退化加剧型	16397.6	3.3
稳定型		9562650.4	

据统计，岩溶地区陡坡耕种依然突出，石漠化坡耕地中 15° 以上的面积占 32.9 %，其中 25° 以上的面积达 11.4 万 hm^2，且 2012~2016 年间因陡坡耕作不合理的经营方式新增石漠化面积 2.4 万 hm^2；因毁林开垦新增石漠化面积 1.6 万 hm^2，石漠化面积扩展与程度加重的风险依然存在。

四、石漠化旱地水土流失状况有所改善

根据监测数据和《岩溶地区水土流失综合治理技术标准》（SL 461—2009）测算，2016 年与 2011 年相比，岩溶地区石漠化旱地水土流失面积由 270.4 万 hm^2 减少到 257.1 万 hm^2，减少 4.9%；土壤侵蚀模数由 782.2 t/(km^2·a) 下降到 708.8 t/(km^2·a)，降低 73.4 t/(km^2·a)，降低 9.4%；土壤流失量由 2114.7 万 t 减少到 1822.3 万 t，减少 292.4 万 t，减少 13.8%，石漠化旱地水土流失状况逐步改善。

第三节　石漠化耕地质量与利用与治理方向分析

一、石漠化耕地利用与治理

针对石漠化旱地土层厚度、坡度级及基岩裸露度等特性，结合国家现有重点生态工程与区域生态经济发展状况，因地制宜地选择不同的利用和治理方式，加强区域生态建设与生态经济型产业发展，实现岩溶地区生态建设与农业生产的协调推进。

针对基岩裸露度在 50% 以下，土层厚度为中厚，坡度级在平坡—中缓坡的石漠化耕地，由于区域贫困，耕地面积小，可以在水土保持理论的指导下，进行保护性耕作，面积 40.5 万 hm^2。

针对基岩裸露度在 50% 以下，土层厚度为薄，坡度级在平坡—中缓坡的石漠化耕地，由于经过长期耕种后耕地质量比较差，如果继续耕作，会导致现存本已不多的土壤进一步流失，土地进一步退化，建议结合产业结构调整，通过砌石筑坎等工程措施，发展经

济林，减少对土壤的扰动，面积 59.1 万 hm^2。

针对基岩裸露度在 50% 以下，土层厚度为中厚，坡度级在斜坡—急坡的石漠化耕地，如果继续耕种，产生水土流失的风险比较大，因此，建议坡改梯后继续耕种，面积 17.5 万 hm^2。

针对基岩裸露度在 50% 以下，土层厚度为薄，坡度级在斜坡—急坡的石漠化耕地，如果继续耕种，产生水土流失的风险比较大，因此，建议耕坡改梯后继续发展经济林。同时，土层厚度为薄，对于基岩裸露度超过 50%，但是坡度级在平坡—中缓坡的也可以坡改梯后发展经济林，区域这些石漠化耕地面积 47.6 万 hm^2。

针对土层厚度为较薄与极薄的石漠化耕地，由于留存土壤量极少，实际上已难以满足旱地农业的生产需要，建议逐步安排退耕还林还草，面积 88.3 万 hm^2；此外对于其他土层厚度基岩裸露度超过 50 %，或坡度级为险坡的石漠化耕地同样建议逐步进行退耕还林还草，面积 8.6 万 hm^2。

二、石漠化耕地质量评价探讨

耕地质量是满足作物生长和清洁生产的程度，包括耕地地力和耕地环境质量两个方面。耕地质量一般包括土壤质量、空间地理质量、管理质量和经济质量等几个方面，本监测报告中选取与石漠化相关的土壤厚度、基岩裸露度、坡度级 3 个指标来评价耕地石漠化质量，并根据评价结果知道耕地石漠化利用和治理方向。评价结果位于 20~100 分。

表 5-6　耕地石漠化土地质量值评价指标

土层厚度	中厚	薄	较薄	极薄			
得分	40	30	20	10			
基岩裸露度	30%~40%	40%~50%	≥ 50%				
得分	30	20	10				
坡度级	平坡	平缓坡	中缓坡	斜坡	陡坡	急坡	险坡
得分	30	25	20	15	10	5	0

由本期监测数据显示，岩溶区耕地石漠化质量值集中分布在 65~85，占耕地石漠化总面积的 62.72%，根据耕地石漠化质量评价指标及实地调查情况，耕地石漠化土地质量值≤ 40（即土层厚度较薄及以下、基岩裸露度在 50% 以上且坡度级为陡坡及以上），则这些耕地不再适合继续耕作，应以退耕还草、封育为主；耕地石漠化土地质量值位于 45~60，应该以退耕还林还草和封育为主；耕地石漠化土地质量值位于 65~80 以坡改梯后种植经济林为主；耕地石漠化土地质量值≥ 85 时可以进行坡改梯后进行保护性耕作，种植高附加值的经济林。

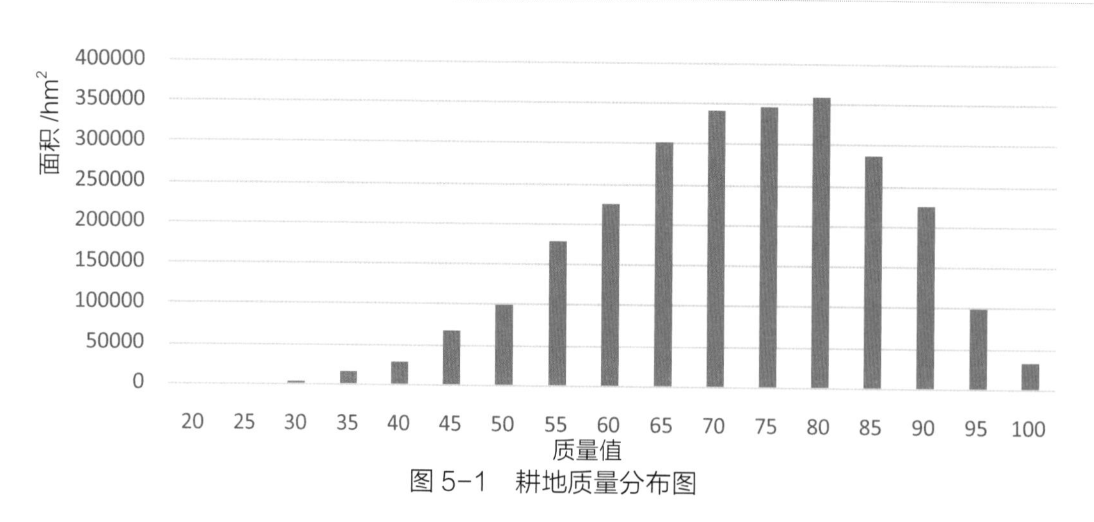

图 5-1　耕地质量分布图

参考文献

[1] 蒋忠诚，罗为群，邓艳，等 . 岩溶峰丛洼地水土漏失及防治研究 [J]. 地球学报，2014，35(05)：535-542.

[2] 熊康宁，李晋，龙明忠 . 典型喀斯特石漠化治理区水土流失特征与关键问题 [J]. 地理学报，2012，67(07)：878-888.

[3] 张信宝，王世杰，曹建华，等 . 西南喀斯特山地水土流失特点及有关石漠化的几个科学问题 [J]. 中国岩溶，2010，29(03)：274-279.

[4] 吴照柏，但新球，吴协保，等 . 岩溶地区石漠化土地动态变化与原因分析 [J]. 中南林业调查规划，2013，32(02)：62-66.

第六章 石漠化土地动态变化

自20世纪90年代以来，国家和社会各界高度关注石漠化问题，尤其是1998年长江特大洪水后，国家加大生态保护与建设力度，2008年国家启动了岩溶地区石漠化综合治理工程，石漠化土地动态变化状况成为我国生态环境保护与建设方面的重要关注点[1, 2]。本章以国家林业和草原局三期石漠化监测成果为基础，全面剖析了石漠化土地的动态变化及其特点，为国家和地方制订石漠化防治政策与建议提供科学数据。

第一节 石漠化土地动态变化

一、石漠化土地总体动态变化

（一）分省动态变化

与2011年相比，八省石漠化土地面积均有所减少，贵州省减少面积最多，为55.4万 hm^2；其他依次为云南、广西、湖南、湖北、重庆、四川和广东，减少面积分别为48.8万 hm^2、39.3万 hm^2、17.9万 hm^2、12.9万 hm^2、12.2万 hm^2、6.2万 hm^2 和0.4万 hm^2（表6-1）。

本监测期间，云南、贵州、广西三省（自治区）石漠化缩减率较大，分别为20.4%、18.3%、17.2%；其他依次为重庆13.7%、湖南12.5%、湖北11.9%、四川8.5%、广东6.8%。云南、贵州、广西三省（自治区）石漠化土地减少总面积143.5万 hm^2，占岩溶地区石漠化土地面积减少总量的74.3%；年均减少面积28.7万 hm^2，年均缩减率为4.15%。

表6-1 2011~2016年石漠化土地分省变化表

地区	2011年/hm^2	2016年/hm^2	变化量/hm^2	变化率/%	年均缩减率/%
合计	12002348.5	10070118.7	−1932229.8	−16.1	3.4
湖北	1090857.2	961510.1	−129347.1	−11.9	2.5
湖南	1430714.6	1251402.8	−179311.8	−12.5	2.6
广东	63811.0	59446.7	−4364.3	−6.8	1.4
广西	1926224.8	1532898.9	−393325.9	−20.4	4.5
重庆	895306.1	772864.8	−122441.3	−13.7	2.9
四川	731926.3	669926.5	−61999.8	−8.5	1.8
贵州	3023757.2	2470132.1	−553625.1	−18.3	4.0
云南	2839751.3	2351936.8	−487814.5	−17.2	3.7

2005~2016 年间，以广西石漠化土地面积减少最多，达 84.6 万 hm^2，石漠化年均缩减率为 3.9%，其他依次为贵州、云南、湖南、湖北、重庆、四川和广东。各省石漠化土地面积普遍减少，生态状况明显好转（表 6-2）。

表 6-2 2005~2016 年石漠化土地分省变化表

地区	2005 年 /hm^2	2016 年 /hm^2	变化量 /hm^2	变化率 /%	年均缩减率 /%
全国	12962265.5	10070118.7	−2892146.8	−22.3	2.3
湖北	1124828.3	961510.1	−163318.2	−14.5	1.4
湖南	1478860.2	1251402.8	−227457.4	−15.4	1.5
广东	81364.8	59446.7	−21918.1	−26.9	2.8
广西	2379080.3	1532898.9	−846181.4	−35.6	3.9
重庆	925658.3	772864.8	−152793.5	−16.5	1.6
四川	775022.5	669926.5	−105096.0	−13.6	1.3
贵州	3316074.7	2470132.1	−845942.6	−25.5	2.6
云南	2881376.4	2351936.8	−529439.6	−18.4	1.8

（二）分土地利用类型动态变化

与 2011 年相比，各土地利用类型中的石漠化土地面积均有所减少，以其他林地面积减少最多，为 103.5 万 hm^2，占石漠化土地减少面积的 53.6%，其他依次为未利用地、乔灌林地、耕地和草地。主要是 21 世纪以来，国家加大了石漠化综合治理、退耕还林还草等生态工程林草植被恢复力度，治理成效初步显现。

按两期石漠化土地缩减率看，乔灌林地与耕地变动幅度较小，相对稳定。乔灌林地变动小首先是部分石漠化土地中的乔灌林地通过封山育林等人工促进措施植被得以恢复，石漠化得到治理；同时，大量的低覆盖石漠化土地通过治理后，乔灌植物种类和数量增加，形成石漠化乔灌木林地，进出比例相对均衡所致。石漠化耕地变动幅度较小，主要是新一轮退耕还林还草工程 2014 年才正式启动，目前在石漠化土地中的旱地上实施退耕还林的比重小所致。而其他林地、未利用地、草地的植被覆盖较低，是石漠化土地生态修复的主要实施对象，通过治理后转入乔灌林地或植被覆盖度有较大幅度增加，导致监测期间变动较大。

从 2005~2016 年看，乔灌林地上的石漠化土地面积增加 74.9 万 hm^2，而 2005~2011 年间，石漠化土地上乔灌林地增加 107.0 万 hm^2，本监测期内石漠化土地上的乔灌林地面积呈现减少趋势，表明前期石漠化土地上的乔灌林地生态状况进一步好转，顺向演变并转出石漠化土地，且面积大于本期石漠化土地通过治理顺向演变为乔灌林地的面积。

其他林地和未利用地上的石漠化土地面积在2005~2016年间均持续减少。其中石漠化土地上的其他林地2005~2016年共减少229.5万hm^2，本期较前期减少量少22.4万hm^2；石漠化土地上的未利用地2005~2016年共减少121.8万hm^2，本期较前期减少量少44.6万hm^2，表明随着生态工程持续推进及自然修复，石漠化土地上的其他林地和未利用地的治理难度增加，治理速度减缓。

耕地上的石漠化土地面积在2005~2016年间呈现前期略有增加，而本期减少的态势。2005~2011年坡耕地上的石漠化土地面积增加4.3万hm^2，2012~2016年则减少13.4万hm^2，表明随着生态文明建设持续推进，因退耕还林工程、石漠化综合治理工程实施及土地整治力度加大，石漠化治理成效初步显现（表6-3）。

表6-3　石漠化土地分土地利用类型变动表

土地利用类型	2005~2011年变化情况				2012~2016年变化情况			
	2005年/hm^2	2011年/hm^2	变化量/%	变化率/%	2012年/hm^2	2016年/hm^2	变化量/%	变化率/%
合计	12962265.5	12002348.5	−959917.0	−7.4	12002348.5	10070118.7	−1932229.8	−16.1
乔灌林地	5102376.4	6172673.6	1070297.2	21.0	6172673.6	5850918.4	−321755.2	−5.2
其他林地	3253452.4	1994226.9	−1259225.5	−38.7	1994226.9	958731.9	−1035495.0	−51.9
耕地	2706315.5	2749747.4	43431.9	1.6	2749747.4	2616165.3	−133582.1	−4.9
草地	153824.6	171310.2	17485.6	11.4	171310.2	116254.2	−55056.0	−32.1
未利用地	1746296.6	914390.4	−831906.2	−47.6	914390.4	528048.8	−386341.6	−42.3

（三）分流域动态变化

与2011年相比，各流域石漠化土地面积均减少，长江流域减少最多，为96.4万hm^2，占石漠化土地减少面积的49.9%；其他依次为珠江、红河、澜沧江和怒江流域，分别减少面积82.3万hm^2、11.1万hm^2、2.4万hm^2、1.0万hm^2，分别占减少面积的42.6%、5.7%、1.3%、0.5%。

按一级流域统计，长江、珠江、红河、怒江、澜沧江流域的石漠化土地缩减率分别为13.9%、19.3%、19.5%、16.5%、15.1%，缩减率在13.9%~19.5%，说明石漠化地区因水热条件差异，加之地方财政投入治理的力度不同，体现在治理速度上有所差别，总体上看，石漠化治理在各流域发展较均衡。

（四）分岩溶地貌动态变化

与2011年比，岩溶山地中的石漠化土地面积减少量最大，减少面积114.2万hm^2，占石漠化土地面积减少量的59.2%；其他依次是峰丛洼地、岩溶丘陵、岩溶槽谷、岩溶峡谷、孤峰残丘及平原、峰林洼地、岩溶断陷盆地，减少面积分别为33.6万hm^2、20.1万hm^2、17.5万hm^2、3.1万hm^2、2.8万hm^2、1.5万hm^2、0.4万hm^2，分别占石漠化土地面积减少量的17.4%、10.4%、9.1%、1.6%、1.4%、0.8%、0.2%（表6-4）。

按岩溶地貌中石漠化土地缩减率分析，峰丛洼地、孤峰残丘及平原、岩溶断陷盆地石漠化土地减少率较高，均超过18%；岩溶山地石漠化土地缩减率居中，为16.9%；其余岩溶地貌石漠化土地缩减率相对较低，依次为岩溶丘陵、岩溶峡谷、峰林洼地、岩溶槽谷，分别为13.7%、12.7%、11.8%、11.6%，缩减率均在11.6%以上。这也说明了峰丛洼地、孤峰残丘及平原、岩溶断陷盆地立地条件相对较好，易治理；岩溶山地石漠化土地面积大，可供治理的选择范围大；两者的治理速度相对较快，体现了石漠化治理总体上先易后难的基本原则。

表6-4 石漠化土地分地貌类型变动表

岩溶地貌	2011年/hm^2	2016年/hm^2	变化量/%	变化率/%
总计	12002348.5	10070118.7	−1932229.8	−16.1
峰丛洼地	1720491.9	1384047.3	−336444.6	−19.6
峰林洼地	128107.4	113039.5	−15067.9	−11.8
孤峰残丘及平原	157064.1	128625.6	−28438.5	−18.1
岩溶丘陵	1458897.7	1258391.1	−200506.6	−13.7
岩溶槽谷	1507522.3	1332489.5	−175032.8	−11.6
岩溶峡谷	245975.9	214796.9	−31179.0	−12.7
岩溶断陷盆地	20265.8	16438.9	−3826.9	−18.9
岩溶山地	6764023.4	5622289.9	−1141733.5	−16.9

二、石漠化程度动态变化

（一）总体动态变化

三次监测以来，重度及极重度石漠化土地面积由2005年的348.0万hm^2，减少至2011年的249.9万hm^2、2016年的183.1万hm^2，所占比重由2005年的26.8%下降至2011年的20.9%和2016年的18.2%，石漠化治理成效初步显现。

与2011年相比，本期各程度石漠化土地面积均有减少，中度石漠化土地减少面积最多，为86.2万hm^2；其他依次为重度石漠化土地减少面积51.6万hm^2，轻度石漠化土地减少面积40.3万hm^2，极重度石漠化土地减少面积15.1万hm^2。轻度、中度、重度与极重度石漠化土地面积占石漠化土地总面积的比重由第二次监测的 36.0∶43.1∶18.2∶2.7 变化为本次监测的 38.8∶43.0∶16.5∶1.7，其中重度及极重度石漠化土地面积比重较 2011 年下降 2.7 个百分点；从变化率上看，极重度、重度、中度和轻度石漠化土地面积与第二次监测结果相比，分别减少 47.1%、23.7%、16.6% 和 9.3%，石漠化程度总体减轻（图 6-1）。

单位：万 hm^2

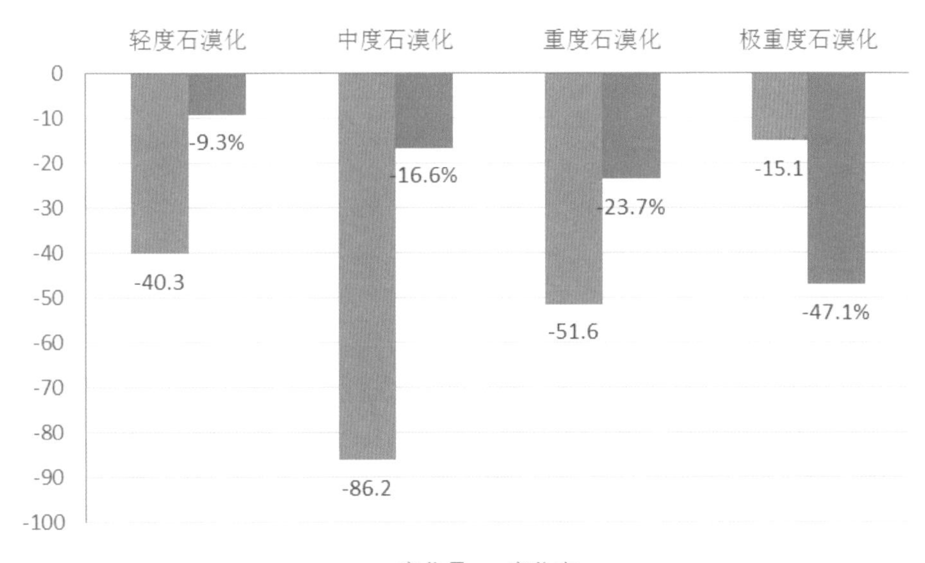

图 6-1　2012~2016 年岩溶地区石漠化程度变化情况图

（二）石漠化程度分省动态变化

八省轻度、中度、重度和极重度石漠化土地面积总体上均为减少，石漠化程度整体呈下降趋势，向好的方向发展。

极重度石漠化减少面积依次为广西壮族自治区 4.0 万 hm^2，云南省 3.8 万 hm^2、湖南省 2.7 万 hm^2、贵州省 2.4 万 hm^2、四川省 1.2 万 hm^2、重庆市 0.6 万 hm^2、湖北省 0.2 万 hm^2，广东省基本持平。监测期内，有 15.0 万 hm^2 极重度石漠化土地得到初步治理。

重度石漠化减少面积依次为广西壮族自治区 19.5 万 hm^2、贵州省 12.1 万 hm^2、云南省 5.9 万 hm^2、湖南省 5.2 万 hm^2、四川省 5.0 万 hm^2、重庆市 2.3 万 hm^2、湖北省 1.5 万 hm^2、广东省 0.2 万 hm^2。监测期内，治理重度石漠化土地面积达 51.7 万 hm^2。

中度石漠化减少面积依次为贵州省 28.1 万 hm^2、云南省 14.7 万 hm^2、四川省 12.1 万 hm^2、广西壮族自治区 10.7 万 hm^2、重庆市 8.6 万 hm^2、湖南省 6.7 万 hm^2、湖北省 5.0 万 hm^2、广东省 0.3 万 hm^2。

轻度石漠化减少面积依次为云南省 24.3 万 hm^2、贵州省 12.7 万 hm^2、湖北省 6.2 万 hm^2、广西壮族自治区 5.1 万 hm^2、湖南省 3.3 万 hm^2、重庆市 0.8 万 hm^2，四川省和广东省有所增加，分别为 12.0 万 hm^2 和 745.4hm^2（表 6-5）。

表 6-5　各省石漠化程度、状况动态变化面积统计表（单位：hm^2）

地区	石漠化					潜在石漠化	非石漠化
	小计	轻度石漠化	中度石漠化	重度石漠化	极重度石漠化		
全国	−1932229.8	−402736.9	−862282.3	−516578.6	−150632.0	1351260.5	580153.6
湖北	−129347.1	−61688.4	−50308.5	−14893.7	−2456.5	113742.5	15579.8
湖南	−179311.8	−33214.2	−66705.2	−52090.9	−27301.5	69538.8	111539.3
广东	−4364.3	745.4	−3344.7	−1941.6	176.6	7642.3	−6702.4
广西	−393325.9	−51356.6	−106578.1	−195026.2	−40365.0	376044.2	14214.3
重庆	−122441.3	−7534.2	−86320.7	−22724.4	−5861.9	77866.8	41011.7
四川	−61999.8	120102.3	−120505.7	−49705.8	−11890.6	52773.6	13965.0
贵州	−553625.1	−126863.5	−281372.3	−120934.5	−24454.8	382966.3	177684.4
云南	−487814.5	−242927.6	−147147.1	−59261.6	−38478.2	270686.0	212861.4

表 6-6　各省石漠化程度所占比例动态变化情况统计表（单位：%）

地区	2011 年石漠化程度比例				2016 年石漠化程度比例			
	轻度	中度	重度	极重度	轻度	中度	重度	极重度
全国	36.0	43.2	18.1	2.7	38.8	43.0	16.5	1.7
湖北	46.3	44.0	8.6	1.1	46.1	44.7	8.2	1.0
湖南	40.5	40.9	15.7	2.9	43.7	41.4	13.8	1.1
广东	20.1	39.2	39.8	0.9	22.9	36.5	39.4	1.2
广西	14.3	29.4	51.8	4.5	14.6	30.0	52.4	3.0
重庆	37.0	52.8	9.0	1.2	41.9	50.0	7.4	0.7
四川	24.2	55.2	17.4	3.2	44.4	42.4	11.6	1.6
贵州	35.1	50.8	12.5	1.6	37.8	50.8	10.4	1.0
云南	48.4	39.4	8.8	3.4	48.1	41.4	8.1	2.4

由表 6-6 可以看出，岩溶地区石漠化程度显著减轻。特别是湖南、四川、贵州，重度及极重度石漠化土地面积比例分别由 2011 年的 18.6%、20.6%、14.1% 下降至 2016 年的 14.9%、13.2% 和 11.4%。

（三）石漠化程度分土地利用类型动态变化

与 2011 年比，乔灌林地上的石漠化土地各程度均呈现减少，以中度石漠化土地减少最多，面积为 16.2 万 hm^2，占乔灌林地上减少的石漠化土地面积的 50.2%；其次为重度和轻度石漠化土地。

其他林地上的石漠化土地各程度均呈现减少趋势，其中以中度石漠化土地减少最多，面积为 46.0 万 hm^2，占其他林地上减少的石漠化土地面积的 44.4%；其他依次为轻度、重度和极重度石漠化土地。

耕地上的石漠化土地中轻度石漠化土地增加面积 5.0 万 hm^2，而中度及以上石漠化土地均出现减少，以中度石漠化土地减少最多，面积为 10.5 万 hm^2，其他依次为重度和极重度石漠化土地。这说明耕地通过耕种与保护，石漠化程度普遍降低；至于轻度石漠化土地面积增加也反映了轻度石漠化土地通过坡改梯等治理措施向潜在石漠化土地演变的速度小于极重度、重度和中度石漠化土地向轻度石漠化土地演变的速度所致，总体上是向好的方向转变。因此，对坡耕地的治理，尚需进一步加强坡改梯的力度。

草地上的石漠化土地，轻度石漠化土地呈现增加，增加面积 773.2hm^2，而中度及以上石漠化土地均减少，以中度石漠化土地减少最多，面积为 3.6 万 hm^2，其他依次为重度和极重度石漠化土地。加强草地保护，促进草地植被自然修复，草地石漠化程度普遍减轻；至于草地上轻度石漠化土地面积增加，说明要想通过自然修复促使石漠化草地得到根本治理，向潜在石漠化土地演变仍是一个长期的过程。

2011~2016 年间，不同土地利用类型上的石漠化土地面积均减少，程度也都在减轻。其中石漠化面积减少量最高的是其他林地，为 103.5 万 hm^2，占石漠化土地面积总减少量 53.6%；其次是乔灌林地，32.2 万 hm^2，占 16.7%；两者合计，占石漠化土地面积总减少量 70.3%，这充分说明通过扩大石漠化治理范围，增加石漠化治理投入，石漠化综合治理工程、天然林资源保护工程、生态公益林保护等重点生态工程的持续推进，人工造林、封山育林、封山管护等增加林草植被措施不断加强所取得的治理成效显著。

（四）石漠化程度分流域动态变化

与 2011 年比，长江、珠江、红河、澜沧江、怒江 5 大流域石漠化土地中各类石漠化程度面积总体上呈现减少趋势。

长江流域以中度石漠化土地面积减少最多，达 52.5 万 hm^2，占长江流域石漠化土地减少量的 54.5%；其他依次为重度、轻度和极重度石漠化土地。

珠江流域以重度石漠化土地面积减少最多，达 28.3 万 hm^2，占珠江流域石漠化土地减少量的 34.4%；中度石漠化土地面积减少 28.1 万 hm^2，占珠江流域石漠化土地减少量的 34.2%；其他依次为轻度和极重度石漠化土地。

红河流域以中度石漠化土地面积减少最多，达 4.2 万 hm^2，占红河流域石漠化土地减少量的 37.4%；重度石漠化土地面积减少 4.0 万 hm^2，占红河流域石漠化土地减少量的 36.3%；其他依次为轻度和极重度石漠化土地。

澜沧江流域石漠化土地总面积 5.7 万 hm^2，仅占石漠化土地总面积的 0.6%。除极重度石漠化土地量小（0.2 万 hm^2 以下），与上期基本持平外，轻度、中度、重度石漠化土地均有不同程度减少，总减少面积 1.2 万 hm^2。

怒江流域以轻度石漠化土地面积减少最多，达 1.4 万 hm^2，占怒江流域石漠化土地减少量的 57.5%；其他依次为中度、重度和极重度石漠化土地。

通过对各流域不同程度石漠化土地面积减少量分析，可以看出，各流域不同石漠化程度呈现不同程度的减轻趋势。与 2011 年比，中度和重度石漠化土地面积减少量大，为 137.9 万 hm^2，占石漠化土地减少总面积的 71.4%，且以珠江流域、长江流域为主，面积 129.2 万 hm^2，占 66.8%。这也说明珠江流域、长江流域是石漠化土地主要分布区域，区域石漠化土地分布面积大，对当地农民生产生活和地方国民经济发展影响大；因此，在石漠化治理力度与资金投入大，反映在治理面积与治理成效了更为突出。

第二节　石漠化动态变化主要特点

第三次监测结果显示，岩溶地区石漠化土地仍以云贵高原集中分布为主，石漠化土地面积持续减少，石漠化程度逐步减轻，但石漠化发展状况未得到根本遏制，石漠化治理任重道远。

一、石漠化土地以云南、贵州、广西三省（自治区）减少幅度大

云南、贵州、广西三省（自治区）是石漠化土地集中分布区，2005~2016 年 11 年间，三省（自治区）石漠化土地面积减少 222.2 万 hm^2，减少了 25.9%，占同期全国石漠化土地面积减少总量的 76.8%，高出监测区石漠化土地缩减率 3.6 个百分点；年均减少面积 20.2 万 hm^2，年均缩减率 2.8%，远高出全国石漠化土地年均缩减率。云南、贵州、广西三省（自治区）重度及以上石漠化土地面积由 2005 年的 262.7 万 hm^2 减少至 2011 年、2016 年的 185.8 万 hm^2 和 137.9 万 hm^2，总减少量为 124.8 万 hm^2，占监测区重度及以上石漠化减少量的 75.7%，石漠化程度明显减轻，生态状况明显改善。

二、石漠化土地面积持续减少

2005~2016 年间，岩溶地区石漠化土地面积总减少 289.2 万 hm^2，年均减少 26.3 万 hm^2，石漠化土地年均缩减率 2.3%；本监测期内石漠化土地面积减少 193.2 万 hm^2，较前期石漠化土地面积减少多 97.2 万 hm^2，年均减少面积多 19.4 万 hm^2；石漠化土地面积持续减少，石漠化土地生态状况正朝着良性方向发展（图 6-2）。

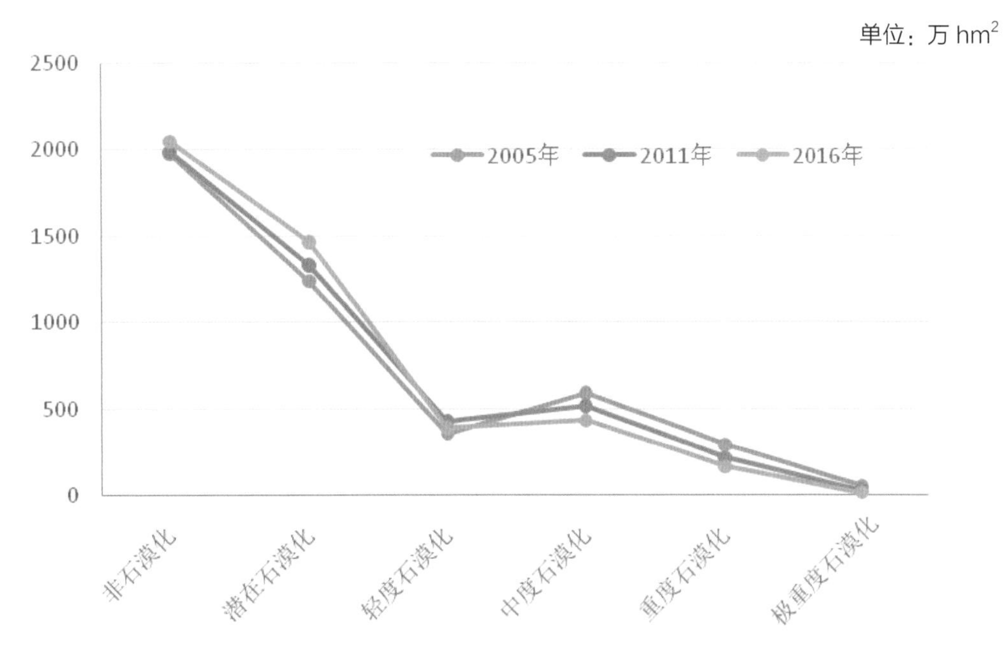

图 6-2　2005~2016 年三期监测石漠化状况变化趋势图

三、石漠化程度逐步减轻

从 2005 年、2011 年到 2016 年，石漠化程度按轻度：中度：重度：极重度的比重分别为 27.5：45.7：22.6：4.2、36.0：43.2：18.1：2.7 和 38.8：43.0：16.5：1.7，轻度和中度石漠化土地面积增加，重度和极重度石漠化土地面积持续减少，由前期的 249.9 万 hm^2 减少到本期的 183.1 万 hm^2，减少幅度高达 26.7%，重度及以上石漠化土地面积比重由前期的 20.8% 下降至本期的 18.2%，岩溶地区石漠化程度逐渐减轻（图 6-3）。

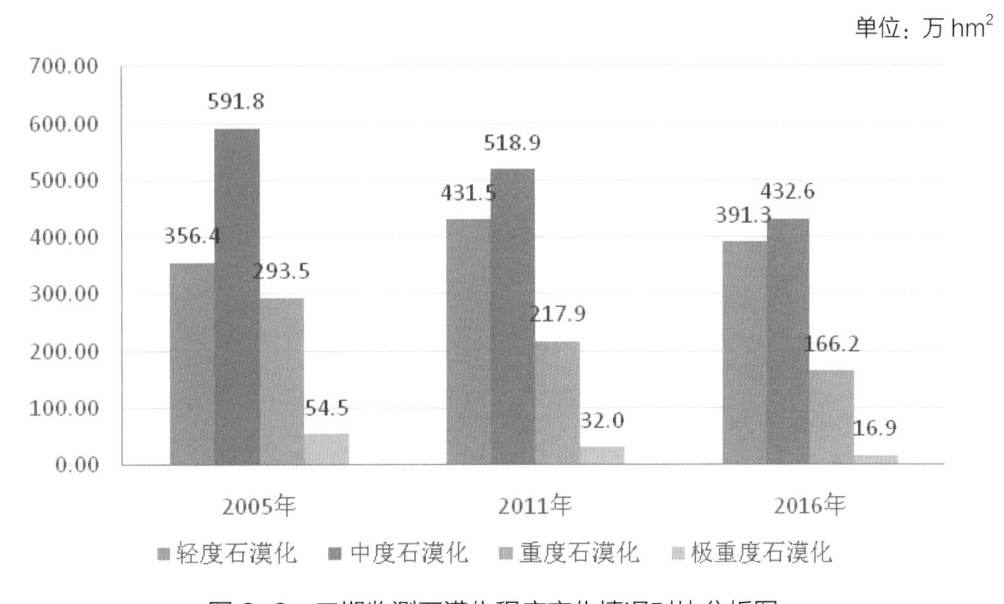

图 6-3　三期监测石漠化程度变化情况对比分析图

四、石漠化变化以顺向演替为主导

2005~2016 年间，石漠化土地顺向演替面积 780.9 万 hm^2，逆向演替面积 310.0 万 hm^2，顺向演替与逆向演替的面积比例为 2.5∶1.0，石漠化治理大于破坏，石漠化扩展趋势得到有效控制。目前，逆向演替的石漠化土地面积尽管占比小，但仍达 310.0 万 hm^2。因此，加强石漠化地区的林草植被保护与综合治理仍刻不容缓。

五、岩溶地区南部石漠化土地减少速率高于北部

岩溶地区各区域年均降雨量存差异，具有由东南向西北减少的趋势，降雨量的区域分布与石漠化减少程度的区域分布密切相关。以云贵高原为界，石漠化土地减少面积及年均缩减率等呈现云贵高原南部 > 云贵高原 > 云贵高原北部的趋势，这也是降雨量比较丰沛的广西、贵州和云南南部、湖南、湖北石漠化治理效果相对较好的重要原因。

六、不同岩溶地貌类型石漠化土地缩减率存在较大差别

峰丛洼地、孤峰残丘及平原、岩溶断陷盆地立地条件相对较好，易治理，石漠化土地缩减率较高，均超过 18%；岩溶山地石漠化土地面积大，可供治理选择范围大，石漠化土地缩减率为 16.9%；两者的治理速度相对较快。而岩溶丘陵、岩溶峡谷、峰林洼地、岩溶槽谷的石漠化土地缩减率相对较少，在 13.7% 以下，最低的只有 11.6%。

七、石漠化土地上的其他林地和未利用地面积减幅大

与 2011 年监测结果相比，石漠化土地中各土地利用类型面积均有所减少，其中以其他林地和未利用地上的石漠化土地面积减幅最大，分别为 103.5 万 hm^2、38.6 万 hm^2，占石漠化土地面积减少总量的 73.6%，表明随着生态工程持续推进，人工造林、封山育林、封山管护等人工措施的加强以及自然修复，其他林地和未利用地上的植被逐步得以恢复。但同时，从 2005~2011 年、2012~2016 年两期结果比较分析，通过前期的治理，其他林地和未利用地上的石漠化治理难度增加，治理速度减缓。石漠化土地上乔灌林地变动幅度较小，相对稳定。但一直进行耕种的陡坡耕地石漠化程度局部呈现加剧现象，总体上仍呈下降态势。

八、石漠化综合治理工程试点县石漠化土地减少幅度大

2016 年，100 个石漠化综合治理工程试点县石漠化土地面积 439.7 万 hm^2，较 2011 年减少 91.0 万 hm^2，减少 17.1%，占全国石漠化土地总减少量的 47.1%，年均缩减率 3.7%，高于岩溶地区石漠化土地年均缩减率 0.3 个百分点，表明工程试点县石漠化土地先期治理的成效逐步显现。

九、贫困程度深的县域石漠化土地减少幅度较小

根据对石漠化区域217个特殊困难县及国家重点扶贫工作县监测数据统计，2015年底217个贫困县人均GDP为20907元，农村居民可支配收入为7593元。贫困县2016年有石漠化土地面积907.3万hm^2，较2011年减少石漠化土地面积143.6万hm^2，减少了15.8%，占岩溶地区石漠化土地减少量的74.3%，年均缩减率3.39%，低于岩溶地区石漠化土地年均缩减率3.44%。因此，加强贫困地区精准扶贫工作，加大生态建设投入力度，促进地方社会经济发展，是确保岩溶地区石漠化得到治理的根本保证。

第三节 结 论

21世纪以来，我国石漠化土地面积经历了"扩展—逆转—持续减少"，石漠化程度则呈现持续减轻岩溶地区生态保护与建设成效日渐显现，区域生态环境状况逐步改善。但我国现阶段石漠化土地面积绝对量仍很大，石漠化面积虽在减少，但减少的石漠化土地主要是因生态建设后林草植被改善、生态功能增加所致。石漠化土地及其修复后潜在石漠化土地因其基岩裸露度高，独特的双层水文结构，且具有富钙、缺土、少水等天然缺陷，其生态系统的稳定性仍较差，抵御自然与人为干扰的能力弱[4]，因此，应继续加强石漠化土地防治力度，全面推进岩溶地区生态环境建设步伐。

参考文献

[1] 白建华，但新球，吴协保，等.继续推进石漠化综合治理工程的必要性和可行性分析[J].中南林业调查规划，2015，34(02)：62-66.

[2] 成永生.我国喀斯特石漠化研究现状及未来趋势[J].地球与环境，2008，36(04)：356-362.

[3] 但新球，屠志方，李梦先.中国石漠化[M].北京：中国林业出版社，2015.

[4] 吴协保，屠志方，李梦先，等.岩溶地区石漠化防治制约因素与对策研究[J].中南林业调查规划，2013，32(04)：68-72.

第七章　石漠化变化趋势

石漠化是西南地区的首要生态问题，也是我国三大生态问题之一。但自20世纪以来，我国石漠化土地无论从面积与程度，还是对区域生态环境与社会经济发展均发生了重大变化。因缺乏长期连续监测数据，目前石漠化研究主要从演替机理、生态修复、防治技术等着手[1~3]，对石漠化演变趋势分析的研究极少[4]。本章结合国家林业和草原局三期石漠化监测工作，系统性地分析了岩溶地区石漠化动态变化的趋势及特点，以期为下阶段岩溶地区石漠化防治及政策制定提供依据。

第一节　石漠化变化趋势

一、石漠化面积持续减少，减少速度加快

2005年、2011年、2016年岩溶地区的石漠化土地面积分别为1296.2万hm^2、1200.2万hm^2、1007.0万hm^2；2005~2011年间石漠化土地面积减少96.0万hm^2，年均减少16.0万hm^2，年均缩减率为1.37%；2011~2016年间石漠化土地面积减少193.2万hm^2，年均减少38.6万hm^2，年均缩减率为3.45%。据相关专题研究，20世纪90年代末期，石漠化土地面积年均扩展率为1.86%，“十五”时期年均扩展率为1.37%。以上数据表明我国石漠化土地呈现出由2000年前后的“持续扩展”[5]，转变到现阶段的“持续减少”，石漠化土地实现了逆转，且减少速率加快（图7-1）。

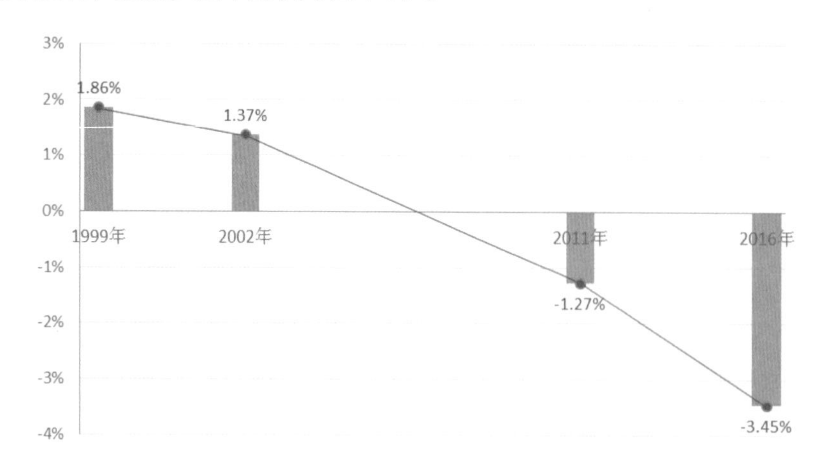

图7-1　不同监测期石漠化土地变动速率图

二、重度以上石漠化比重下降，石漠化程度持续减轻

通过对八省（自治区、直辖市）各程度石漠化土地进行加权平均取得区域石漠化

程度指数值[注：区域石漠化程度平均值 =（1× 轻度石漠化面积 +2× 中度石漠化面积 +3× 重度石漠化 +4× 极重度石漠化）÷ 石漠化总面积]，可以发现，石漠化程度指数值由 2005 年的 2.04 减少到 2011 年的 1.88、2016 年的 1.81，石漠化程度指数值不断减小，表明石漠化程度逐渐降低（表 7-1）。

表 7-1 岩溶地区石漠化程度指数值表

地区	2005 年石漠化程度指数值	2011 年石漠化程度指数值	2016 年石漠化程度指数值
岩溶地区	2.04	1.88	1.81
湖北	1.70	1.65	1.64
湖南	1.99	1.81	1.72
广东	2.29	2.21	2.19
广西	2.60	2.46	2.44
重庆	1.86	1.74	1.67
四川	2.07	2.00	1.71
贵州	1.87	1.81	1.75
云南	1.96	1.67	1.65

三、石漠化发生率持续下降，石漠化敏感性降低

2016 年，岩溶地区石漠化发生率为 22.3%，较 2011 年、2005 年分别下降 4.2 个百分点、6.4 个百分点，石漠化发生率持续下降。2016 年石漠化土地集中分布的云南、贵州、广西三省（自治区）石漠化发生率为 23.1%，高于岩溶地区石漠化发生率 0.8 个百分点；较 2005 年、2011 年分别下降 5.2、8.1 个百分点，发生率下降速率比岩溶地区分别高 1 个百分点和 1.7 个百分点，三省（自治区）石漠化土地缩减幅度较高（图 7-2）。

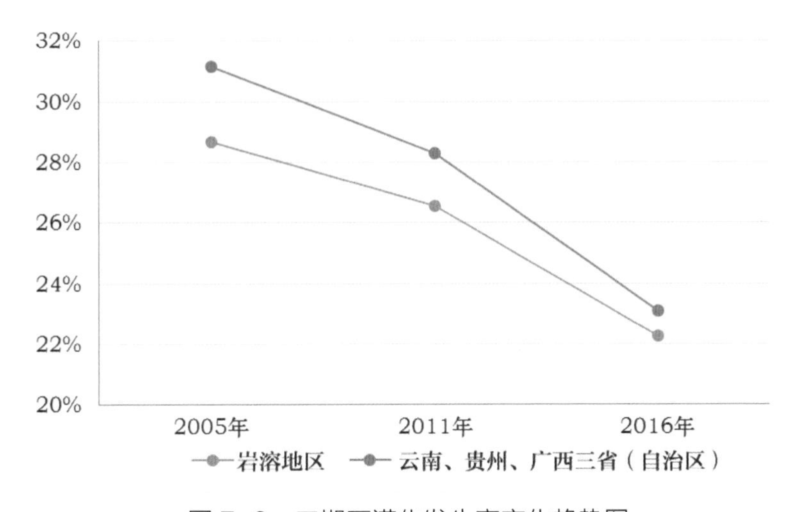

图 7-2 三期石漠化发生率变化趋势图

根据本次专题研究，通过选取降雨侵蚀力因子、地表起伏度、地表覆盖类型、土壤可蚀性因子及地质背景 5 个评价因子，对岩溶地区石漠化敏感性进行定量评价。评价结果显示，2016 年约 76.0% 的岩溶土地为石漠化敏感区，但与 2011 年、2005 年相比，石漠化敏感性明显下降，不敏感区分别增加了 47.2 万 hm^2、22.3 万 hm^2，增加了 4.7%、2.2%；极敏感区面积分别减少了 238.0 万 hm^2 和 99.7 万 hm^2，分别下降了 39.7%、21.6%；高敏感区面积分别减少了 41.7 万 hm^2、8.8 万 hm^2，分别下降了 3.6% 和 0.8%，石漠化发生的可能性和危险度在逐步减轻（表 7-2）。

表 7-2　2005~2016 年岩溶地区石漠化敏感性变化表（单位：百 hm^2）

敏感性类型	面积			面积变化		
	2005 年	2011 年	2016 年	2005~2011 年	2011~2016 年	2005~2016 年
不敏感	101157	103643	105875	2486	2232	4718
轻度敏感	57591	63673	66774	6082	3101	9183
中度敏感	105494	114038	119556	8544	5518	14062
高度敏感	117036	113750	112869	–3286	–881	–4167
极敏感	60000	46174	36204	–13826	–9970	–23796

四、植被盖度提高，植被结构进一步改善

从植被类型看，与 2011 年相比，5 年间，乔木型面积增加 145.0 万 hm^2，增长率 8.4%。其他植被类型面积呈现减少，其中：灌木型面积减少 27.8 万 hm^2，减少 2.6%；草本型面积减少 89.6 万 hm^2，减少 44.0%；无植被型面积减少 17.8 万 hm^2，减少 42.5%；旱地作物型面积减少 28.0 万 hm^2，减少 2.7%。2011 年，乔木型 : 灌木型 : 草本型 : 旱地作物型 : 无植被型的比重为 42.0 : 26.4:4.9 : 25.7 : 1.0，而 2016 年则变为 45.7 : 25.8 : 2.8 : 25.1 : 0.6，乔木型植被面积比重增加，草本型与无植被型面积比重降低，林草植被结构进一步改善。

从植被盖度上看，岩溶地区植被综合盖度由 2011 年 57.5% 增加至 2016 年的 61.4%，增长 3.9 个百分点；石漠化土地集中分布、减少快的云南、贵州、广西三省（自治区）岩溶土地植被综合盖度由 2011 年的 57.2% 增加至 2016 年的 62.3%，增长 5.1 个百分点，岩溶地区的植被状况有明显改善。从植被盖度看，2016 年，岩溶土地上的平均植被综合盖度为 61.4%，比 2005 年、2011 年分别增长 7.9 个百分点、3.9 个百分点。石漠化土地上的平均植被综合盖度为 41.4%，比 2005 年、2011 年分别增长 7.6 个百分、2.4 个百分点，植被盖度逐步提升。

专题研究显示，1982~2015 年间，岩溶地区 66% 区域的归一化植被指数（NDVI）呈现增加趋势，30% 的变化不显著，仍存在小范围的减少（4%）；岩溶地区多年平均归一化植被指数为 0.59，其中 2000 年前为 0.58，近 10 年为 0.60，近 5 年为 0.61。虽因

气候等因素影响出现波动，但归一化植被指数总体呈现上升趋势（图 7-3）。

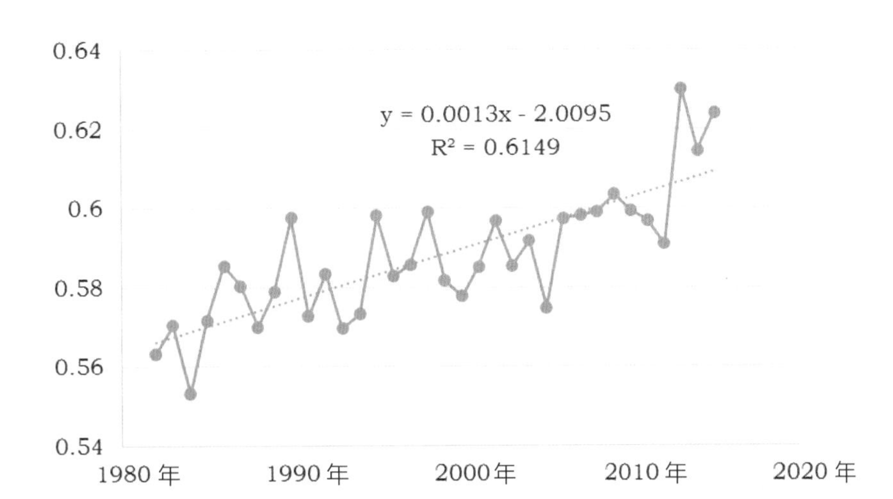

图 7-3　1982~2015 年岩溶地区八省（自治区、直辖市）归一化植被指数总体变化趋势

五、坡耕地面积减少，水土流失状况明显好转

监测结果显示：2011~2016 年间，岩溶地区坡耕地面积由 935.4 万 hm^2 减少到 896.5 万 hm^2，减少 38.9 万 hm^2，其中 25° 以上坡耕地面积减少 34.2 万 hm^2；石漠化土地上的坡耕地面积由 275.0 万 hm^2 减少到 261.6 万 hm^2，减少 13.4 万 hm^2；岩溶地区有 34.9 万 hm^2 耕地实施保护性耕作、间作、轮作、禁牧等农业技术措施，随着坡耕地面积的减少和农业耕作措施的实施，耕地质量不断改善，水土流失面积与泥沙流失量均不断减少。

根据监测数据和《岩溶地区水土流失综合治理技术标准》（SL 461—2009）中的“土壤侵蚀强度与土壤侵蚀程度分级”参数测算，2016 年与 2011 年相比，岩溶地区水土流失面积由 2073.2 万 hm^2 减少到 1904.0 万 hm^2，减少了 8.2%；土壤侵蚀模数由 725.8 $t/(km^2·a)$ 下降到 695.1 $t/(km^2·a)$，降低了 30.71 $t/(km^2·a)$；土壤流失量由 1.50 亿 t 减少到 1.32 亿 t，减少了 0.18 亿 t，减少 12.0%。

根据珠江流域分布在岩溶地区的 7 个水文监测站（小龙潭、迁江、柳州、南宁、大湟江口、梧州、高要）多年监测数据显示，珠江的年均输沙量总体呈下降趋势，即输沙量表现出 2001~2005 多年平均值 >2006~2010 年多年平均值 >2011~2015 年多年平均值，7 个水文监测站 2011~2015 年年均输沙量平均值较 2006~2010 年减少 25.7%（表 7-3）。

表 7-3　2001~2015 年珠江流域各水文站河流输沙量对比表

水文站	南盘江小龙潭	红水河迁江	柳江柳州	郁江南宁	浔江大湟江口	西江梧州	西江高要	各水文站均值
2001~2005 年 / 万 t	403.7	820.7	443.6	943.8	2632.0	2782.0	3604.0	1661.0
2006~2010 年 / 万 t	286.8	170.4	452.8	358.2	1406.0	1655.4	2258.0	940.6

（续表）

水文站	南盘江小龙潭	红水河迁江	柳江柳州	郁江南宁	浔江大湟江口	西江梧州	西江高要	各水文站均值
2011~2015 年 / 万 t	224.2	104.9	341.2	315.8	1255.6	1202.0	1451.2	698.6
近两期平均值差值 / 万 t	-62.6	-65.5	-111.6	-42.4	-150.4	-453.4	-806.8	-242.0
近两期平均值差值变化量 /%	-21.8	-38.4	-24.6	-11.8	-10.7	-27.4	-35.7	-25.7

注：数据来源于《中国河流泥沙公报》。

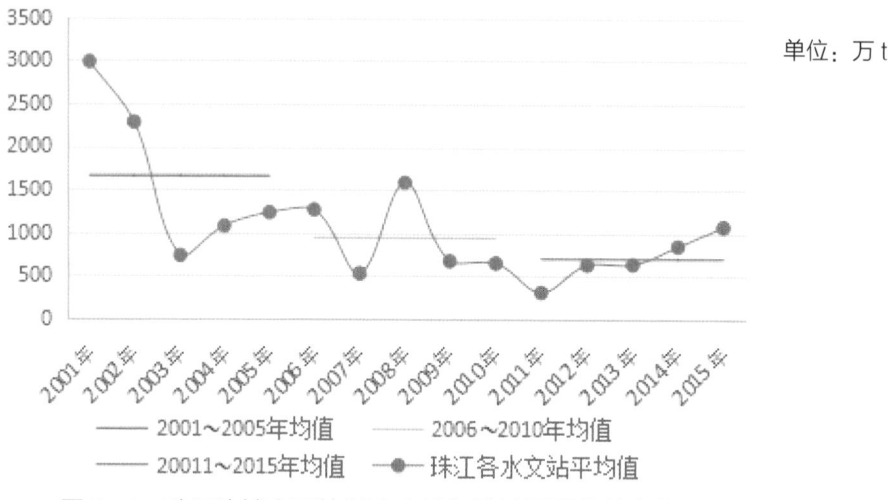

图 7-4　珠江流域主要控制水文站年输沙量平均值变化图

长江流域分布在岩溶地区的 7 个水文监测站（干流宜昌、乌江武隆、湘江湘潭、资水桃江、沅江桃源、澧水石门、汉江皇庄）多年监测数据显示，长江流域岩溶地区河流的输沙量总体呈下降趋势，2011~2015 年 7 个水文监测站年均输沙量平均值较 2006~2010 年减少 45.0%（表 7-4）。

表 7-4　2001~2015 年长江流域各水文站河流输沙量对比表

水文站	干流宜昌	乌江武隆	汉江皇庄	湘江湘潭	资水桃江	沅江桃源	澧水石门	各水文站平均
2001~2005 年 / 万 t	15972.0	1066.0	828.0	543.3	80.6	241.8	406.1	3099.1
2006~2010 年 / 万 t	3234.0	494.0	660.0	641.8	25.3	58.7	125.3	766.2
2011~2015 年 / 万 t	1840.0	224.0	260.0	399.6	33.0	109.9	62.3	421.5
近两期平均值差值 / 万 t	-1394.0	-270.0	-400.0	-242.2	7.7	51.2	-63.0	-344.7
近两期平均值差值变化量 /%	-43.1	-54.7	-60.6	-37.7	30.4	87.2	-50.3	-45.0

注：数据来源于《中国河流泥沙公报》。

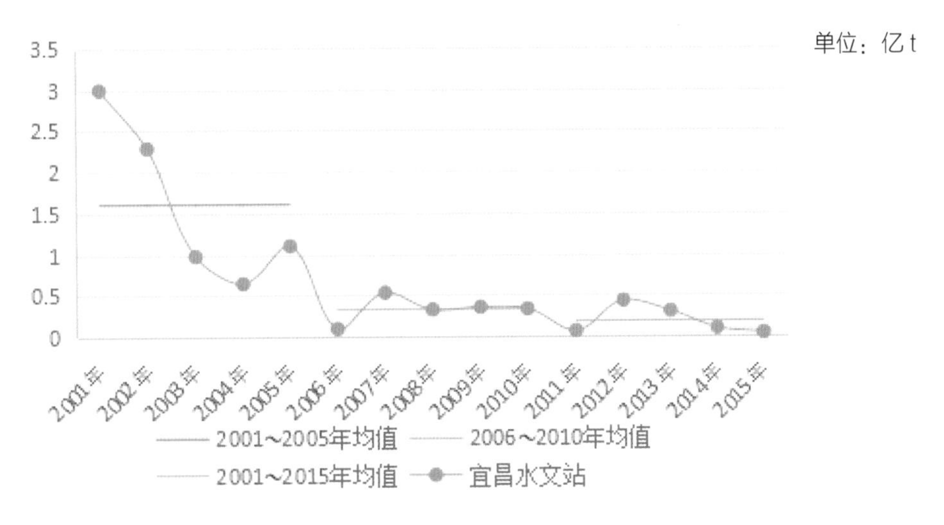

图 7-5 长江干流宜昌站年均输沙量变化图

据《2006—2015 年长江流域水土保持公报》显示，长江流域经过 10 年的治理和预防，水土流失面积减少 1462 万 hm^2，较全国第二次水土流失遥感调查结果减少了 27.5%，区域生态状况明显好转，水土流失显著下降。

六、区域经济发展加快，贫困有所减轻

随着国家西部大开发、中部崛起、长江经济带发展和精准扶贫等国家战略的相继实施，加大石漠化综合治理工程中生态经济型产业布局，区域经济发展步伐加快，产业结构得到进一步优化，群众增收致富能力增强，经济状况明显好转。根据国家林业和草原局经济发展研究中心对石漠化地区的经济效益评估报告显示，2015 年岩溶地区生产总值与 2011 年相比增长 65.3%，高于全国同期的 43.5%；农村居民人均纯收入比 2011 年增长 79.9%，高于全国同期的 54.4%；第一、二产业比重较 2011 年分别下降了 1.3 和 2.3 个百分点，第三产业上升了 3.6 个百分点；外出务工人数增长 9.4%，旅游业发展较快，森林旅游人数和收入分别增长 118.0% 和 178.6%。

2011 年以来，八省（自治区、直辖市）农村贫困人口由 5789 万人下降到 2016 年的 1986 万人，减贫 3803 万人，贫困率由 21.1% 下降到 7.7%，下降了 13.4 个百分点（表 7-5）。由于地区经济的发展，群众收入的增加，贫困人口的减少，间接促进了岩溶地区生态环境保护与石漠化治理。

表 7-5 2011~2016 年八省（自治区、直辖市）贫困人口变动状况表（单位：万人）

地区	2011 年	2012 年	2013 年	2014 年	2015 年	2016 年	近 5 年减贫人口
全国	12238	9899	8249	7017	5575	4335	7903
湖北	488	395	323	271	216	176	312

（续表）

地区	2011年	2012年	2013年	2014年	2015年	2016年	近5年减贫人口
湖南	908	767	640	532	434	343	565
广东	166	128	115	82	47		166
广西	950	755	634	540	452	341	609
重庆	202	162	139	119	88	45	157
四川	912	724	602	509	400	306	606
贵州	1149	923	745	623	507	402	747
云南	1014	804	661	574	471	373	641
八省（自治区、直辖市）小计	5789	4658	3859	3250	2615	1986	3803

注：数据来源于《中国农村贫困监测报告（2011—2016年）》。

随着石漠化综合治理工程持续推进和扶贫力度加大，区域脱贫进程加快。如云南、贵州、广西三省（自治区）石漠化特困区“十二五”期间，农村贫困发生率由31.5%下降到15.1%，农村居民人均纯收入由2011年的3481元增加到6978元，实现418万人脱贫，占到全国脱贫人口的十分之一强。

七、生态系统稳定好转，应对气候变化能力增加

本次监测结果显示，与2011年相比，岩溶地区石漠化演变类型以稳定型为主，面积为3998.3万hm^2，占岩溶土地面积的88.5%，改善面积为404.8万hm^2，占8.9%；退化面积为116.6万hm^2，占2.6%；改善面积为退化面积的3.5倍，表明岩溶地区整体生态状况趋于稳定好转（表7-6）。

表7-6　各省份石漠化土地演变类型面积状况表（单位：hm^2）

地区	总计	顺向演替		稳定型	逆向演替	
		明显改善型	改善型		退化加剧型	退化严重加剧型
总计	45197038.13	3055457.89	992251.22	39983015.4	298172.46	868141.16
湖北	5096476.13	176121.89	30875.85	4850623.45	6804.51	32050.43
湖南	5475553.76	385165.04	141540.95	4729372.94	63049.85	156424.98
广东	1059636	14059.86	1918.61	1026382.3	994.15	16281.08
广西	8331203.59	463856.17	68060.65	7716404.39	11228.65	71653.73
重庆	3268228.59	244848.5	92696.54	2790313.79	39687.76	100682
四川	2777387.79	119548.79	182945.24	2431284.11	7450.86	36158.79
贵州	11247200.3	892283.6	260693.02	9794060.45	59302.23	240861
云南	7941351.97	759574.04	213520.36	6644573.97	109654.45	214029.15

据专题研究显示，2001~2015 年，综合反映区域干旱情况的 SPEI（标准化降水蒸散）指数以 0.021/10 年的速度呈不显著的下降趋势，即岩溶地区气候趋于暖干化（图 7-6），不利于植被恢复生长。基于 GIMMS LAI 时间序列遥感数据和植被动态变化模型（LPJ-GUESS），在当前气候状况下（无人类活动影响），模拟出的植被叶面积指数（LAI）应以 0.0121 $m^2/(m^2 \cdot a)$ 的速度减少，植被总初级生产力应以年均 2.6 t/km^2 的速度减少，2015 年模拟出的植被叶面积指数应比 2001 年低 6.0%。但在当前气候条件与人类活动干预下，实际监测到植被叶面积指数以年均 0.0177 $m^2/(m^2 \cdot a)$ 的速度在增长，而 2015 年实测的植被叶面积指数比 2001 年增加 8.9%，岩溶土地抵御气候变化的能力增强（图 7-7）。

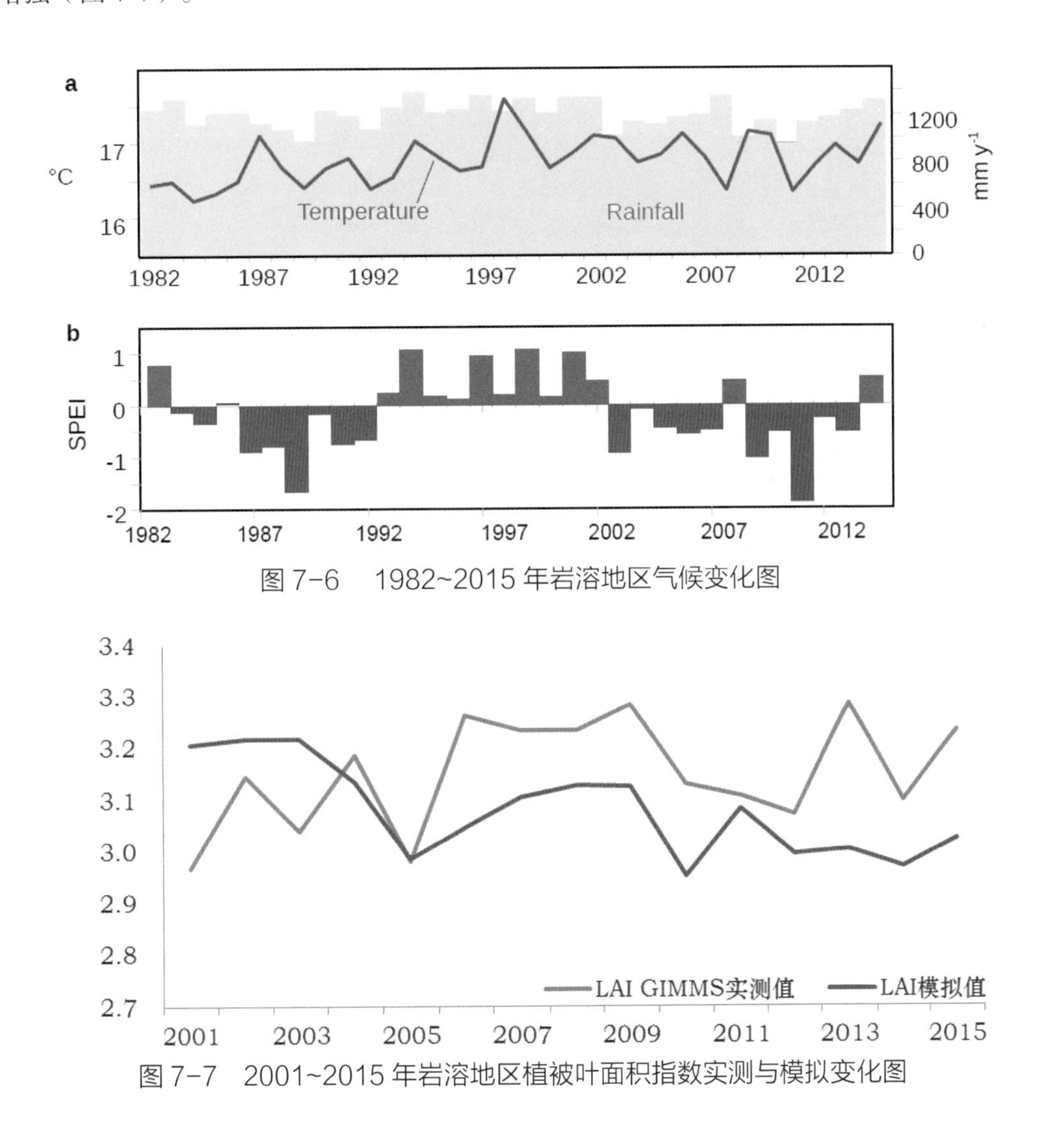

图 7-6　1982~2015 年岩溶地区气候变化图

图 7-7　2001~2015 年岩溶地区植被叶面积指数实测与模拟变化图

第二节 结 论

连续三期监测结果显示，我国岩溶地区自20世纪90年代大规模推进生态建设以来，岩溶石漠化区域生态建设成效逐步体现，生态环境明显改善，具体体现为岩溶地区石漠化土地面积持续减少、程度减轻，石漠化敏感性降低；林草植被群落结构进一步优化，植被盖度逐步提升；坡耕地面积减少，水土流失状况明显好转；生态系统稳定好转，应对气候变化能力增加。但亦应清楚认识到，岩溶地区属生态环境脆弱区，区域社会经济发展相对滞后，岩溶生态系统抵御自然灾害与人为干扰能力弱，石漠化治理后演替新增的潜在石漠化土地极不稳定，逆向演变为石漠化风险高。因此，应坚持尊重自然规律、顺应自然、强化保护，防治并重，综合治理策略，持续推进石漠化综合治理工程为主的生态工程建设，确保岩溶地区人与自然共生、生态保护与经济建设协调发展，全面建设小康社会和美丽家园。

参考文献

[1] 喻阳华，余杨，杨苏茂，等．中国喀斯特高原山地区抗冻耐旱型植被退化现状及恢复对策[J].世界林业研究，2017，30(01)：72-75.

[2] 周家维．南、北盘江流域（贵州部分）土地退化类型及机理[J].贵州林业科技，2005(04)：6-10.

[3] 殷建强．贵州省石漠化生态恢复主要治理模式总结与探索[J].贵州林业科技，2005(03)：56-60.

[4] 周泽建，苏杰南．柳州市岩溶地区石漠化现状与发展趋势[J].环境研究与监测，2008(02)：50-52.

[5] 但新球，屠志方，李梦先．中国石漠化[M].北京：中国林业出版社，2015.

第八章　石漠化动态变化原因

石漠化是我国岩溶地区的重要生态问题，石漠化土地变化状况直接维系到区域生态安全与可持续发展，是各地政府政绩与绿色考核评价体系的重要内容。自 20 世纪 90 年代国家加大生态建设和石漠化治理以来，石漠化面积由扩展转变向缩减，再到现阶段的持续减少，区域生态建设成效逐步显现。当前主要针对石漠化土地的形成机理与原因进行分析与研究 [1~8]，因缺乏权威地系统调查数据，对石漠化土地动态变化原因分析研究较少，仅在局部区域进行动态变化原因分析 [9~11]。本章结合国家林业和草原局三期石漠化监测数据，重点对 2011~2016 年石漠化土地变化原因进行分析，为国家和各地科学制订石漠化防治对策提供技术支撑。

第一节　石漠化土地动态变化状况

与 2011 年相比,石漠化土地面积转变为潜在石漠化和非石漠化土地面积 259.0 万 hm^2，同时由潜在石漠化及非石漠化土地转入面积 65.8 万 hm^2，监测期内石漠化土地净减少 193.2 万 hm^2，年均净减少面积 38.6 万 hm^2，年均缩减率为 3.4%。与 2005 年相比，石漠化土地面积净减少 289.2 万 hm^2，年均减少石漠化面积 26.3 万 hm^2，呈现石漠化土地减少速率加快，区域生态环境明显好转。

表 8-1　石漠化土地动态变化表（单位：hm^2）

类别	合计	潜在石漠化	非石漠化	其他
石漠化转出至	2590489.5	2049851.7	528049.5	12588.3
石漠化转入自	658259.7	521602.7	130716.3	5940.7
净变化量	−1932229.8	−1528249.0	−397333.2	−6647.6

注：其他指因行政界线与小班界线修正出现的变动面积。

第二节　石漠化顺向变化原因

从总体上看，岩溶地区石漠化状况不断朝着良性方向发展，这既是岩溶地区人为活动压力减轻与良好的水热条件有效结合促进自然修复的结果，更是国家和各级地方政府实施一系列生态保护与治理措施所取得的成果。监测结果显示，一是各类生态工程建设实施人工造林、封山育林等营造林措施，生态修复前期石漠化土地面积 145.9 万 hm^2，占前期石漠化土地转出面积的 56.7%，生态工程建设是我国石漠化土地面积持续减少的主导因素；二是区划小班细化，由前期的 230 万个小班增加到本期的 380 万个，在前期石漠化土地小班中因区划细化转化为潜在石漠化和非石漠化土地面积 64.4 万 hm^2，占转出面积的 25.0%；三是岩溶地区农村人口下降、传统薪材比重降低等原因，前期石漠化土地自然修复好转为潜在石漠化土地面积 31.9 万 hm^2，占转出面积的 12.3%；四是基础设施、坡改梯等工程建设转为潜在石漠化、非石漠化土地面积 15.5 万 hm^2，占转出面积的 6.0%。

一、生态文明理念逐步深入人心，生态保护力度明显加大

党的十八大把生态文明建设纳入了中国特色社会主义事业“五位一体”总体布局，大力推进生态文明建设，生态文明理念逐步深入人心，“绿色 GDP”综合考评体系逐步建立，森林覆盖率和其他治理指标成为重要评价指标，各地贯彻绿色发展理念的自觉性和主动性显著增强，生态建设和石漠化防治工作受到各地的高度重视，地方党政领导亲自抓生态现象比较普遍，生态治理力度明显加大。共抓大保护，不搞大开发，成为长江经济带发展的指导方针，已成为沿江各省（直辖市）经济社会发展的基本遵循，过去那种重经济发展、忽视生态环境保护的状况明显改善。贵州省在全国率先探索开展领导干部自然资源资产离任审计制、实施绿色贵州建设三年行动计划、开展森林保护“六个严禁”等重大行动；广西壮族自治区实施了“绿满八桂”造林绿化工程、“千万珍贵树种送农家”活动、农村能源建设工程等；湖北省出台了《实施〈党政领导干部生态环境损害责任追究办法（试行）〉细则》；湖南省将石漠化防治纳入“湘林杯”林业建设目标管理考核责任书中等。这些措施，有效促进了岩溶地区生态保护。

二、重大林业生态工程不断推进，林草植被逐步恢复

岩溶地区石漠化综合治理工程自 2008 年启动实施以来，截至 2015 年，316 个重点县已累计完成中央预算内专项投资 119 亿元，完成岩溶地区植被建设和保护 222.0 万 hm^2（其中封山育林育草 157.9 万 hm^2、人工造林 53.5 万 hm^2、草地建设 10.6 万 hm^2），完成坡改梯与土地整治面积 2.4 万 hm^2；其中 2011~2015 年完成中央预算内专项投资 97 亿元，完成岩溶地区植被建设和保护 170.6 万 hm^2。

“十二五”期间，国家相继启动实施了天然林保护工程二期、新一轮退耕还林工程，提高了公益林补助标准（从 2010 年起集体和个人所有的国家级公益林中央财政补偿标准由每年每亩 5 元提高到 10 元，2013 年每亩提高到 15 元），加大了对森林资源的保护力度，进一步增加了岩溶地区石漠化综合治理工程的国家投入，扩大了石漠化治理范围，长防、珠江、水土保持等重点防护工程建设持续推进，人工造林力度加大，石漠化治理速度加快，石漠化地区的生态环境得到了有效改善。据历年林业年鉴统计，岩溶地区八

省（自治区、直辖市）林业固定资产投资额由2006~2010年间年均447.6亿元，提高到2011~2016年间的年均1510.0亿元；其中林业重点工程年均投资额由2006~2010年间年均287.6亿元提高到2011~2016年间的年均493.9亿元。2011~2015年间，岩溶地区累计完成人工造林面积约150.0万hm^2、封山育林约99.3万hm^2，截至2015年底岩溶地区纳入天然林保护工程二期规划范围、中央和地方森林生态效益补偿的公益林面积约1300万hm^2，森林覆盖率从2011年的55.7%提高到2016年59.5%，增长3.8个百分点。监测结果也显示，2011~2016年，岩溶地区因实施重大生态工程等促进植被保护和植被恢复的面积达1286.6万hm^2，有效遏制了石漠化土地扩展，促进了岩溶地区生态系统的修复。

三、扶贫攻坚战略全面推进，促进了石漠化的治理

2011年，中共中央、国务院印发了《中国农村扶贫开发纲要（2011—2020年）》，将发展特色优势产业，加快林业和生态建设作为扶贫开发的主要任务。十八大以来，党中央高度重视扶贫开发工作，中共中央、国务院又出台了《关于打赢脱贫攻坚战的决定》，明确把“结合生态保护脱贫”作为精准扶贫的重要措施，项目和资金进一步向贫困地区倾斜。“十二五”期间，云南、广西、贵州石漠化特困片区片区累计完成投资1.15万亿元，完成扶贫项目1.04万个。据贵州省委政研室、省扶贫办联合调研组撰写的《毕节市扶贫开发经验》，全国石漠化危害最为严重地区之一的毕节市多年来积极发展开发式扶贫，至2014年毕节市已发展马铃薯种薯及商品薯种植基地156万亩，商品蔬菜面积228.5万亩，茶园面积89.4万亩，经果林面积102万亩，成功打造“乌蒙山珍·毕节珍好”区域公共品牌，形成全产业链式的扶贫机制，对石漠化土地依赖逐步降低。毕节地区生产总值从2010年的601亿元增加到2014年的1266.7亿元（2015年1461.3亿元），农民纯收入从2010年的3354元增加到2014年的6223元（2015年6945元），贫困人口由2010年底的278.2万人减少到2015年底的115.5万人，贫困人口发生率由2010年的39.0%下降到16.5%[12]。

各地结合各自特点，在加大生态建设、改善生存环境的同时，积极发展经济林、林下经济和森林旅游等特色产业，建立特色农业基地，积极培育“一村一品”主导产业，建立稳定的增收致富渠道，既改善了贫困地区的生态环境，增加了群众的收入，也有效促进石漠化的治理和保护。据国家林业和草原局经研中心对50个县的调查显示，岩溶地区遵循绿色循环经济发展理念，结合重大生态工程建设与石漠化治理，逐步形成了以核桃、柑橘、油茶、火龙果等为特色的经济林果产业，2011~2015年，石漠化地区干鲜果品产量增长38.23%，高于全国同期水果产量增长18个百分点；森林旅游收入增长178.58%，森林旅游人次增长117.98%，成为新的经济增长点。

四、农村人口合理转移，降低了土地生态承载压力

土地石漠化的根本原因是人口密度过大，远超岩溶土地的生态环境合理承载量。为了解决这一问题，各地相继采取了一些减轻土地承载压力的措施。

一是城镇化率提高。随着城镇化的持续推进，岩溶地区城镇化率不断提高，大量的农村人口进入城镇生活，农村人口持续减少，对土地的压力大为减轻。据《中国统计年鉴（2012—2017 年）》，八省（自治区、直辖市）2011 年城镇化率为 48.9%，2016 年城镇化率达 55.3%，5 年间城镇化率每年增长约 1.3 个百分点。而 465 个监测县的城镇化率由 2011 年的 35.2% 提高到 2016 年的 45.5%，年均增长 2 个百分点，城镇化率步伐明显快于八省（自治区、直辖市）与全国平均水平。

从 2007~2016 年八省（自治区、直辖市）城镇、农村人口对比走势图（图 8-1）可以看出，近年来，八省（自治区、直辖市）城镇人口呈增加趋势，农村人口呈逐年减少趋势，城镇化水平逐步提高，2012 年农村人口与城镇人口基本持平。

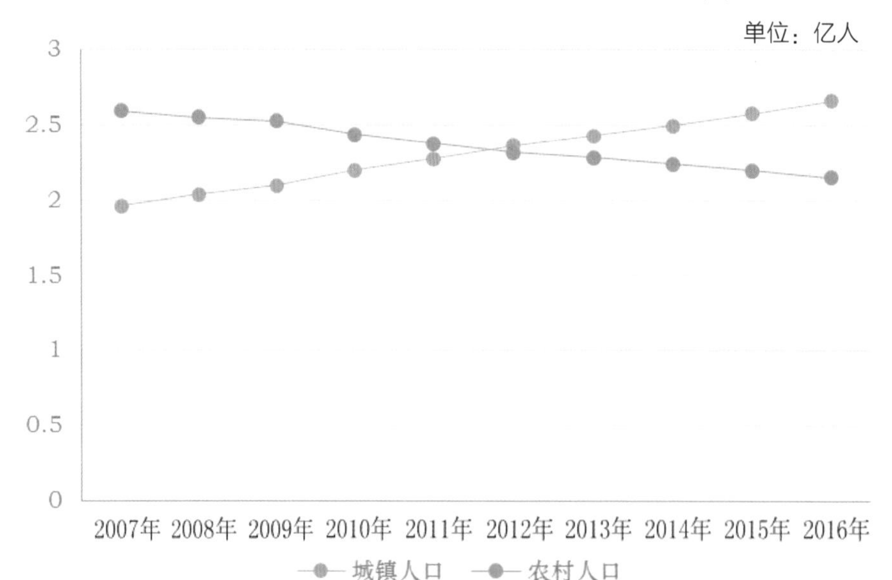

图 8-1　2007~2016 年八省（自治区、直辖市）城镇、农村人口变化对比图

二是农村富余劳动力劳务输出。据统计，2016 年与 2011 年相比，除广东为农村劳动力转入省外，其余七省（自治区、直辖市）均为农村劳动力输出省份，近 5 年来农村富余劳动力转移人数增加 1444.9 万人，年均新增农村富余劳动力转移人数 289 万人，当地农村人口大幅下降，降低了对土地依赖程度，减轻了土地的承载压力。

由于城镇化率提高和农村劳务输出，使八省（自治区、直辖市）农村人口由 2011 年的 23796 万人，下降到 2016 年的 21533 万人，下降了 2263 万人，下降了 7.2%，人口压力总体减轻，降低了岩溶土地的承载压力。

五、农村能源结构优化，减轻了对岩溶地区植被的破坏

通过实施农村能源工程，农村能源结构趋向多元化，烧材比重逐年下降，森林资源消耗减少，间接地保护了石漠化地区林草植被。

一是通过大力推广以沼气、太阳能为主体的新型能源和煤炭、电力、液化气等商品型能源，降低薪材在农村能源结构中的比重，减少森林资源的消耗。据国家林业和草原局经研中心对 50 个县的调查显示，2011~2015 年，建沼气池的农户数增加 28.31%，使用太阳能的农户数增加 122.51%，农村能源结构进一步优化。

二是积极推广节煤炉、节柴灶（炉）等设施，提高能源利用效率。目前岩溶地区农村配置节柴（煤）灶具的农户数超过 70%，节约用柴 50% 以上，减少了生物质能源消耗。

三是进一步加强对现有生物质能源的利用，如秸秆、农产品加工业下脚料、农林废弃物等的利用，降低薪材在生物质能源中的比重。目前，在农村能源结构中，薪材与秸秆等生物质能源所占比重由 2011 年的 37.2% 下降到 20.0% 以下。

农村能源结构的优化，减轻了对岩溶地区植被的依赖与破坏，为岩溶石漠化土地生态修复奠定了坚实基础。

六、农业工程技术措施的实施，推进了石漠化土地生态修复

石漠化地区人多地少，人均耕地面积小，坡耕地面积大，耕地质量差，人地矛盾突出。因此，各地通过实施国土整治、农业综合开发、退耕还林、小流域综合治理等项目，进行坡改梯，建设高标准农田，提高耕地质量，减少水土流失，促进石漠化土地生态保护与修复。据统计，5 年间，岩溶地区实施坡改梯面积达 5.7 万 hm^2，实施保护性耕作、间作、轮作、禁牧等农业技术措施的面积达 34.9 万 hm^2，同时，加强了小型水利水保设施建设，有效提高了耕地的质量。据国家林业和草原局经研中心对 50 个岩溶地区石漠化县的调查显示，2011~2015 年，通过实施农业工程技术措施，耕地质量提高，粮食总产量由 944.81 万 t 增加到 1018.64 万 t，增长 7.81%；粮食单产由 523 斤 / 亩增加到 560 斤 / 亩，增长 7.19%，高于全国同期粮食单产增长 6.13% 的水平。由于土地生产力提高，农民收入增加，对石漠化治理和生态保护起到了积极的促进作用。

七、基础设施建设力度加大，直接占用与利用了石漠化土地

“十二五”期间，随着各地工业园区建设、城镇化发展、易地扶贫搬迁和水利、道路等基础设施建设速度加快，建设用地规模不断增加，直接将石漠化与潜在石漠化土地扭转为非石漠化土地。监测结果显示，2011~2016 年，因工程占用潜在石漠化土地及石漠化土地直接转化为建设用地的面积达 25.2 万 hm^2。仅贵州省因基础设施建设占用了 10.5 万 hm^2 石漠化和潜在石漠化土地。

八、灾害性天气减少，有利于岩溶地区植被恢复

监测期间，监测县域整体气候平稳，基本水热同期，风调雨顺，没有出现上个监测期间雨雪冰冻和三年持续大旱等极端灾害天气，2008 年的雨雪冰冻灾害涉及监测省（自治区、直辖市）受影响森林与林地面积超过 900.0 万 hm^2；2009 年冬季到 2010 年的春季大旱对云南、贵州二省林草植被生长影响严重，局部地区森林覆盖率甚至下降 3 个百分点以上。本监测期间影响林草植被生长的灾害性天气明显下降，受自然灾害影响恶化面积仅占到前期恶化面积的 7%。较好的自然气候环境对区域林草植被的自然修复提供了良好条件，促进了石漠化土地朝良性方向演变。

此外，本次监测中全面应用了采用分辨率优于 2.5m 的高分辨率卫星影像数据 1318 景，其中高分一号卫星影像数据 956 景，资源三号卫星影像数据 275 景，高分二号等卫星影像数据 87 景，另有 50 个县采用了航片资料。由于高分辨率影像数据的应用，使区划更精细，解译结果与实际吻合度更高。并局部采用无人机进行航拍外业辅助调查和实地验证。二是区划小班细化，由前期的 230 万个小班增加到本期的 380 万个，在前期石漠化土地小班中因区划细化转化为潜在石漠化和非石漠化土地面积 64.4 万 hm^2，实现了监测结果更准确。

第三节　石漠化逆向变化原因

一、毁林开垦

因生态效益补偿（补助）标准低，特别是在国家种粮补助等一系列惠农政策的激励下，当种粮和其他经济性物种等收益高于现行生态建设补助标准，毁林毁草垦荒的现象仍然存在，给治理成果巩固增添了压力。监测期间，因毁林开垦，导致岩溶地区有 1.6 万 hm^2 林地被开垦为耕地。

二、陡坡耕种

现近年启动了新一轮退耕还林还草工程，加大了土地整治，但陡坡耕种问题依然突出，岩溶地区现有坡耕地面积达 896.5 万 hm^2，占耕地总面积的 70.3%，占岩溶土地面积的五分之一，其中 15° 以上坡耕地面积为 225.2 万 hm^2，占坡耕地面积的 25.2%。25° 以上仍在耕作的坡耕地面积为 27.0 万 hm^2，占坡耕地总面积的 3.0%。只要这些地区继续耕种，将是石漠化扩展的潜在危险地区，因陡坡耕种导致的土地石漠化面积 5.5 万 hm^2。

三、不合理的造林方式

因追求经济效益最大化，在石漠化治理中采用砍灌造林、全面林地清理等造林方式，

短期内导致地表林草植被破坏而出现土地石漠化面积 4.1 万 hm^2。

四、樵采薪材与过度放牧

樵采薪材、过度放牧等破坏石漠化地区的林草植被和土壤结构，导致土壤抗侵蚀能力减弱，水土易流失，致使石漠化加剧。

五、自然灾害

本监测期间自然气候平稳，但岩溶地区局部火灾、干旱、洪涝灾害、地质灾害等仍频繁发生，不仅加剧了土地石漠化，还对人民生命财产构成重大威胁。仅 2015 年岩溶地区八省（自治区、直辖市）发生滑坡 3007 处，崩塌 758 处，泥石流 304 处，地面塌陷 198 处，导致了局部石漠化土地继续扩展。由于自然气候灾害发生具有不确定性，难以控制，对石漠化治理成果巩固造成了严重威胁。监测其他结果显示，2012~2016 年期间，因自然灾害形成新的石漠化土地面积达 1.8 万 hm^2。

此外，在新增的石漠化土地面积中，此外因监测技术手段的改进，本期监测区划小班细化，前期非石漠化和潜在石漠化土地小班中因区划细化转为石漠化土地，虽导致石漠化土地有所增加，但实现了石漠化土地面积更精准，提升了监测成果精度。

第四节 结 论

综上所述，虽然岩溶地区经过多年的持续治理和生态保护，石漠化防治工作取得了阶段性成果，石漠化土地面积持续减少，石漠化程度减轻，区域生态环境状况明显改善，促进了区域社会经济的可持续发展。但因岩溶土地保护任务重，石漠化修复难度大，治理成本高，加之岩溶生态系统脆弱，自然气候因素的不确定性，导致石漠化扩展的人地矛盾等社会驱动因素和各种破坏行为依然存在，局部石漠化扩展难以消除，决定着石漠化防治工作的长期性和艰巨性，继续扩大石漠化防治范围，加大治理力度仍非常迫切。

参考文献

[1] 尹国平 . 广西石漠化形成的主要原因及治理对策 [J]. 广西林业，2008(06)：19-21.

[2] 李军，吴美玲 . 贵州喀斯特地区石漠化形成原因分析 [J]. 科协论坛（下半月），2013(07)：127-128.

[3] 周玉俊，夏天才，杨妍 . 西畴县石漠化现状、形成原因及治理对策 [J]. 环境科学导刊，2013，32(S1)：72-74.

[4] 梁丹丹，张兆干．贵州土地石漠化原因及防治初探[J].安徽农业科学，2008(28)：12490-12491.

[5] 司彬，何丙辉，姚小华，等．喀斯特石漠化形成原因及植被恢复途径探讨[J].江西农业大学学报，2006(03)：392-396.

[6] 张竹如，李明琴，李燕，等．贵州岩溶石漠化发生发展的主要原因初探[J].国土资源科技管理，2003(05)：43-46.

[7] 袁春，周常萍，童立强，等．贵州土地石漠化的形成原因及其治理对策[J].现代地质，2003(02)：181-185.

[8] 王德炉．喀斯特石漠化的形成过程及防治研究[D].南京：南京林业大学，2003.

[9] 关健超，覃良伟，陈丽，等．广西岩溶地区石漠化动态变化及林业防治措施[J].安徽农业科学，2017，45(03)：187-189.

[10] 吴照柏，但新球，吴协保，等．岩溶地区石漠化土地动态变化与原因分析[J].中南林业调查规划，2013，32(02)：62-66.

[11] 周命义．广东岩溶地区石漠化动态变化与原因分析[J].中南林业科技大学学报，2012，32(06)：97-100.

[12] 刘兴祥．毕节打造“乌蒙山宝·毕节珍好”农特产品公共品牌[N].贵州民族报，2014-08-26(A03).

第九章 石漠化防治形势

自20世纪90年代石漠化问题引起国家高度重视以来，我国石漠化经历了20世纪90年代的快速扩展至21世纪初的基本遏制[1]，演变至现今的持续减少，石漠化防治成效初步显现，区域生态经济环境状况持续改善。但我国现阶段石漠化土地面积大，石漠化危害依然严重，且新时代对区域生态经济发展要求不断提高，而石漠化治理难度逐年加升，成果巩固压力加大，石漠化扩展的驱动因素无法消除，石漠化防治形势依然严峻[2,3]。目前石漠化研究集中在机理与治理模式等方面[4,5]，对石漠化总体防控形势研究较少，本章结合三期监测数据，科学分析了现阶段我国石漠化防治形势，为国家与各地方科学制订石漠化防治政策与规划意义重大。

第一节 石漠化防治总体形势

一、石漠化防治成效显现，区域生态环境改善，社会经济发展步伐加快

岩溶区八省（自治区、直辖市）二期石漠化土地总面积1200.2万hm^2，三期石漠化土地总面积1007.0万hm^2，本监测期内石漠化减少面积193.2万hm^2，减少比例达到16.10%，其中重度石漠化减少面积最多为86.2万hm^2，极重度石漠化缩减率最大为47.08%，潜在石漠化面积增加135.1万hm^2，说明石漠化面积减少，程度在降低，石漠化状况正在向顺向演替发展，且与上个监测期相比顺向演替速度明显加快。

石漠化区域林草植被群落结构进一步优化，植被盖度逐步提升。与2011年相比，5年间，乔木型面积增加145.0万hm^2，增长率8.4%。其他植被类型面积呈现减少，其中灌木型、草本型、无植被型和旱地作物型面积减少。岩溶地区植被综合盖度由2011年57.5%增加至2016年的61.4%，增长3.9个百分点；石漠化土地集中分布、减少快的云南、贵州、广西三省（自治区）岩溶土地植被综合盖度由2011年的57.2%增加至2016年的62.3%，增长5.1个百分点，岩溶地区的植被状况有明显改善。石漠化土地上的平均植被综合盖度为41.4%，比2005年、2011年分别增长7.6个百分、2.4个百分点。

坡耕地面积减少，水土流失状况明显好转。2011~2016年间，岩溶地区坡耕地面积减少38.9万hm^2，其中15°以上坡耕地面积减少34.2万hm^2；石漠化土地上的旱地面积减少13.4万hm^2；岩溶地区水土流失面积减少8.2%，土壤侵蚀模数降低30.7 $t/(km^2{\cdot}a)$，降低4.2%；土壤流失量减少0.18亿t，减少12.0%。通过对珠江流域分布在岩溶地区的7个主要水文监测站多年监测数据分析，珠江的年均输沙量总体呈下降趋势，即输沙量表现出2001~2005多年平均值>2006~2010年多年平均值>2011~2015年多年平均值，7

个水文监测站 2011~2015 年年均输沙量平均值较 2006~2010 年减少 25.7%。

生态系统稳定好转，应对气候变化能力增加。与 2011 年相比，岩溶地区石漠化演变类型以稳定型为主，占岩溶土地面积的 88.5%，改善面积为 404.8 万 hm^2，占 8.9%；退化面积为 116.6 万 hm^2，占 2.6%；改善面积为退化面积的 3.5 倍。专题监测显示，在当前气候条件与人类活动干预下，实际监测到植被叶面积指数以年均 0.0177 $m^2/(m^2 \cdot a)$ 的速度在增长，而 2015 年实测的植被叶面积指数比 2001 年增加 8.9%，岩溶土地抵御气候变化的能力增强。

区域经济发展加快，贫困有所减轻。据专题监测显示，2015 年岩溶地区生产总值与 2011 年相比增长 65.3%，高于全国同期的 43.5%；农村居民人均纯收入比 2011 年增长 79.9%，高于全国同期的 54.4%；第三产业比重上升了 3.6 个百分点，岩溶地区经济结构不断优化。2011 年以来，八省（自治区、直辖市）农村贫困人口减贫 3803 万人，贫困率由 21.1% 下降到 7.7%。云南、贵州、广西三省（自治区）石漠化特困区“十二五”期间，农村贫困发生率由 31.5% 下降到 15.1%，农村居民人均纯收入由 2011 年的 3481 元增加到 6978 元，实现 418 万人脱贫，占到全国脱贫人口的十分之一强。

二、生态文明建设持续推进，对防治石漠化要求不断提升

自党的十八大以来，以习近平同志为核心的党中央明确要求统筹推进“五位一体”总体布局，牢固树立和贯彻落实创新、协调、绿色、开放、共享的发展理念，把生态文明建设摆上更加重要的战略位置，对生态文明作出了全面、系统、深入的阐述，提出了一系列新理念、新思想、新战略。生态文明建设新要求和五大发展理念就是要解决经济发展新常态下发展不平衡、不协调、不可持续的问题。我国是一个缺林少绿，生态资源极度匮乏，生态问题比较突出的国家，石漠化问题又是西南岩溶地区最为严重的生态问题，是生态建设最难啃的“硬骨头”，也是区域贫困落后的主要根源。当前我国正处在于全面建成小康社会的决胜阶段、脱贫攻坚的冲刺阶段，党的十九大又进一步提出要加快生态文明体制改革，建设美丽中国。要树立和践行绿水青山就是金山银山的理念，推进荒漠化、石漠化、水土流失综合治理。特别是十九大报告中关于我们要建设的现代化是人与自然和谐共生的现代化的定位，为石漠化的治理提供的政策指引，因为石漠化的根本问题是人与自然没有和谐共生而产生的生态问题，因此石漠化的治理关系到我国现代化的建设大问题。十九大报告提出了建设创新型国家、实施乡村振兴战略、实施健康中国战略，这些新战略的实施，为我国石漠化的治理又提供了新的契机。这为石漠化防治指明了方向，提出了更高的要求，赋予新的历史使命，推进石漠化防治，促进岩溶石漠化地区经济社会、人口、资源、环境协调发展将是今后一个时期生态文明建设的重要任务。

岩溶地区土地贫瘠、广种薄收、陡坡种植、毁林开荒现象依旧突出。土地资源粗放利用尚未根本转变，加重了石漠化地区生态环境保护的压力，而脆弱的生态环境也制约

了区域经济社会的发展。五大发展理念就是要解决经济发展新常态下发展不平衡、不协调、不可持续的问题，推动岩溶石漠化地区经济社会、人口、资源、环境协调发展将对岩溶地区石漠化综合治理提出更高的要求，需要在综合治理中着力抓好生态环境改善巩固、土地综合整治利用、基础设施优化提升、核心农村产业集聚发展等工作，不仅要求培植农村优势产业，更要坚持绿色发展，形成人与自然和谐发展现代化建设新格局，石漠化治理要求不断提升。

三、生态系统脆弱，恢复周期长

石漠化土地基岩裸露度高、土被破碎、土层瘠薄，缺土少水，立地条件差，治理难度大。且随着防治工作的持续推进，条件好一点的区域已优先得到治理，后期要治理的石漠化土地均属难啃的“硬骨头”，普遍位于山高坡陡、基岩裸露度高的区域，缺土少水问题愈发突出，立地条件越来越差，交通不便，治理难度越来越大。据统计，未治理石漠化土地中，基岩裸露度在60%以上超过三分之一；坡度在15°以上（斜坡）的超过50%。

岩溶土地具有独特的双层水文结构，且基岩裸露度高、土被破碎不连续、土层瘠薄，保水保肥能力差，抵御灾害能力弱，破坏容易，恢复难，具有先天脆弱性。一是碳酸盐岩不溶物含量普遍低于5%，导致岩溶成土速率极其缓慢，溶蚀30cm厚的碳酸盐岩才能形成1cm厚的土层，需要4000~8500年。二是岩溶土地中，土层厚度为薄、极薄的面积1461.0万hm^2，占岩溶土地面积的32.3%。三是有潜在石漠化土地面积1466.9万hm^2，占岩溶土地面积的32.4%，基岩裸露度高，植被群落稳定性差。尤其是石漠化土地生态修复转移而来的潜在石漠化土地，因岩石裸露度和地表土壤状况在短期内不可能有实质性的改变，新形成的植被稳定性差，更易出现逆转，一旦遇到极端气候和不合理的人为干扰，极易形成新的石漠化土地。同时岩溶土地具有富钙、偏碱、黏重等特性，对生态修复植物具有很强的选择性，加之缺土少水，区域林草植被建设普遍具有成活率低、生长速度慢。治理后新形成的植被恢复到稳定的群落系统，也需要一个漫长的过程。据研究表明，石漠化土地从退化的草本群落阶段恢复至灌丛、灌木林阶段需要近20年，至乔木林阶段约需47年，至稳定的顶极群落阶段则需近80年，表明生态工程建设是一项长期性任务，岩溶生态系统的修复亦将是一个长期、艰难、复杂的过程。

四、保护与治理任务重，资金缺口大，治理成本高

岩溶土地中有乔灌林地面积2854.4万hm^2，没有采取任何保护措施面积超过1500.0万hm^2，乔灌林地保护率仅47%，需要保护面积大。岩溶地区有害生物灾害发生面积居高不下，对岩溶生态系统安全构成重大威胁。如岩溶地区一枝黄花、紫茎泽兰等外来物种泛滥成灾，各类病虫害频繁发生。2016年，仅贵州省林业有害生物发生面积达20.3万hm^2。加强岩溶地区原生植被保护，预防岩溶生态系统退化刻不容缓。根据

《岩溶地区水土流失综合治理技术标准》（SL 461—2009），岩溶地区土壤容许流失量为 50 t/(km^2·a)，不到全国其他区域容许土壤流失量 500t/(km^2·a) 的十分之一，表明岩溶地区容许流失的土壤总量小，迫切需要加强保护。

西南岩溶地区是我国石漠化最严重的地区，涉及八省（自治区、直辖市）457 个县（市、区），现阶段仍有 10 万 km^2 石漠化土地，其中治理难度极大的重度与极重度石漠化土地面积仍有 183.1 万 hm^2，至今未实施过工程治理的石漠化土地面积 670.0 万 hm^2，治理任务依然艰难。如按现有治理速度，不考虑石漠化逆转情况，需要近半个世纪才能将石漠化土地全部治理完，这与全面建设社会主义现代化国家和林业现代化建设战略目标极不相适应。“十三五”期间，石漠化综合治理工程仅对 200 个重点县安排投资，还有一半以上的石漠化县没有中央财政专项资金支撑。

目前，已纳入公益林生态效益补偿的公益林，单位面积补偿资金仅 225 元 /(hm^2·a)，远低于区域土地承包租金，群众利益难以保障，生态保护压力大。按现有生态效益补偿标准，将未纳入保护的乔灌林地全部实施生态效益补偿，每年需要资金高达 33 亿元，而石漠化综合治理工程每年专项投资仅 20 亿元，资金缺口大。

石漠化土地分布区范围广，地貌类型多样，地形复杂，石漠化分布在 457 个县（市、区）105 万 km^2 的土地上，涉及山地、高原、丘陵、平原及洼地、峡谷、槽谷、峰林、峰丛等多种地貌地形；小班破碎化严重，其中小于 2hm^2 的小班有 30.5 万个，占到石漠化小班的 34.6%，导致治理的成本高。特别是石漠化土地基岩裸露度高，成土速度十分缓慢，立地条件差，随着石漠化综合治理等重点生态工程持续推进，立地条件较好的石漠化土地已逐步得到治理，下阶段将要治理的石漠化土地基本是难以恢复、“缺水少土”的严重区，其立地条件越来越差，交通不便，治理难度越来越大，治理成本越来越高。本次监测结果显示，未实施治理的石漠化土地中，基岩裸露度在 50% 以上的面积超过四分之一，坡度在 15° 以上的超过 50%。

五、坡耕旱地面积大，水土流失问题依然严重

监测结果显示，岩溶地区有坡耕旱地（坡度大于 5°）面积 641.1 万 hm^2，占岩溶地区耕地总面积的 50.2%，占旱地面积的 62.4%。在石漠化土地中，坡耕旱地面积 245.2 万 hm^2，占旱地上石漠化土地面积的 93.7%。据各省份最新土地详查资料统计，长江流域有坡耕地 1066.7 万 hm^2，占流域耕地总面积的 39.0%。其中，坡度大于 25° 的陡坡耕地约占坡耕地总量的四分之一。石漠化监测区的四川、贵州、重庆、云南和湖北五省（直辖市）坡耕地面积约占长江流域坡耕地总量的 77.4%。

据测算，2016 年岩溶地区水土流失面积 1904.0 万 hm^2，土壤侵蚀模数 695.1 t/(km^2·a)，土壤流失量到 1.32 亿 t，水土流失问题依然严峻。尤其是坡耕地因其基岩裸露率高，且常年人为扰动，水土流失问题特别突出。据测算，2016 年，岩溶地区坡耕地水土流失量 8341.2 万 t，

占岩溶地区水土流失总量的63.2%，是区域土地石漠化和水土流失的重要来源。

据专题研究显示，三峡库区19个县坡耕地面积126.2万hm^2，约占库区总面积的22.6%，但其年侵蚀量达9450.0万t，占库区年土壤侵蚀总量的60%。从耕地流失的泥沙，由于颗粒较细，往往成为河流泥沙的重要组成部分。

根据《贵州省水土保持公报（2011—2015年）》，贵州省2015年水土流失面积仍有48791.9km^2，水土流失率为27.71%，水土流失问题依然严峻。

六、区域经济发展依然滞后，制约着石漠化土地治理

据专家研究，在岩溶山地条件下，当人口密度超过100人/km^2时，就会出现不合理垦植和严重水土流失，而当人口密度超过150人时，就极有可能发生石漠化[6]。据统计，目前岩溶地区人口密度高达207人/km^2，“人多地少”的矛盾非常突出。

岩溶地区属“老、少、边、山、穷”地区，经济发展严重滞后，监测县2016年地区生产总值仅为八省（自治区、直辖市）的36.2%，为全国的11.6%；地区人均生产总值仅为八省（自治区、直辖市）的79.0%，为全国的72.7%；农村居民年均可支配收入仅为八省（自治区、直辖市）的95.3%，为全国的87.7%；岩溶地区贫困人口多、贫困面大、贫困程度深，国家公布的832个国家级贫困县或集中连片特殊困难县中有335个分布于西南八省（自治区、直辖市），占全国贫困县总数的40.26%；而岩溶区465个县（市、区）中有217个属于国家级贫困县或集中连片特殊困难县，占岩溶县数量的46.67%。石漠化区农村贫困人口约占八省（自治区、直辖市）农村贫困人口的四分之三，占到全国农村贫困人口的三分之一，脱贫压力大。且岩溶地区群众增收途径有限，对土地依赖性高，存在“靠山吃山”的问题，对保护生态与发展地方经济的矛盾依然突出，边治理、边破坏仍将存在。

七、人为破坏及自然灾害依然存在，局部恶化难以消除

主要表现在：一是毁林开垦。因生态效益补偿（补助）标准低，特别是在国家种粮补助等一系列惠农政策的激励下，当种粮和其他经济性物种等收益高于现行生态建设补助标准，毁林毁草垦荒的现象仍然存在，给治理成果巩固增添了压力。监测期间，因毁林开垦，导致岩溶地区有1.6万hm^2林地被开垦为耕地。二是陡坡耕种。现近年启动了新一轮退耕还林还草工程，加大了土地整治，但陡坡耕种问题依然突出，岩溶地区现有坡耕地面积达896.5万hm^2，占耕地总面积的70.3%，占岩溶土地面积的五分之一，其中15°以上坡耕地面积为225.2万hm^2，占坡耕地面积的25.2%；25°以上仍在耕作的坡耕地面积为27.0万hm^2，占坡耕地总面积的3.0%。只要这些地区继续耕种，将是石漠化扩展的潜在危险地区，因陡坡耕种导致的土地石漠化面积5.5万hm^2。三是不合理的造林方式。因追求经济效益最大化，在石漠化治理中采用砍灌造林、全面林地清理等造

林方式，短期内导致地表林草植被破坏而出现土地石漠化面积 4.1 万 hm^2。四是樵采薪材、过度放牧等破坏石漠化地区的林草植被和土壤结构，导致土壤抗侵蚀能力减弱，水土易流失，致使石漠化加剧。此外，本监测期间自然气候平稳，但岩溶地区局部火灾、干旱、洪涝灾害、地质灾害等仍频繁发生，不仅加剧了土地石漠化，还对人民生命财产构成重大威胁。仅 2015 年岩溶地区八省（自治区、直辖市）发生滑坡 3007 处，崩塌 758 处，泥石流 304 处，地面塌陷 198 处，导致了局部石漠化土地继续扩展。由于自然气候灾害发生具有不确定性，难以控制，对石漠化治理成果巩固造成了严重威胁。监测结果显示，2012~2016 年期间，因自然灾害形成新的石漠化土地面积达 1.8 万 hm^2。

第二节　结　论

近年来，在党中央、国务院的高度重视下，国家不断加大生态建设与保护力度，相继启动与实施了新一轮退耕还林还草、天然林资源保护二期、石漠化综合治理工程等重点生态工程，林草植被建设和生物多样性保护力度得到加强，石漠化防治持续发力，石漠化土地扩展的趋势得到基本遏制，石漠化程度逐步减轻，石漠化状况总体上朝着持续好转方向发展。但因岩溶地区生态系统脆弱，石漠化土地面积大、分布集中，治理难度大，加之工程治理覆盖面窄，投资少，治理速度慢；导致石漠化扩展的人地矛盾等社会驱动因素和各种破坏行为依然存在，决定着石漠化防治工作的长期性和艰巨性，石漠化防治形势依然严峻，加快石漠化土地生态修复进程十分迫切。

参考文献

[1] 但新球，屠志方，李梦先 . 中国石漠化 [M]. 北京：中国林业出版社，2015.

[2] 潘春芳 . 我国岩溶地区石漠化防治形势依然严峻 [N]. 中国绿色时报，2012-06-15(001).

[3] 周泽建，苏杰南 . 柳州市岩溶地区石漠化现状与发展趋势 [J]. 环境研究与监测，2008(02)：50-52.

[4] 殷建强 . 贵州省石漠化生态恢复主要治理模式总结与探索 [J]. 贵州林业科技，2005(03)：56-60.

[5] 蒋忠诚，罗为群，邓艳，等 . 岩溶峰丛洼地水土漏失及防治研究 [J]. 地球学报，2014，35(05)：535-542.

[6] 吴照柏，但新球，吴协保，等 . 岩溶地区石漠化土地动态变化与原因分析 [J]. 中南林业调查规划，2013，32(02)：62-66.

第十章 生态工程对石漠化的影响

石漠化主要分布在我国西南地区的长江、珠江等大江大河的中上游地区，该区域生物多样性丰富、生态环境脆弱，人地矛盾突出，又是我国的重要生态屏障与水源涵养区，生态地位重要，但石漠化是该区域最突出的生态问题，严重制约着全面建设小康社会和美丽家园建设[1,2]。在1998年长江流域特大洪灾后，国家先后启动了林业六大生态工程、石漠化综合治理、土地整治、水土流失等重大生态工程，加大了生态保护与建设力度。本章结合第三次石漠化监测，对区域生态建设实施状况及对石漠化变化影响进行分析与评价，为今后石漠化区生态建设工程布局与石漠化防治实施提供参考。

第一节 岩溶地区主要生态工程实施状况

自1998年长江流域特大洪灾后，国家先后启动并实施了天然林资源保护、退耕还林还草、生态公益林保护、长江珠江防护林建设、野生动植物保护及自然保护区建设、农业综合开发等生态工程，对现有林草植被通过实施生态公益林管护、天然林资源保护等加大保护力度，依托其自我修复能力改善林分质量，提高其生物多样性，提升其生态服务功能；对宜林荒山荒地及陡坡耕地通过人工造林、封山育林等人工促进方式加速林草植被修复，有目的地培育林分，提升林地综合效益；对坡耕地通过砌坎降坡、土地改良、完善农业灌溉设施等提升土地生产力，全面提升了生态脆弱地区的生态环境质量。同时，针对生态脆弱的岩溶生态系统，国家除上述生态工程实施倾斜，还于2008年启动了覆盖西南岩溶地区八省（自治区、直辖市）石漠化土地的石漠化综合治理工程，以小流域为治理单元，以林草植被恢复为核心的综合治理，主要建设内容包括人工林草植被修复、农业生产条件改善、生态移民、农村能源工程、草食畜牧业和生态产业发展等，在重点加快石漠化土地修复的过程中，消除或降低影响石漠化土地扩展的人口与土地、能源、经济发展等方面矛盾，保障岩溶生态系统的稳定，加快区域可持续发展。2008~2010年为工程治理试点期，对100个石漠化严重县投资20亿元；2011~2015年为全面推广期，重点县扩大到314个，年均投入由16亿元增到20亿元；2016年后为提高石漠化治理成效，集中资金实施治理，将治理县精简至200个，保证每县每年投资达1000万元以上。

2011~2016年间，国家继续加大对岩溶地区防护林和生态建设力度，启动实施了新一轮退耕还林工程、天然林保护二期工程，全面停止了天然林的商业性采伐；进一步提高了国家重点公益林生态效益补助标准，集体和个人所有的国家级公益林中央财政补助标准从2010年起每年每亩由5元提高到10元，2013年提高到15元；扩大了石漠化治理范围，增加了岩溶地区石漠化综合治理工程的国家投入，到2015年继续实施长防、珠防等重大林业生态工程，石漠化综合治理的力度持续加大。

据《中国林业发展报告》，“十二五”期间，八省（自治区、直辖市）完成退耕还林工程人工造林面积135.3万hm^2，天然林资源保护工程人工造林面积88.3万hm^2，长江、珠江等重点防护林工程人工造林面积71.4万hm^2，石漠化综合治理工程完成营造林面积170.6万hm^2；到2016年，监测县生态公益林保护面积达到1300.0万hm^2。这些重大生态工程的不断推进，石漠化土地得到有效治理与保护，区域生态环境状况持续改善。

各生态建设工程在岩溶地区石漠化状况中实施状况详见表10-1。

表10-1　生态建设工程分石漠化状况统计表（单位：hm^2）

工程类别	岩溶土地			
	合计	石漠化土地	潜在石漠化土地	非石漠化土地
合计	10637486.8	3344707.3	5648629.9	1644149.6
石漠化综合治理工程	1544712	617504.9	628167.8	299039.3
生态公益林保护工程	5247187.9	1577763.5	3237187.7	432236.7
退耕还林还草工程	656713.8	177151.5	243568.0	235994.3
长江珠江防护林工程	157777.8	58217.9	69031.7	30528.2
天然林资源保护工程	1764571.8	595841.6	868621.6	300108.6
速生丰产林工程	40149.4	4844.5	22478.2	12826.7
野生动植物保护及自然保护区建设工程	101803.6	14260.3	80190.9	7352.4
农业综合开发工程	21888.2	7295.8	7930.7	6661.7
小流域综合治理工程	50866.1	12853.5	27298.3	10714.3
森林抚育工程	393724.4	68050.4	227399.3	98274.7
长治工程	5890.9	2519.7	1884.9	1486.3
其他重点工程	248044.4	64389.8	94902.0	88752.6
巩固退耕还林成果专项工程	81526.5	27514.2	27888.7	26123.6
国家储备林基地建设工程	1290	415.4	297.1	577.5
财政造林补贴项目	147452.6	54923.0	42568.3	49961.3
植被恢复费营造林工程	111177.1	39271.8	44939.5	26965.8

（续表）

工程类别	岩溶土地			
	合计	石漠化土地	潜在石漠化土地	非石漠化土地
中央预算内油茶产业专项工程	24310.1	8577.1	10514.3	5218.7
湿地保护与恢复工程	11142.5	2258.0	3969.2	4915.3
三峡后续工程	23993.4	9863.4	8299.3	5830.7
地震灾害植被恢复工程	39.8		39.8	0.0
碳汇造林工程	3224.5	1191.0	1452.6	580.9

第二节　生态建设工程对石漠化演变影响状况

监测结果也显示，2011~2016 年，岩溶地区因实施重大生态工程等促进植被保护和植被恢复面积达 1286.6 万 hm^2，有效遏制了石漠化土地扩展，促进了岩溶地区生态系统的修复。其中林业传统生态工程建设项目对石漠化好转起到了重要作用，生态公益林保护工程、天然林保护工程、退耕还林工程等为主体的林业生态建设工程对石漠化顺向演替的贡献率达 58.06%，此外其他林业工程（如长江、珠江防护林工程）对石漠化顺向演替贡献率为 16.35%。石漠化综合治理工程虽然覆盖面较小，但因单位面积投入较高，治理对象明确，目的性强，对石漠化顺向演变的贡献率也较高，达 19.96%，接近五分之一。此外小流域综合治理工程、长治工程等其他工程占石漠化顺向演变的 5.63%，是石漠化治理工作的有益补充。

以改善林草植被覆盖为主要目的的治理工程对与石漠化顺向演变具有较好的效果，但是同时必须注意到，局部有生态工程覆盖的区域仍有逆向演替发生。加剧型石漠化有 0.47% 来源于石漠化综合治理工程，数据显示这部分加剧型的面积主要原因是石漠化治理工程的前期造林炼山时对原有植被进行清除，导致植被盖度暂时性降低，等新造林郁闭以后石漠化程度会快速好转。

表 10-2　工程措施下石漠化演变情况表（单位：hm^2）

工程类别	合计	明显改善型	轻微改善型	稳定性	加剧型	严重加剧型
合计	10637486.8	1112622.3	388062	9088550.6	5661.5	42590.4
石漠化综合治理工程	1544712	213937.6	85614.3	1234286.4	2857.3	8016.4
生态公益林保护工程	5247187.9	412715.2	85723.9	4734939.2	773.4	13036.2
退耕还林还草工程	656713.8	80459.5	40724.2	531313.1	157.2	4059.8
长江珠江防护林工程	157777.8	25814.7	11928.3	118798	61.2	1175.6

（续表）

工程类别	合计	明显改善型	轻微改善型	稳定性	加剧型	严重加剧型
天然林资源保护工程	1764571.8	186724.7	64919.1	1510859.4	869	1199.6
速生丰产林工程	40149.4	6314.7	1114.9	32131.5	61.8	526.5
野生动植物保护及自然保护区建设工程	101803.6	2126	3075.8	96491.2		110.6
农业综合开发工程	21888.2	3485	1604	16549.1	1.1	249
小流域综合治理工程	50866.1	9119.8	4246.9	37299.2	68.9	131.3
森林抚育工程	393724.4	47745.2	12672.6	332343.7	47.4	915.5
长治工程	5890.9	1693.7	1527	2667.7		2.5
巩固退耕还林成果专项工程	81526.5	22279.5	12388.2	44881.3	130.9	1846.6
国家储备林基地建设工程	1290	66	194.3	1029.7		
财政造林补贴项目	147452.6	21096.1	20640.1	100692.3	222.1	4802
植被恢复费营造林工程	111177.1	30958.4	16541.3	61678	105.8	1893.6
中央预算内油茶产业专项工程	24310.1	4891.3	2351.7	16787.3	69.6	210.2
湿地保护与恢复工程	11142.5	718.4	972.8	9420.4		30.9
三峡后续工程	23993.4	1767.2	847.2	21379		
地震灾害植被恢复工程	39.8			39.8		
碳汇造林工程	3224.5	963.8	349.3	1731.9		179.5
其他重点工程	248044.4	39745.5	20626.1	183232.4	235.8	4204.6

第三节　生态工程对石漠化防治的影响评价

一、生态环境改善，防治成效显著

通过近20年来生态工程建设持续推进，根据第三次石漠化监测显示，石漠化防治成效可概括为：石漠化面积呈现缩减，持续减少。重度及以上石漠化比重下降，石漠化程度持续减轻。石漠化发生率下降，石漠化敏感性降低。林草植被群落结构进一步优化，植被盖度逐步提升。坡耕地面积减少，水土流失状况明显好转。生态系统稳定好转，应对气候变化能力增加。

二、生态工程中林草措施实施加快了石漠化土地生态修复进程

第三次石漠化监测结果显示，保护类工程（生态公益林保护工程、天然林资源保

护工程）对石漠化顺向演替的贡献率最大为52.50%，其次是石漠化综合治理工程为19.96%，人工造林工程（长江珠江防护林工程、速生丰产林工程、野生动植物保护及自然保护区建设工程、森林抚育工程、国家储备林基地建设工程、财政造林补贴项目、植被恢复费营造林工程、中央预算内油茶产业专项工程、地震灾害植被恢复工程、碳汇造林工程）为11.4%，退耕还林还草工程（退耕还林还草工程、巩固退耕还林成果专项工程）为10.38%，其他工程（其他重点工程、湿地保护与恢复工程）为4.14%，综合治理类工程（农业综合开发工程、小流域综合治理工程、长治工程、三峡后续工程）为1.62%。

从治理措施来看，林草措施在对石漠化顺向演替的贡献率为90.71%，林草措施作为传统林业生态工程建设的主要措施对石漠化好转起到了决定作用，说明我国岩溶区必须坚持以林草措施为主的石漠化治理方向。但岩溶地区良好的水热资源条件仍是石漠化区域林草植被的自我修复及人工促进的重要基石。

表10-3 各种治理措施对石漠化好转的贡献表（单位：hm^2）

治理措施	明显改善	轻微改善
封山管护	664584.2	169169.1
封山育林（草）	448111.6	161604.2
人工造林	399679.7	263230.2
飞播造林	289.4	61.0
林分改良	10132.7	876.7
人工种草	506.1	160.4
草地改良	77.3	115.0
其他林草措施	11026.0	8769.6
保护性耕作	11612.9	10143.1
间作	5248.6	28067.7
轮作	7750.3	17860.4
禁牧		102.7
其他农业技术措施	15274.3	3128.1
坡改梯工程	25849.6	165.5
客土改良	69.6	78.7
小型水利水保工程	778.4	
其他工程措施	92835.5	307.6
总计	1693826.0	663840.1

表 10-4　各治理措施在石漠化顺向演替中贡献率（单位：%）

治理措施	比例	治理措施	比例
封山管护	35.36	间作	1.41
封山育林（草）	25.86	轮作	1.09
人工造林	28.12	禁牧	0
飞播造林	0.02	其他农业技术措施	0.78
林分改良	0.47	坡改梯工程	1.1
人工种草	0.03	客土改良	0.01
草地改良	0.01	小型水利水保工程	0.03
其他林草措施	0.84	其他工程措施	3.95
保护性耕作	0.92		

三、生态工程覆盖面有限，力度不够

第三次石漠化监测结果显示，未实施任何生态工程的石漠化土地面积占全部石漠化面积比例为 67.0%，而未实施任何生态工程的岩溶土地面积占全部岩溶土地面积比例仅为 63.0%，生态工程覆盖面仍偏小。而石漠化严重的云南、贵州、广西三省（自治区），虽石漠化综合治理工程实现了县域的全覆盖，但生态工程覆盖的岩溶土地比重仅为 57.5%。主要是我国现行的生态工程均有特定目标，重点不是针对石漠化土地及岩溶地区，这些工程在岩溶地区的布局比重小，且石漠化土地属生态脆弱地区的难治理或利用区，治理成效比土山（坡）差，可能影响到治理成效与检查验收。另外，在石漠化区域的治理措施仍以投入小的封山管护、封山育林为主体，而人工造林仅以补助形式，没有纳入全额预算投资，也影响到石漠化治理进程。

表 10-5　前期石漠化小班中工程和措施覆盖情况

地区	有工程覆盖/hm^2	无工程覆盖/hm^2	总计/hm^2	占比/%	有治理措施覆盖/hm^2	无措施覆盖/hm^2	总计/hm^2	占比/%
其他省份	1123977	3080241	4204218	26.73	1927266	2276952	4204218	45.84
云南、贵州、广西	3314262	4471280	7785542	42.57	3867118	3918424	7785542	49.67
总计	4438239	7551521	11989760	37.02	5794384	6195376	11989760	48.33

岩溶地区是我国石漠化最严重的地区，涉及八省（自治区、直辖市）457 个县（市、区），“十三五”期间，而石漠化综合治理工程仅对 200 个重点县安排资金支持，还有一半以上的石漠化县没有财政专项资金支持。

四、生态工程建设普遍存在投入总量小、单位面积投资标准低

一是投入严重不足。石漠化治理是一个生态工程，是一项公益性事业，工程建设的投入主要应该由政府来承担[3]，但目前国家每年的投入只有 20 多亿元，而石漠化地区又是我国欠发达地区，地方财力有限，难以拿出财政资金进行石漠化治理，石漠化防治仅依靠国家投入开展，资金投入严重不足。

二是单位投入低。目前，石漠化治理每平方千米的投资标准仅为 25 万元，而工程建设内容涉及林业、水利和农业等多项措施，单位面积投入严重不足。后期管护与运行维护也没有经费支持，导致管护责任无法落实到位，留下了边治理、边破坏的隐患，治理成果巩固措施难以落实。

第四节 结 论

生态建设工程对石漠化土地的生态修复与区域社会经济发展产生了积极的作用，并取得了显著的成效，深受岩溶地区广大群众的喜爱。但目前生态工程仍存在投资总量小、单位面积投资及单项工程单价低，工程覆盖范围小等问题。因此，在今后石漠化防治中，首先，应以第三次石漠化监测数据为基础，根据石漠化实际状况，科学落实生态工程实施范围及主要治理措施，为全面推进石漠化防治提供决策依据。第二，根据国家生态文明建设、扶贫攻坚等国家战略，加大对岩溶生态脆弱地区的投资力度，特别是对岩溶地区石漠化综合治理工程的投资力度，尽量扩大工程治理范围，完善治理技术措施与手段。如以岩溶地区的地文景观为基础，对现有或治理后的林草植被进行保护，结合生态文明建设、乡村振兴及美丽中国建设等国家战略，全面推进石漠公园体系建设，既可实现区域脆弱的岩溶生态系统保护，又能充分发挥岩溶地区独特的景观资源优势，构建布局合理的生态文明建设平台，满足广大人民群众对美好生活与生态产品的需求。此外，针对脆弱岩溶生态系统的治理难度大的实际情况，提高治理单位成本，确保治理一片，成功一片。

参考文献

[1] 但新球，白建华，吴协保，等 . 石漠化综合治理二期工程总体思路研究 [J]. 中南林业调查规划，2015，34(03)：62-66.

[2] 周玉俊，夏天才，杨妍 . 西畴县石漠化现状、形成原因及治理对策 [J]. 环境科学导刊，2013，32(S1)：72-74.

[3] 乔兴旺 . 石漠化防治的立法研究 [J]. 贵州农业科学，2009，37(08)：185-193.

第十一章　石漠化防治对策

石漠化是西南岩溶地区的主要生态问题，不仅恶化生态环境，缩减民众生存空间，加剧区域贫困，严重制约着区域经济社会可持续发展和人民日益增长的美好生活需要，是实现“两个一百年”奋斗目标和中华民族伟大复兴中国梦的重点和难点问题[1]。加大治理力度，扩大治理范围，提升治理成效，全面推进石漠化防治工作是各级政府近期的工作重点内容。本章结合国家林业和草原局三期石漠化监测成果和新时代生态建设与生态文明的客观需求，提出了近期我国石漠化防治的对策，以便为国家与各地制订石漠化防治对策提供参考依据。

第一节　防治思路

全面贯彻落实党的十八大、十九大精神，以新时代中国特色社会主义思想为行动指南，统筹推进“五位一体”总体布局和协调推进“四个全面”战略布局，牢固树立和贯彻落实创新、协调、绿色、开放、共享的发展理念，结合乡村振兴和区域协调发展战略，坚持保护优先、防治并重、自然修复为主的策略，在巩固现有治理成果的基础上，以林草植被保护与恢复为核心，兼顾草食畜牧业发展和水土资源综合利用，通过多措并举、科学防治、综合防治和依法防治，实行“山水林田湖草”综合治理，实现标本兼治，协同增效，全面提升岩溶生态系统稳定性和生态服务功能，加快区域脱贫攻坚步伐，实现区域生态建设与经济发展协调推进，为人民提供更多优质生态产品，增强民生福祉，构建区域人与自然和谐共生的良好局面，为实现“两个一百年”奋斗目标和中华民族伟大复兴的中国梦作出贡献。

第二节　防治原则

一、坚持保护优先，自然修复为主

优先对脆弱的岩溶生态系统及现有林草植被实行严格保护，利用岩溶地区良好的水热条件，充分发挥岩溶生态系统的自我恢复能力，促进岩溶生态系统的自然修复[2, 3]，提高岩溶生态系统的生态功能与服务价值。

二、坚持分类施策，综合治理

遵循岩溶土地自然规律，采取生物措施、工程措施和技术措施相结合[4, 5]，对潜在石漠化土地采取预防与保护措施，巩固石漠化治理成果；对石漠化土地实施科学治理，实现标本兼治。突出林草植被保护与发展，兼顾区域农业生产、草食畜牧业发展，因地制宜，分类施策，合理布局建设内容，宜林则林、宜灌则灌、宜草则草、宜耕则耕，实现“山水林田湖草”综合治理。

三、坚持重点突出，全面治理

以生态区位重要、石漠化分布集中、且危害严重的长江经济带中上游生态屏障区，云南、贵州、广西三省（自治区）石漠化集中连片特殊困难地区等石漠化县为治理重点，以点带面，带动岩溶地区生态建设。同时，将石漠化发生潜在风险高的潜在石漠化土地纳入治理对象，将所有监测县纳入工程治理范畴，扩大工程治理覆盖面，加快石漠化治理进程。

四、坚持绿色发展，治石治贫

科学处理好保护与开发的关系，结合区域产业结构调整和扶贫工作需要，引导经果林、草食畜牧业、林下经济、高效农业和生态旅游业等生态经济型产业发展，促进农村经济产业结构调整，千方百计增加农民收入，实现治石与治贫相结合，共享石漠化治理成果，加快区域扶贫攻坚进程。

五、坚持科技引领，创新驱动

坚持科技驱动和创新发展，针对岩溶地区独特的双层水文结构与“缺土少水”的生态问题及区域发展制约因素，强化科技创新与攻关，解决石漠化防治的“技术瓶颈”；完善科技推广机制，加强科技成果推广应用，提升石漠化防治科技含量。

六、坚持政府主导，社会参与

石漠化防治具有社会公益属性，各级政府是石漠化防治的责任主体和投资主体；同时，充分发挥市场调节机制，引导社会资本参与石漠化防治，拓宽投资渠道，实现全民参与石漠化治理。

第三节 石漠化防治对策

一、加强领导，明确责任，依法防治

石漠化防治是一项涉及多部门、多学科的系统生态工程，具有艰巨性、长期性，防治责任的主体是地方各级政府。要加快推进石漠化防治，领导高位推动是关键，依法防治是保障。一是地方各级人民政府要加强领导和统筹协调，成立政府主要领导任组长的石漠化防治领导小组，加强领导和协调，着力解决石漠化治理中的重大问题。二是要将

石漠化防治纳入地方各级行政领导任期目标责任制考核内容中，明确责任，强化考核与奖惩。三是要将石漠化防治纳入国家和地方国民经济和社会发展规划，制定相关政策，采取切实有效措施，全力推进石漠化防治工作。四是要加快石漠化防治法治建设，制订石漠化防治法律法规，完善石漠化防治监管机制，为石漠化防治提供制度保障[6]。

二、加大防治力度，扩大治理范围，提升治理成效

根据《岩溶地区石漠化综合治理工程“十三五”建设规划》，“十三五”期间，岩溶地区石漠化治理仅为200个重点县，石漠化治理范围窄，而石漠化治理、修复任务重、难度大，需要进一步加大石漠化防治力度，尽早实现石漠化监测县工程治理全覆盖。一是要继续推进以林草植被建设为核心的石漠化综合治理工程，扩大治理范围，实现工程建设全覆盖，实行“山水林田湖草”综合治理，丰富治理内容，提升治理成效。二是要扩大新一轮退耕还林还草、防护林建设、天然林资源保护等重大林业生态工程在石漠化区域实施范围，加大投入力度，加快林草植被恢复，提升土地生产力，提供更多优质生态产品。三是要提高生态公益林补偿标准，增加天然林资源管护经费，严格占用征收林地审核审批管理，切实保护好石漠化地区的林草植被。

三、突出以林草植被修复为核心的石漠化综合治理思路

林草植被是石漠化土地修复的基础，是实现区域可持续发展的保障，全面贯彻以林草植被的保护与修复为核心的综合治理思路，提高区域生态环境质量。

一是对岩溶地区现有林草植被实行全面保护。依托区域良好水热优势，结合国家生态公益林森林生态效益补偿和天然林资源保护工程，充分发挥林草植被自然修复能力，对岩溶土地中的生态功能较好的乔灌林地以及重度以上石漠化土地中基岩裸露度超过70%或土层厚度低于20cm、现阶段难于实施治理的未利用地，纳入封山管护范畴，实行严格的保护，让现有林草植被得以自然修复，逐步构建岩溶地区稳定的生态系统。

二是因地制宜地开展造林种草，恢复石漠化土地林草植被。首先针对宜林地、无立木林地、疏林地、未利用地等，因地制宜地选择乡土树种及优良种质资源实施人工植树造林，重点培育水土保持、水源涵养等功能为主的生态防护林。第二对岩溶地区生态功能低下低质低效林分，通过抚育采伐、补植、修枝、浇水、施肥、人工促进天然更新以及视情况进行的割灌、割藤、除草等森林抚育措施，促进目的树种生长，通过调整树种组成、林分密度、年龄和空间结构，平衡土壤养分与水分循环，改善林木生长发育的生态条件，缩短森林培育周期，提高木材质量和工艺价值，发挥森林多种功能。第三是对石漠化土地中生态功能低下、地表草被稀疏的草地及规划宜草地，实施封育、改造与人工种草等措施，提高草地质量。结合退耕还林工程与人工造林，大力推广林下种草，配套建设棚圈、青贮窖等设施，加快草食畜牧业发展，尽力提升地表植被覆盖，减轻水土

流失。此外对具有一定自然恢复能力，人迹不易到达的深山、远山的岩溶土地，且符合《封山（沙）育林技术规程》（GB/T 15163—2004）中的封育对象，或植被综合盖度在 70% 以下的低质低效林、灌木林等石漠化与潜在石漠化土地，通过划定封育区，辅以“见缝插针”方式补植补播目的树种，落实封育措施，促进区域林草植被顺向演替，增强生态系统的稳定性。

三是开展退耕还林还草与坡耕地整治，遏制土地石漠化。首先根据国务院批准的新一轮退耕还林还草总体方案，对岩溶地区 25° 以上坡耕地和重要水源地 15°~25° 坡耕地，强制纳入退耕还林还草工程，重点营造水源涵养、水土保持等生态防护林。第二对基岩裸露超过 50%、水土流失严重、土地生产力低下以及江河源头、城镇及风景区周边等生态区位重要、不适宜继续耕种的石漠化坡耕地，建议纳入退耕还林还草工程，选择优良种质资源，优先发展特色经果林、林药、林草等生态经济型产业。此外，对人地矛盾突出（人均耕地小于 1 亩）、临近村寨，且坡度在 15°~25° 的石漠化坡耕地，实施以坡改梯工程为重点的土地整治，通过砌石筑坎，平整土地，降缓耕作面坡度；实施客土改良，增加土壤厚度，合理施肥，提高耕地生产力；加强坡面生物篱及水利水保设施建设，改善耕作条件，防止水土流失，保障区域粮食生产。

四、坚持五大发展理念，着力绿色发展，巩固区域脱贫成果

石漠化地区贫困面广、贫困程度深，是确保到 2020 年我国现行标准下农村贫困人口实现脱贫，贫困县全部摘帽目标的难点和重点地区。因此，一定要坚持绿色发展理念，妥善处理好经济发展与生态保护的关系，做到治石治穷，绿色富民。一是要大力发展生态旅游。坚持以资源节约、环境友好为出发点，以生态循环经济理论为指导，充分利用岩溶地区独特的喀斯特地貌、生物景观与人文资源优势，鼓励建设一批石漠公园、石漠化综合治理示范区和特色村镇等，引领区域生态旅游业、乡村旅游业发展，实现非木质资源的综合利用，引导农村经济转型发展。二是要加大对生态经济型产业的扶持力度，大力发展特色林果、林药、特色畜牧业与林下经济等绿色产业，大力提升农产品加工水平，完善市场物流体系，延长产业链，带动第二、三产业发展，将资源优势转化为经济优势，加快产业结构调整步伐，解决农民长远生计问题，实现生态建设与治石治穷相结合，促进岩溶地区人与自然和谐，加快岩溶地区脱贫步伐。

五、加强科研攻关，强化科技推广，提升石漠化防治科技含量

加强石漠化防治的科技引领，切实将科技保障贯穿于石漠化防治的全过程，提升石漠化防治的科技水平。一是加强科技研究攻关。进一步加强石漠化防治基础理论与实用技术研究，强化科技创新，并结合石漠化防治需要，组织科技人员对石漠化治理过程中出现的技术难题进行攻关，重点开展石漠化评价及预警体系、岩溶土地水土保持技术、

岩溶植被恢复重建技术、生态型产业构建等科技攻关，提高石漠化防治科技含量。二是加强科技示范基地建设。以现有石漠化防治最新科研成果为基础，通过科学试验，筛选、组装和配套一批生态效益、经济效益显著的治理技术与模式，建立石漠化防治科研示范基地，充分发挥基地的科技示范引领作用。三是要加强科技推广应用。积极开展多层次、多形式的科技培训，特别是要加强对基层科技人员及农民的培训，通过培训推广新技术、新材料、新品种、新模式，使广大人民群众掌握防治石漠化的基础知识和基本技能，提高治理成效。

六、拓展投融资渠道，多方筹措资金，积极推进防治进程

岩溶石漠化治理是一项投资大、周期长、建设成果全民共享的惠民工程，是一项社会公益事业，各级政府是治理的投资主体，社会各方力量的支持是治理的推手，既要发挥政府投入的主渠道作用，又要积极引导社会各方力量投入，多方筹集资金，推进石漠化治理。一是要建立以政府投资为主，社会投入为辅的石漠化治理资金保障机制，将石漠化治理经费纳入各级政府财政预算，加大中央财政转移支付力度，提高石漠化区域转移支付系数和转移支付额度。二是要按照“渠道不变，管理不乱，统筹规划，整合使用，各负其责，各记其功”的原则，加强林业、农业、水利等不同渠道资金的衔接和配合，整合各类资金向石漠化区域倾斜。三是要按照“谁治理，谁投资，谁受益”的原则，鼓励各类主体参与石漠化防治，探索社会资本参与石漠化治理的长效补偿与回馈机制，研究配套减免税费政策，解决石漠化治理资金短缺问题，拓宽投融资渠道。四是要充分考虑石漠化土地治理实际成本，提高石漠化治理单位投资标准，确保石漠化治理质量。

七、合理调控人口密度，降低土地承载压力，遏制石漠化扩展

针对石漠化地区人口密度大，远超土地合理生态承载力，人地矛盾和“三口”（人口、牲口和灶口）压力突出，加上岩溶生态系统具有脆弱性和不稳定性，易受干扰退化，特别是一旦破坏就很难恢复。因此，合理调控岩溶地区人口密度，规范人为活动尤为必要。一是在石漠化程度特别严重、生活条件极端恶劣、生存状况严重恶化的地区，要有计划、有步骤地实施易地移民扶贫搬迁，解决好移民生产资源，提供生活保障，防止移民返迁。同时对居民迁出后的深山、远山区石漠化土地及时实施生态修复与治理，加强管护，构建区域稳定的岩溶生态系统。二是加强农村人口技能培训，提高农民综合业务素质与生产技能，积极组织劳务输出，推进农村城镇化发展，引导农村人口有序流动，合理调控岩溶地区人口密度。三是进一步优化农村能源结构，加大太阳能、水电、地热、液化气、沼气、电能等新型清洁能源及商品化能源利用，降低薪材比重，有效控制和减少区域生活烧柴消耗，减少对现有林草植被的破坏。

八、完善监测评价体系，强化数据应用，发挥监测成果多重效益

监测是石漠化防治的基础性工作，是推进石漠化防治与决策的重要依据[7, 8]。开展石漠化监测是编制石漠化防治规划、实施方案和做好石漠化治理成效评价的有效手段。一是完善监测预警体系。依托现有监测与防治组织机构，适度充实监测队伍，增设定位监测站点，实行面上监测与定点监测、宏观监测与绩效监测相结合，逐步建立科学的石漠化防治监测预警体系。二是建立并完善石漠化绩效评价体系。健全与完善石漠化治理效益监测指标体系和评价方法，开展监督检查与定期评估，及时对工程建设进展及成效做出客观评价。三是提升数据管理能力。以石漠化监测数据为基础，通过自动监测、连续监测、定位监测及专题研究等方式，建立石漠化大数据智慧决策平台，提升数据采集与分析能力，提高数据管理水平。四是强化监测成果的应用。加强监测成果数据分析与应用，为石漠化综合治理中长期规划、年度实施方案和初步设计提供基础数据，保证建设项目选址与布局、建设规模确定及防治技术措施制订的科学性与合理性。同时，依托监测数据科学分析石漠化地区的土地生产能力，为乡村振兴和区域生态经济，为岩溶地区产业布局、精准扶贫、生态保护与旅游发展规划提供支撑。

参考文献

[1] 周光辉，但新球，白建华 . 新形势下石漠化问题的新认识——基于习近平同志的生态文明理论 [J]. 中南林业调查规划，2015，34(01)：59-64.

[2] 王荣，蔡运龙 . 西南喀斯特地区退化生态系统整治模式 [J]. 应用生态学报，2010，21(04)：1070-1080.

[3] 司彬 . 典型喀斯特石漠化地区植被恢复模式及其特征研究 [D]. 重庆：西南大学，2007.

[4] 吴协保 . 我国县级石漠化综合治理的思路与技术探讨 [J]. 中南林业调查规划，2009，28(01)：5-7+22.

[5] 但新球，白建华，吴协保，等 . 石漠化综合治理二期工程总体思路研究 [J]. 中南林业调查规划，2015，34(03)：62-66.

[6] 乔兴旺 . 石漠化防治的立法研究 [J]. 贵州农业科学，2009，37(08)：185-193.

[7] 王晓红，刘耀林，彭恢铭 . 应用 RS 和 GIS 技术监测石漠化的研究 [J]. 中国水土保持，2006(05)：47-49+52.

[8] 吴协保 . 我国县级石漠化综合治理的思路与技术探讨 [J]. 中南林业调查规划，2009，28(01)：5-7+22.

第十二章 石漠化生态整治、生态评估与发展

针对喀斯特区域背景的高度异质性，面向国家林业与草原局石漠化动态监测及国家发改委石漠化治理后续规划的业务需求，融合长期定位观测、过程模型与遥感监测，建立了基于“基准—现状—变化量—趋势”的喀斯特区域生态系统监测评估指标与技术体系，开展了石漠化治理综合成效评估，开展喀斯特石漠化现状和典型治理技术与模式实地调研，提出石漠化治理模式集成与推广应用建议；提出石漠化分区、分类治理的对策建议。

生态工程背景下，喀斯特区域生态系统宏观结构总体改善，石漠化严重地区生态环境恢复显著，但依然存在植被退化现象；生态工程的实施促进了喀斯特生态系统生产、固碳、水土保持等功能的恢复和改善，但水源涵养、生物多样性等功能的恢复可能存在一定的滞后性；喀斯特地区气候趋于暖干化条件下，生态工程的实施使喀斯特区域抵御气候变化的能力增强，水土流失发生的可能性和危险度在逐步减轻；生态工程增强了喀斯特地区植被恢复的固碳效应，西南喀斯特地区是全球植被生物量增加最快的地区之一，是重要的碳汇。

第一节 典型县域石漠化综合治理成效评估

一、县域生态服务功能产品生成方法

集成气象数据、遥感数据、地面长期定位观测数据、野外调查数据等不同类型观测数据的基础上，通过融合台站多源观测数据和模型来实现生态系统要素和功能从台站到县级行政区域的尺度扩展。利用气象要素空间插值模型生成县域范围内的高精度气象数据，利用时序拟合法等遥感数据融合方法生成高时空分辨率的遥感数据，用于驱动生态系统过程模型、通用土壤流失方程和生物多样性统计模型，并基于 CERN 长期定位观测数据，利用模型数据融合方法对这些模型的关键参数进行优化和校正，对模型模拟结果进行检验。利用这些本地化后的模型生成服务于生态系统功能评估的各项指标，例如生态系统初级生产力（NPP）、净生态系统生产力（NEP）、蒸散量、产水量、土壤保持量、现实土壤侵蚀量、生物多样性指数等，形成县域尺度的生产系统功能数据产品。

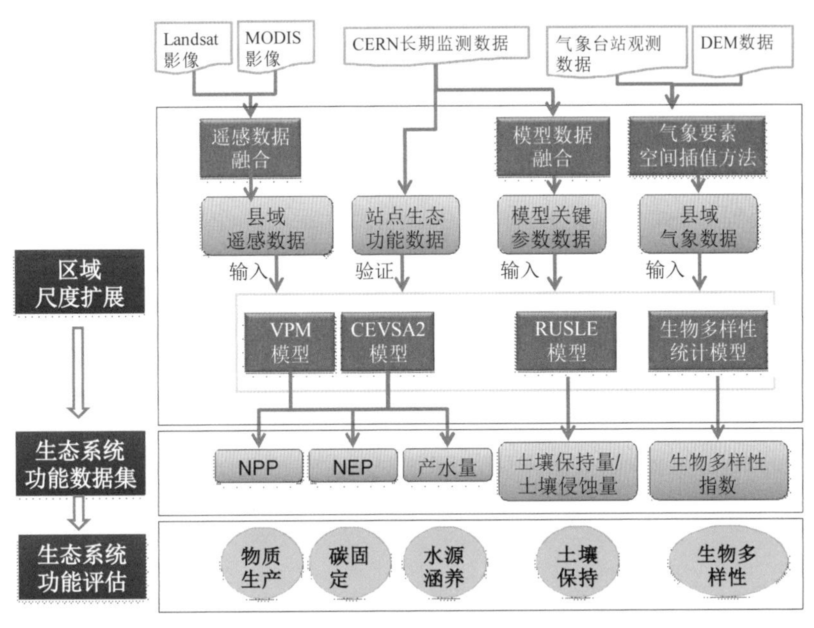

图 12-1 县域生态系统功能评估方法体系

二、生态工程背景下典型县域生态服务功能变化评估

基于上述生态服务功能定量评估方法，获得 1981~2015 年环江陆地生态系统净初级生产力（NPP）、净生态系统生产力（NEP）、产水量、土壤保持量等生态服务功能变化。

NPP：1981~2015 年环江县年均净初级生产力（NPP）受植被类型、气象因素、地形因素等的影响，空间分布表现为中部较高，东西两侧低，均值为 510.21 $gC/(m^2·a)$。NPP 整体呈显著增加趋势，增长速率为 0.87 $gC/(m^2·a)$（$P<0.05$），2009~2011 年 NPP 的值（不足 480 $gC/(m^2·a)$）低于多年均值，主要是由受该时段内干旱的影响。

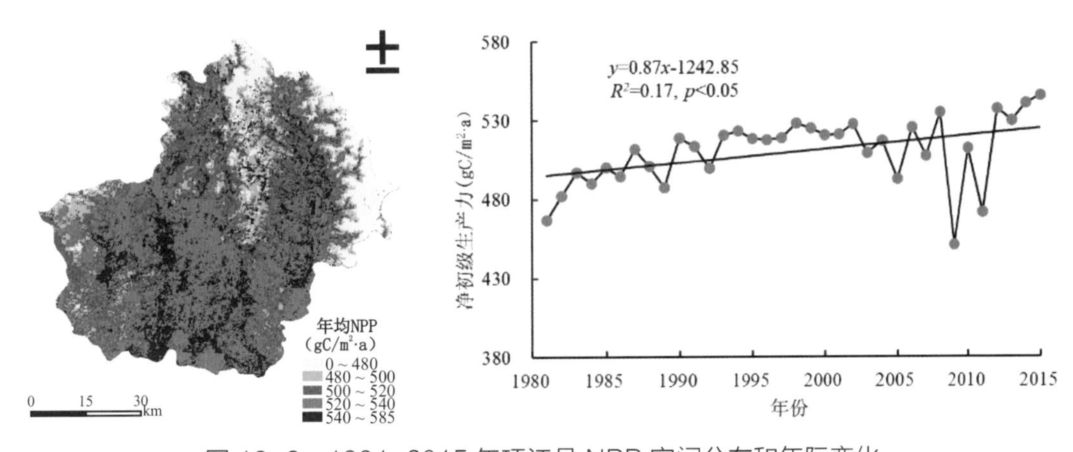

图 12-2 1981~2015 年环江县 NPP 空间分布和年际变化

利用模型模拟喀斯特地区植被 NPP 的研究比较缺乏，王冰等利用基于 MODIS 数据的光能利用率模型估算了 2001 年贵州省喀斯特地区的植被 NPP 为 407.18 gC/(m^2·a)，非喀斯特地区为 461.53 gC/(m^2·a)。董丹等基于 CASA 模型模拟了西南喀斯特地区植被 NPP，其中喀斯特地区植被 NPP 为 325.69 gC/(m^2·a)，非喀斯特地区植被 NPP 为 336.13 gC/(m^2·a)，且 1999~2003 年植被 NPP 总体为增加趋势。周爱萍等利用 2001~2010 年 EOS/MODIS17A3 卫星遥感资料分析广西 NPP 时空特征，发现 NPP 总体变化为递减趋势，2005 年植被年均 NPP 最小为 625 gC/(m^2·a)，2003 年最大为 714 gC/(m^2·a)，10 年间广西植被年 NPP 平均值为 662 gC/(m^2·a)。本研究利用 CEVSA2 模型模拟的 NPP 高于王冰、董丹等利用光能利用率模型模拟的 NPP，略低于 MODIS 的 NPP 产品，主要是由于计算模型的差异。

CEVSA2 模拟结果显示，1981~2015 年环江县 NPP 整体呈显著增加趋势，增长速率为 0.87 gC/(m^2·a)（P<0.05）。NPP 发生显著变化的区域面积为 1193.63km^2，占研究区的 27.58%，其中显著增加区域占研究区的 27.50%，表明环江县 1981 年来在只受气候的影响下，植被生长良好。两期高分辨率遥感 NPP 产品表明，2014 年的 NPP 比 2010 年高 13.3%，增加量介于 75~100 gC/(m^2·a) 的区域面积为 2649.08km^2。气候驱动的 NPP 增加量仅为 5.5%，而受气候变化和人类活动共同影响的 NPP 增加量为 13.3%，生态重建的实施可能是 NPP 增加的重要因素。

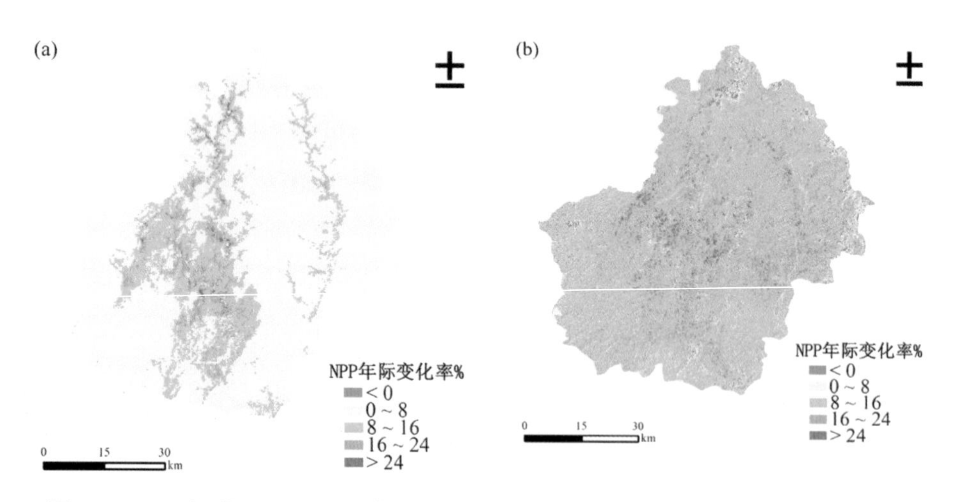

图 12-3　环江县 CEVSA2 模拟 NPP（a）与遥感 NPP（b）的变化百分比

NEP：1981~2015 年环江县生态系统总体上持续表现为碳汇功能，35 年来碳固定总量为 21.45 Tg C。NEP 空间分布表现为中部较低，南部和西北部高，均值为 134.04 gC/(m^2·a)（图 12-4）。马建勇等（2013）利用 AVIM2 模拟的贵州省平均 NEP 为 23.9 gC/(m^2·a)，庞瑞等（2012）应用 CEVSA 模型估算了 1954~2010 年西南高山地区净生态系统生产力（NEP）的平均值为 29.7 gC/(m^2·a)，年际下降趋势显著（P<0.05）。本研究利用 CEVSA2 模型模拟的 NEP 显著高于马建勇、庞瑞等利用生态系统过程模型模拟的 NEP，其差异可能源自 CEVSA2 模型考虑了氮沉降对碳收支的影响。然而，目前这些碳固定模拟结果均为未考虑土地利用 / 土地覆被变化对碳固定的影响。

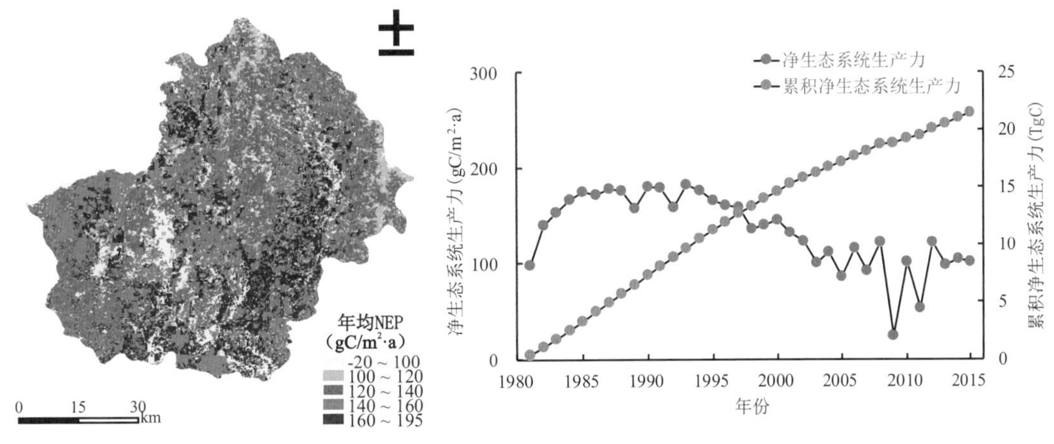

图 12-4　1981~2015 年环江县 NEP 空间分布和年际变化

产水量：环江县 1981~2015 年产水量均值为 885.44mm，35 年来没有显著变化趋势，但年际间波动较大。产水量主要受降水量和蒸散发的影响，1981~2015 年该区域降水量无明显变化趋势，而蒸散发以 5.19mm/a 的速率显著增加，蒸散量持续增加可能导致未来产水量呈现下降趋势。蒸散发空间分布表现为中部较高，东西两侧低，均值为 583.24mm。

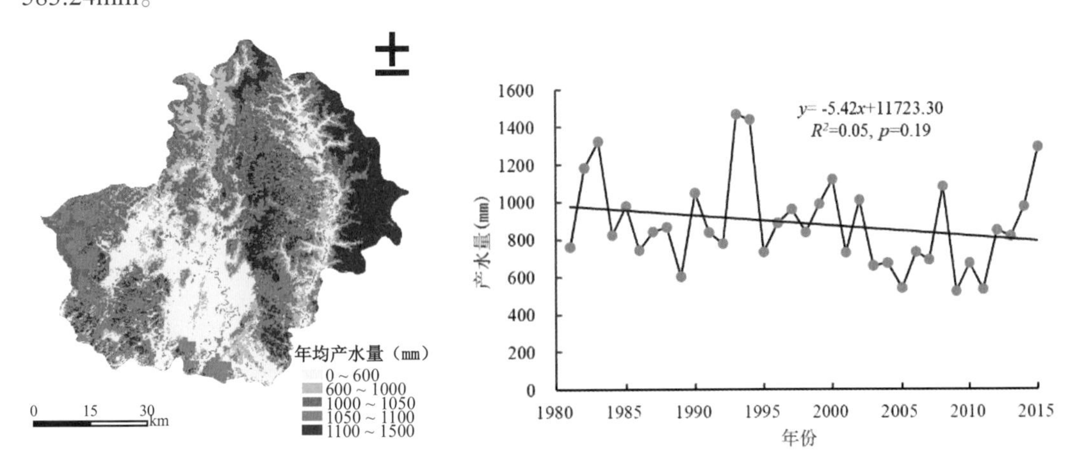

图 12-5　1981~2015 年环江县产水量的空间分布和年际变化

土壤侵蚀量：1990 年、2000 年和 2010 年环江县土壤侵蚀量见表 12-1 所示。环江县土壤侵蚀状况总体呈现减轻的趋势，土壤侵蚀模数由 1990 年的 76.36 t/(km^2·a) 降为 2010 年的 49.60 t/(km^2·a)，土壤侵蚀总量由 34.76 万 t 降为 22.58 万 t。按喀斯特区和非喀斯特区分别统计，1990年、2000年、2010年喀斯特区土壤侵蚀模数的平均值为8.68 t/(km^2·a)，平均土壤侵蚀总量为1.68万t；非喀斯特区土壤侵蚀模数为111.16 t/(km^2·a)，平均土壤侵蚀总量为29.03万t。非喀斯特区3年土壤侵蚀总量分别占全县侵蚀总量的94.70%、94.14%和94.82%，说明环江县土壤侵蚀导致的泥沙流失主要发生在非喀斯特区。

表12-1　1990年、2000年和2010年环江县土壤侵蚀的数量特征

	土壤侵蚀模数				土壤侵蚀总量			
	1990年	2000年	2010年	平均	1990年	2000年	2010年	平均
喀斯特区	9.50	10.51	6.03	8.68	18434.33	20387.07	11699.60	16840.33
非喀斯特区	126.04	125.46	81.97	111.16	329142.29	327619.15	214061.73	290274.39
总体	76.36	76.46	49.60	67.47	347576.62	348006.22	225761.33	307114.72

1990年、2000年和2010年的土壤侵蚀空间分布比较一致，微度侵蚀广泛分布于全县各处。轻度及以上强度等级主要分布于环江县东北部分，且在空间上具有一定的连续性，这部分区域主要是大环江和小环江的流域分界区，地形起伏大而且旱地集中，容易产生土壤侵蚀。统计喀斯特区和非喀斯特区土壤侵蚀强度分布，结果见图12-6所示。微度侵蚀均占到了90%以上的面积，轻度侵蚀约占总面积5%左右，其他侵蚀强度所占面积比例很小。非喀斯特区中度侵蚀和强烈侵蚀的比例（平均值分别为0.71%和0.16%）略大于喀斯特区（平均值分别为0.22%和0.01%），极强烈侵蚀主要分布在非喀斯特区，所占比例小于0.05%，研究区内无剧烈侵蚀分布。

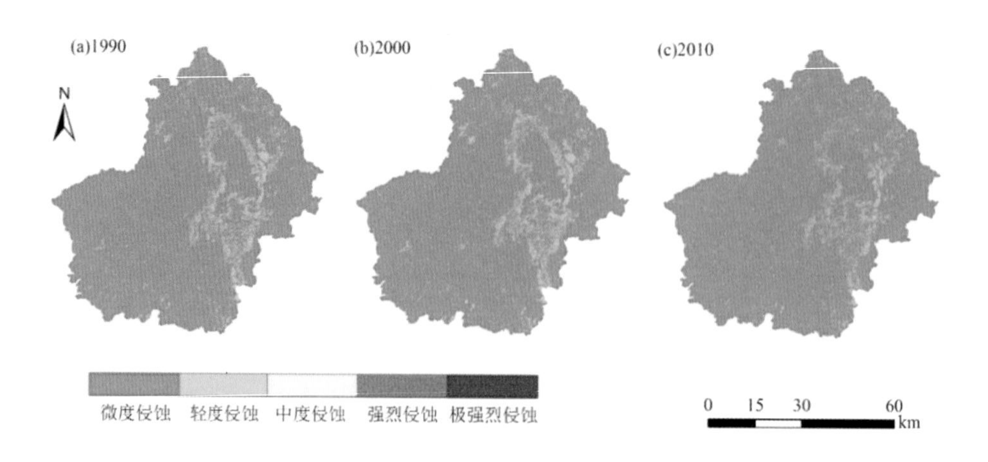

图12-6　1990年、2000年和2010年环江县土壤侵蚀等级分布图

第二节 西南喀斯特区域石漠化治理生态效益综合评估

结合其他已有项目研究成果，基于地面长期定位连续监测数据、模型模拟及长时间序列卫星遥感影像，完成了1982~2015年西南喀斯特地区八省（自治区、直辖市）465个石漠化治理县生态工程实施前后生态系统类型空间与景观格局、气候状况、植被恢复总体趋势、植被覆盖度、生态工程实施前后植被恢复差异（恢复速率、恢复突变检测）、生态系统稳定性、多尺度［坡面（生态系统）—小流域—区域—整个岩溶区］水土流失与石漠化敏感性、西南喀斯特地区国家重大生态工程实施状况、人类活动影响甄别、石漠化集中分布区（云南、广西、贵州）治理成效等监测与评价，主要结论如下。

一、生态系统类型及变化

2005~2015年西南八省（自治区、直辖市）石漠化治理县区域森林、湿地及城镇生态系统面积呈增加趋势，其中城镇生态系统面积增加最多，说明该区城镇化发展较为迅速，同时易地扶贫搬迁、大石山区迁出居民集中安置等石漠化治理措施使建设用地、居住地等面积增加较多。而灌丛、草地及农田生态系统面积呈下降趋势，其中农田生态体系面积减少最多，说明造林及退耕还林措施取得明显成效，区域生态系统类型总体改善。

二、生态系统景观格局变化

人为活动是影响喀斯特景观格局斑块类型变化和发展的最主要因素，快速城镇化及毁林开荒等不合理的农业行为，增加了城镇生态系统及其周边景观格局的异质性和破碎化程度，而封山育林、移民搬迁等政策的落实提高了森林生态系统和灌丛生态系统景观格局的完整性。合理有序的人为活动是保持石漠化地区生态系统景观完整性和功能稳定性的重要的因素。

三、气候变化情况

1982~2015年西南喀斯特地区植被生长季（4~11月）月均温呈显著的增加趋势，增加的幅度为0.18℃/10年；降水则以3.656mm/10年的速度呈不显著的下降趋势（$P>0.1$）；可综合反映区域干旱情况的SPEI指数以0.021/10年的速度呈不显著的下降趋势，说明岩溶地区气候趋于暖干化，不利于植被的恢复生长。

四、植被恢复总体趋势

1982~2015年间，岩溶地区66%区域的归一化植被指数（NDVI）呈现增加趋势，30%的变化不显著，仍存在小范围的减少（4%），且主要分布在四川和云南。岩溶地区多年平均归一化植被指数为0.59，其中2000年前为0.58，近10年为0.60，近5年为0.61。虽因气候等因素影响出现波动，但归一化植被指数总体呈现上升趋势。

五、植被覆盖度变化

2006~2015 年西南八省（自治区、直辖市）植被覆盖度一直维持在较高水平，年均植被覆盖度都在 60% 以上；2006~2015 年石漠化治理县年均植被覆盖度（66.1%）大于八省（自治区、直辖市）平均植被覆盖度（63.4%）及非石漠化治理县植被覆盖度（59.4%），治理县与非治理县植被覆盖度差值保持在 7% 左右。

六、植被恢复速率差异

2001 年前西南喀斯特区域的植被生长季 NDVI（GSN）以 0.0011GSN/ 年（$P<0.05$）的速率呈微弱的增加趋势，但 2001 年后，植被 GSN 的变化速率提高为 0.0014 GSN/ 年（$P<0.05$）；木质植被（Woody Vegetation）在 2001 年前后分别以 0.0007VOD/ 年和 0.002VOD/ 年的速率呈显著的增加趋势（$P<0.01$）。

七、石漠化集中分布区（云南、广西、贵州）植被恢复突变检测

1982~2015 年云南、广西、贵州生长季植被 NDVI（GSN）突变检测分析结果表明，植被恢复突变年份主要集中分布在 2002~2004 年以及 2009 年前后，这生态工程的实施时间具有较好的一致性。在经历突变之后，云南、广西、贵州喀斯特地区植被以恢复为主，但依然存在退化现象。

八、生态工程对喀斯特生态系统稳定性的影响

与没有实施大规模生态工程的西南邻国（缅甸、老挝、越南等）相比，我国西南喀斯特地区植被恢复以增加趋势为主，且较大的工程治理面积区域内植被恢复趋势更为显著。生态工程的实施提升了喀斯特生态系统的稳定性，但不同工程强度对植被变化趋势和植被稳定性的变化作用不同，在高工程强度县域里，植被恢复力和抵抗力有显著提升。

九、喀斯特地区土壤侵蚀速率变化

人为干扰和石漠化过程加剧喀斯特坡地侵蚀产沙量，坡面（生态系统）尺度，喀斯特坡地土壤侵蚀强度以 $<30\ t/(km^2 \cdot a)$ 为主，石漠化治理工程的实施降低了地表土壤侵蚀速率；受到人为扰动的土壤侵蚀较严重且侵蚀速率波动较大，而没有扰动或人为扰动较小的土壤侵蚀程度低且相对稳定；小流域尺度，轻微干扰和中度干扰小流域的平均地表土壤侵蚀速率分别估算为 $10\ t/(km^2 \cdot a)$ 和 $22\ t/(km^2 \cdot a)$；区域（县域）尺度，喀斯特地区土壤侵蚀模数最大的为旱地，生态工程的实施有效遏制了喀斯特地区水土流失的恶化。

十、西南喀斯特区石漠化发生敏感性变化

通过选取降雨侵蚀力因子、地表起伏度、地表覆盖类型、土壤可蚀性因子及地质

背景 5 个评价因子，对岩溶地区石漠化敏感性进行定量评价。评价结果显示，2016 年约 76.0% 的岩溶土地为石漠化敏感区，但与 2011 年、2005 年相比，石漠化敏感性明显下降，不敏感区分别增加了 4718km^2、2232km^2，增加了 4.7%、2.2%；极敏感区面积分别减少了 23796km^2 和 9970km^2，分别下降了 39.7%、21.6%；高敏感区面积分别减少了 4167km^2、881km^2，分别下降了 3.6% 和 0.8%，石漠化发生的可能性和危险度在逐步减轻。

十一、西南喀斯特地区国家重大生态工程实施分析

截至 2015 年底，西南岩溶地区积极整合相关中央资金规模达 1300 多亿元，初步完成石漠化治理面积 4.75 万 km^2，完成林草植被建设面积 222.09 万 hm^2。通过重大生态工程的实施，岩溶区林草植被覆盖度有所提高，水土流失减少，石漠化土地面积得到有效遏制，生态状况得到一定改善。

十二、人类活动导致的植被恢复变化

根据当前气候状况（无人类活动影响），模拟出的植被叶面积指数（LAI）应以 0.0121m^2/(m^2·a) 的速度减少，植被总初级生产力应以年均 2.6 t/km^2 的速度减少，2015 年模拟出的植被叶面积指数应比 2001 年低 6.01%。但在当前气候条件与人类活动干预下，实际监测到植被叶面积指数以年均 0.0177m^2/(m^2·a) 的速度在增长，而 2015 年实测的植被叶面积指数比 2001 年增加 8.94%，表明岩溶土地抵御气候变化的能力增强，整体生态状况趋于稳定好转。

十三、石漠化集中分布区（云南、广西、贵州）生态工程成效评价

云南、广西、贵州三省（自治区）中广西由人类活动导致的植被恢复速率（0.0104GSN/年）最大，其次为贵州（0.0088GSN/年）和云南（0.0080GSN/年），表明广西的生态工程成效高于其他二省。西南三省（自治区）共有 55 个县域监测到较高的工程成效，且主要分布在广西；115 个县域监测到中等成效；31 个县域监测到低成效，且主要分布在云南。在县域尺度上，随着生态工程成效的增加，由人类活动导致的植被恢复比例与生态工程实施强度之间的相关性逐渐增强。

第三节 自然与人为共同作用下大区域尺度生态工程成效识别

一、大区域尺度生态工程成效遥感识别与厘定方法构建

集成长时间序列光学遥感影像、微波遥感影像、生态系统模型、气候变化及生态工程投入与治理地面核查等数据，发展了大区域尺度生态工程成效识别与厘定方法，发现

西南喀斯特地区植被恢复突变年份的主要集中分布在2002年、2004年及2009年，植被恢复演变特征与生态工程的实施具有较好的一致性。首次证实了大规模生态保护与建设工程的投入显著改善了区域尺度喀斯特生态系统属性，与土地过度利用地区及非工程区的越南、老挝和缅甸等邻国相比，工程实施前（2000年）与实施后（2015年），喀斯特地区植被生长季叶面积指数（LAI）变化速率由0.01$m^2/(km^2·a)$增加到0.02$m^2/(km^2·a)$（$P<0.05$），地上生物量固碳速率由0.14 Mg $C/(hm^2·a)$增加到0.3 Mg $C/(hm^2·a)$（$P<0.01$）。

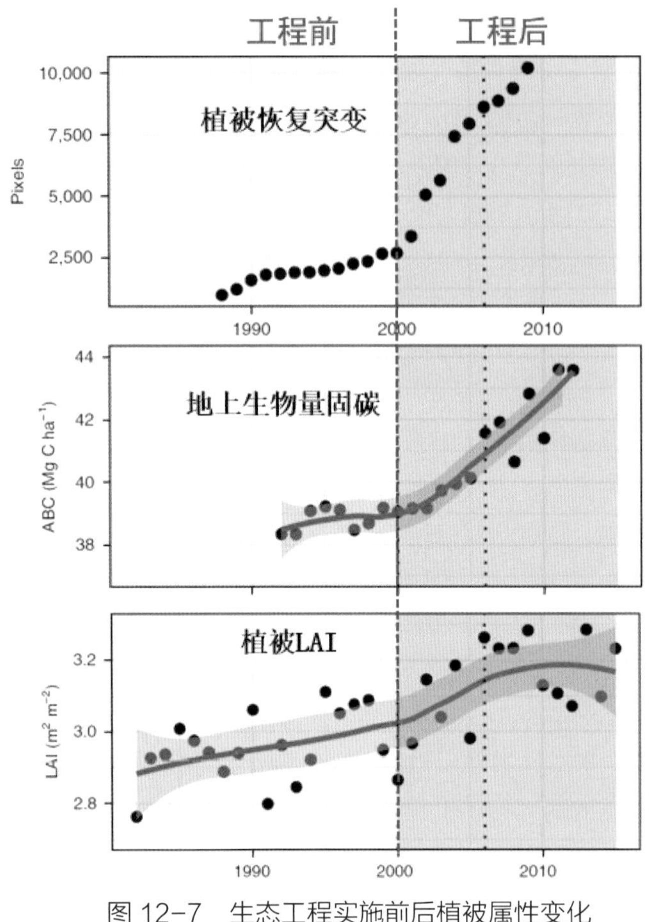

图12-7　生态工程实施前后植被属性变化

同时，发现生态工程的实施显著提高了区域尺度植被碳固定，工程实施后仅云南、广西、贵州三省（自治区）植被地上生物量固碳达到4.7 Pg C（2012年），增加了9%（+0.05 Pg C/a），相比2010~2050年中国森林14.95 Pg C的固碳潜力，生态工程背景下西南喀斯特地区可能有巨大的固碳潜力；揭示了喀斯特区域生态系统恢复演变与气候变化、生态工程建设强度等的关联机制。

在碳酸盐岩特殊地质背景制约下西南喀斯特地区植被整体恢复较慢，本研究表明即便是不利气候条件下，大规模的生态保护与建设工程投入也能缓解气候变化对西南喀斯特地区脆弱生态系统的影响，加快喀斯特地区植被结构与功能的恢复，由于地质背景与人类活动强度的差异，云南、广西、贵州中广西峰丛洼地区域植被恢复最为显著、贵州喀斯特高原次之、云南断陷盆地最慢。研究表明长时间序列卫星遥感数据监测能够揭示生态系统属性的连续变化，但其较粗的空间分辨率可能无法有效反映植被种类和功能变化，以至于可能会掩盖不合理治理措施的影响，亟须结合较高分辨率的遥感数据及地面观测来开展西南喀斯特地区区域尺度生态工程成效系统评估，揭示生态工程成效，并识别人类活动（不合理干扰、保护与建设）和气候变化对不同尺度生态环境变化的影响。

二、证实生态工程的实施使西南喀斯特地区成为全球重要的碳汇

前期研究发展了大区域尺度生态工程成效识别与厘定方法，证实与越南、老挝和缅甸等邻国相比，生态工程背景下西南喀斯特地区可能有巨大的固碳潜力。进一步利用SMOS、SSM/I，WindSat微波遥感数据的L-VOD（2011~2017年）和X-VOD（1999~2012年）产品以及SPOT VGT、MODIS光学遥感数据的GEOV2 FCover（1999~2017年）和MOD13C2（2000~2017年）产品分析了1999~2017年中国西南喀斯特地区在全球尺度上的“变绿”情况。

结果表明：中国西南喀斯特地区是全球植被覆盖和地上植被生物量增加最快的地区之一，其中，中国西南八省（自治区、直辖市）植被覆盖度从1999年的69%增加到2017年的81%，而地上植被生物量1999~2012年平均增加了4%，占全球植被地上生物量增加最快地区（$P<0.05$）的5%。

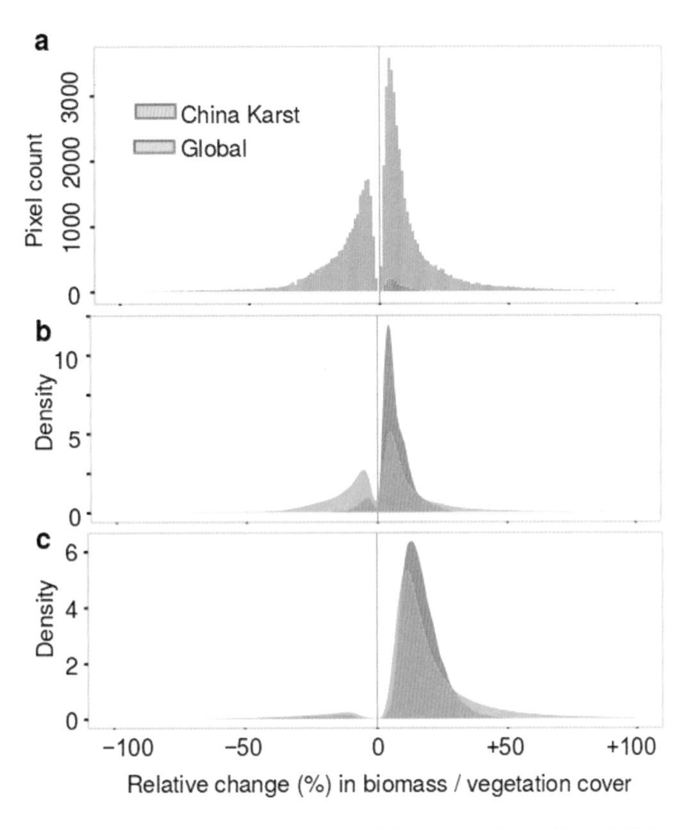

图12-8 中国西南喀斯特地区对全球植被地上生物量和植被覆盖变化趋势显著（$P<0.05$）的贡献

中国西南喀斯特地区水分条件分析表明，同期降雨量和土壤水分含量分别减少了8%和5%，植被覆盖度和地上生物量的增加与西南喀斯特地区实施的人工造林和保护措施

有密切关系。自2002年西南喀斯特地区平均累积造林面积达2万km^2/a，不利水文条件下，大规模生态保护与建设工程的实施导致了中国西南喀斯特地区植被覆盖和地上植被生物量的显著增加。研究表明，全球尺度上，生态工程实施使中国西南喀斯特地区成为重要的碳汇，中国西南喀斯特地区通过生态工程来增加植被地上生物量固碳在全球碳循环中具有重要的意义。

第十三章 中国喀斯特生态保护与修复研究

喀斯特约占全球陆地总面积的 12%，为近 25% 的世界人口提供饮用水，喀斯特分布面积 5 万 km^2 或占国土总面积 20% 以上的国家有 88 个 [1~3]。岩溶过程的活跃性及与地表生态系统的相互融合，使得喀斯特生态系统成为地球表层系统的重要组成部分 [4, 5]。我国西南喀斯特地区以云贵高原为中心，面积约 54 万 km^2。我国喀斯特发育最为典型、地貌类型齐全，主要包括：喀斯特峰丛洼地、断陷盆地、喀斯特高原、喀斯特槽谷等。从全球角度来看，我国西南喀斯特地区由于碳酸盐岩古老坚硬、受季风气候的水热配套等影响，加上人类活动强度高，具有显著生态脆弱性 [5]。由于碳酸盐岩的可溶性，形成地表地下双层水文地质结构，水资源难利用；碳酸盐岩成土物质先天不足，造成土壤资源短缺，土层浅薄，土被不连续，土壤富钙而偏碱性，土壤较肥沃但总量少，限制喀斯特山地植被生产力 [6, 7]；受人为干扰的影响，大部分地区目前表现为次生的矮林和灌草丛，部分地区退化为石漠化，恢复难度较大 [8]。

“九五”以来，在国家科技计划的持续支持下，围绕喀斯特生态修复与石漠化治理，在喀斯特生态保护与修复基础理论、技术研发、产业示范等方面开展了系统研究，从全球角度阐明了我国喀斯特区的特殊性及生态脆弱性，发现了喀斯特地上—地下双层水文地质结构及水土运移过程的特殊性，揭示了人类干扰胁迫下喀斯特生态系统退化机制，在生物地球化学循环、岩溶风化成土过程、水土流失 / 漏失机制、地表—地下水文过程、喀斯特生境植被适应机制、西南生态安全维持机制等理论研究基础上，研发了喀斯特适应性生态修复与石漠化治理技术与模式，提出了喀斯特景观资源保护与可持续利用对策，为我国西南生态安全屏障建设及喀斯特区域可持续发展提供了重要科技支撑 [7,9~15]。然而，我国西南喀斯特地区石漠化治理与脱贫攻坚的任务依然艰巨，据国家林业和草原局第三次石漠化监测结果显示，截至 2016 年底，仍有石漠化 10.07 万 km^2，贫困人口占全国的三分之一，截至 2017 年仍有 211 个县（市、区）没有脱贫。

党的十八大首次把生态文明建设提到中国特色社会主义建设“五位一体”总体布局的战略高度，十九大提出树立和践行绿水青山就是金山银山的理念，形成人与自然和谐发展的新格局，满足人民日益增长的优美生态环境的需求；第十三届全国人民代表大会将建设“美丽中国”和生态文明写入宪法，生态文明建设被提高到空前的历史高度和战略地位。新形势下，亟须梳理我国喀斯特生态保护与修复主要研究进展，剖析我国喀斯特生态修复与石漠化治理存在主要问题及其未来研究重点，为我国西南喀斯特地区生态文明建设和可持续发展提供科技支撑。

第一节 国内外喀斯特区地球表层系统研究概况

喀斯特系统具有二元三维空间结构，存在地表—地下水文路径联通的多界面网络通道，其水文过程独特、复杂且时空异质性高，岩—土—水—气—生各界面具有独特的、相互紧密联系的界面过程及其响应与反馈机制。国外喀斯特地区生态环境以保育为主，研究主要侧重喀斯特水文地质、地下水资源与利用、洞穴及古气候记录、岩溶地质灾害防治等研究。国际上早期的喀斯特研究以欧洲发达国家占主导地位，以斯洛文尼亚、意大利、西班牙、瑞士和奥地利为代表的发达国家侧重地理地质综合研究，在地貌演化、洞穴、水文水资源等领域总体水平较高。东南亚和中亚等发展中国家社会经济发展水平低，人地矛盾尖锐，研究以开发利用和生态修复为主，如泰国在洞穴开发、岩溶塌陷等方面工作较多，土耳其、伊朗在干旱区喀斯特研究上具有一定的研究特色。

我国喀斯特区主要集中分布于云南、广西、贵州等八省（自治区、直辖市），总人口2.22亿人（少数民族4537万人），社会经济发展水平低，以高强度农业活动为主，人地矛盾尖锐，石漠化严重，同时也是连片贫困区和少数民族聚居区，开发与生态保护的矛盾更为突出，在喀斯特基础研究和生态保护与建设方面具有世界代表性和范例性[3, 7, 9]。目前国内喀斯特表层地球系统科学研究从原来的侧重地貌过程和水文过程的传统岩溶过程研究转变到研究更多关注喀斯特生态系统脆弱性评价、人类干扰胁迫下生态系统退化机埋与修复、水土资源利用等研究，在生态学、生物地球化学、生态水文学等领域颇有建树，积累了一系列水—土—植被—生态延伸产业方面的生态保护与修复技术模式。

我国喀斯特研究领域论文数、被引频次均列世界第一，国际学术影响力最大，截至2017年，我国喀斯特研究发文量4516篇，排名第一，占全球总体发文量的46%，是第二名美国的4倍多；我国该领域论文总被引频次也最多，达到24191次，高于美国的总被引频次[17]。全球喀斯特发文量前10的研究机构中，我国研究机构占到一半，包括中国科学院、中国地质科学院、贵州师范大学等。我国喀斯特研究已由过去仅具备地域优势，发展到现今地域优势与学术优势并存的新阶段，已由传统地貌学拓展为支撑经济社会发展的资源、能源、生态“三位一体”的综合性学科，研究水平从跟跑向引领方向发展，形成具有我国特色的喀斯特研究成果，提出了地表地下二元水文地质结构、表层岩溶带对生态、水文系统控制作用、石漠化现象、水土地下漏失等理念，石漠化治理措施和成效在国际上得到高度关注和认可，尤其是提出的喀斯特生态保护与修复、石漠化综合治理、喀斯特与应对全球气候变化等新方向，引领了国际喀斯特领域学科发展。

第二节 我国喀斯特生态保护与修复研究突出进展

“九五”以来，针对西南喀斯特地区植被退化、水土流失、石漠化等问题，在科技部等部门和地方政府的科研项目支持下，开展了一系列水土流失、石漠化治理、水资源利用、植被恢复与重建等方面的科技攻关项目，研究成果和治理成效显著，有效支撑了我国西南喀斯特地区的可持续发展。

一、喀斯特石漠化治理取得阶段性突破

我国长期关注西南喀斯特地区的生态保护与修复问题，“九五”期间主要针对石漠化发生的水文地质条件不清等问题，开展了石漠化综合考察、水文地质条件调查与评价、全球岩溶作用以及物种引入等研究，突破了喀斯特生态系统的脆弱性特征辨识等技术。“十五”期间主要针对喀斯特峰丛洼地和高原不同退化程度石漠化治理及加快小流域石漠化治理的需求，划分了石漠化类型和等级，研发了喀斯特适生植物筛选、速生植物栽培、山地生态农业、特色农林植物推广等技术，提出了生态恢复、基本农田建设、岩溶水开发利用、农村能源及生态移民等工程措施为主的生态恢复技术，解决物种的适生性、工程性缺水以及传统农业结构转变等问题。“十一五”期间主要针对喀斯特峰丛洼地、高原和槽谷类型石漠化治理缺乏系统性，开始了县域石漠化综合治理试点工程，研发了生物与工程措施配套的植被恢复、坡耕地治理、土壤漏失通道封堵等治理技术与模式，解决了石漠化地区植被构建和人工诱导等植被恢复和水土流失等问题。“十二五”期间主要针对石漠化实现持续增加到“净减少”的拐点、全面推进石漠化综合治理的需求，研发了表层岩溶水调蓄、土壤流失 / 漏失阻控、表层水资源有效开发、耐旱植被群落优化配置等适应性生态修复技术体系，提出了石漠化治理典型模式并推广示范，初步解决了恢复植被的稳定性问题。“十三五”期间主要针对石漠化治理技术与模式缺乏可持续性、治理综合效益较低、生态服务功能亟待提升等问题，分别在喀斯特峰丛洼地、高原、槽谷和断陷盆地等类型区正在开展喀斯特石漠化治理技术与模式的集成、生态衍生产业培育、生态服务功能提升、规模化示范等研究，以形成石漠化治理与生态产业协同的系统性解决方案。

表 13-1　我国喀斯特石漠化治理阶段进展

时期	问题 / 需求	机理 / 机制	技术 / 模式
“九五”	石漠化发生背景不清	喀斯特二元三维水文地质结构特征	水文地质条件评价、喀斯特生态脆弱性识别技术
“十五”	石漠化分级分类不清，加快小流域石漠化治理	石漠化退化机制、喀斯特物种适生性	适生植物筛选、速生植物栽培、山地生态农业等技术
“十一五”	石漠化治理缺乏系统性，实施县域石漠化治理试点工程	人工诱导植被恢复机制、水土流失机理	生物与工程措施配套的植被恢复、坡耕地治理、土壤漏失通道封堵等技术
“十二五”	实现石漠化“净减少”拐点，全面推进综合治理	土壤流失 / 漏失机理、喀斯特生境植物适应机制	表层水调蓄、土壤漏失阻控、植被群落优化配置等适应性技术、生态衍生产业培育
“十三五”	治理技术与模式缺乏可持续性，生态功能亟待提升	生态服务功能形成与提升机理、产业化形成机制	治理技术与模式的集成、生态衍生产业的规模化与集约化示范

二、突破喀斯特区保土集水与植被恢复等石漠化治理技术体系，形成喀斯特生态治理的全球典范

欧美喀斯特区没有人为干扰导致的大规模生态环境退化，发展中国家存在但政府关注有限，我国政府高度重视喀斯特生态修复与石漠化治理。在国家科技支撑计划、重点研发计划等支持下，围绕喀斯特退化生态系统修复与石漠化治理，系统开展了喀斯特石漠化退化过程与机理研究。针对喀斯特地上—地下双层水文地质结构及水土运移过程的特殊性，在喀斯特生态系统退化机理、水土流失 / 漏失机制、生物地球化学循环、喀斯特生境植被适应机制等理论研究基础上，创新石漠化治理技术体系，突破了喀斯特地下水探测与开发、表层岩溶水生态调蓄与调配利用、道路集雨综合利用、土壤流失 / 漏失阻控、土壤改良与肥力提升、喀斯特适生植被物种筛选与培育、人工诱导栽培、耐旱植被群落优化配置、植被复合经营、生态衍生产业培育等石漠化治理技术体系（图 13-1），提出了喀斯特山区替代型草食畜牧业发展、石漠化垂直分带治理、喀斯特复合型立体生态农业发展等石漠化治理模式，开展了治理技术与模式的集成和规模化示范，编制修订了喀斯特区水土流失防治标准，初步形成了石漠化治理与生态产业协同的系统性解决方案，有效遏制了石漠化扩展趋势，为国家石漠化治理工程的实施及全球喀斯特生态治理提供了有力技术保障。

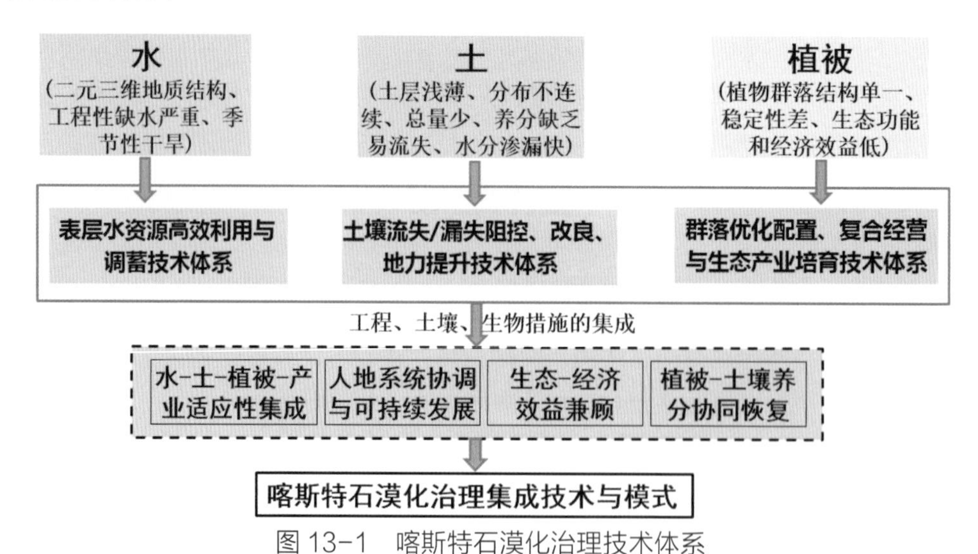

图 13-1　喀斯特石漠化治理技术体系

三、将生态治理与扶贫开发有机结合，因地制宜发展多种特色石漠化治理模式，助力喀斯特地区生态环境改善和脱贫攻坚

肯福模式：针对石漠化严重地区人口密度远超其生态承载能力的问题，采取生态移民的科技扶贫模式，集成特色生态衍生产业培育以及生态移民—易地扶贫、植被复合经营等技术体系。迁出区在人口密度降低的前提下，实施种养结合的替代型草食畜牧业培

育；迁入区利用水土资源配套优势，开展土壤改良与肥力提升，发展特色经济林果等生态高值农业。示范区植被覆盖度达到 70% 以上，土壤侵蚀速率下降 30%；人均纯收入由 2008 年的 2918 元增加到 2017 年的 9664 元。该模式创建了生态移民—特色产业培育的科技扶贫长效机制，实现了扶贫开发的可持续性，受到联合国教科文组织（UNESCO）专家高度认可。

花江模式：在重度石漠化的干热河谷地区，针对严重干旱胁迫条件下脆弱生态系统恢复维持与适应性调控，重点突破耐旱乡土物种选育种植、镶嵌群落配置与固碳保育、水质生物净化、农村能源结构优化等关键共性技术，解决了植物抗旱保墒、特色林果、增汇物种培植、水资源高效利用等生态问题，形成了以特色经果—立体农业、水利水保优化配套与极度干旱应急调控为核心的技术模式。1996~2018 年，示范区植被覆盖度从 2.5% 提高到 49.25%，农民人均纯收入从 610 元提高到 6893 元。该模式已在贵州、云南、广西、重庆的 33 个县（市、区）推广应用，可在喀斯特高原、峡谷和峰丛洼地推广。

果化模式：在中度石漠化亚热带地区，针对喀斯特峰丛山区石漠化问题，结合山区立体特点和水热条件，采用水资源开发和综合利用、植被恢复、农业结构转变水土保持等一体化复合生态模式。其关键技术包含人工诱导植被修复技术、霸王花嫁接火龙果产业化技术、表层岩溶水生态调蓄技术、水土漏失生物与工程措施联合防治技术等。通过近 20 年治理，植物覆盖率由不足 10% 提高到 70%，森林覆盖率由不足 1% 提高到 50% 以上，土壤侵蚀模数下降了 80%，水资源利用率提高了 3 倍。示范区人均年收入由不足 600 元提高到 1.8 万元。并已在广西百色市、南宁市等周围 10 多个县（市、区）得到了推广应用，带动了 20 多万人脱贫。今后可在云南、贵州、广西 10 多万 km^2 的喀斯特峰丛山区推广。

毕节模式：在轻度石漠化高原地区，针对水土流失与林草植被生产力维系调控，重点突破了抗冻群落配置、草地生产力维持及草畜平衡调控、坡地植物篱保水固土、社区种养与再生能源清洁循环利用等技术，解决了抗冻耐旱乡土物种和牧草选育种植、镶嵌群落配置与固碳保育、林草及粮草空间优化配置、草种营养优化配置、水利水保优化配套与极度干旱应急调控、能源结构多能互补等生态问题，形成了以物种多样性生态修复诱导、草食畜牧配置、水土综合整治与合理调配、社区种养与能源结构优化为核心的技术模式。2005~2018 年，示范区植被覆盖度从 34.70% 提高到 51.34%，农民人均纯收入从 3091 元提高到 8090 元。该模式已在贵州、云南、广西、重庆的 25 个县（市、区）推广应用，可在喀斯特高原、峡谷和槽谷地区推广。

四、喀斯特生态保护与修复有效改善了喀斯特地区生态环境，有力支撑了当地脱贫攻坚，并获得国际社会的高度认可

通过多年持续治理，我国喀斯特石漠化面积由 2005 年的 12.96 万 km^2 减少到 2016

年的 10.07 万 km^2。喀斯特地区 2001~2015 年植被生物量的增加速度是治理前（1982~2000 年）的 2 倍，治理区域比非治理区域的植被覆盖度高 7%，与未开展生态治理的越南、老挝和缅甸等邻国相比，生态治理显著促进了西南喀斯特地区的生态环境改善，仅云南、广西、贵州三省（自治区）植被生物固碳量就达到 4.7 亿 t，比治理前增加了 9%。2018 年 1 月 9 日，《自然》子刊（Nature Sustainability）发表上述喀斯特生态修复与石漠化治理成效评估成果 [17]；1 月 25 日，《自然》针对该论文发表长篇评述，指出“卫星影像显示中国正在变得更绿”，进一步肯定我国通过生态修复与石漠化治理加快西南喀斯特地区植被恢复的积极成效。同时，喀斯特石漠化区农村脱贫效果明显，全国 14 个集中连片特困地区中，云南、广西、贵州石漠化区贫困县减少量最多，达 80 个；云南、广西、贵州农村贫困人口从 2010 年的 2898 万减少到 2017 年的 858 万。

五、喀斯特景观资源保护取得显著成效，多处入选世界自然遗产地

由于丰富的生物多样性、奇异的地貌景观和洞穴等资源，喀斯特景观具有较高的美学、科学及保护价值，联合国教科文组织公布的世界自然遗产地名录中，有 50 个左右主要分布于喀斯特地区 [3]。由于易受人类活动影响的脆弱性，我国喀斯特景观保护一直是国内喀斯特研究的重点，特别是国家和世界地质公园、石漠化公园规划与建设，成为近年来我国喀斯特景观保护的热点 [5]。目前我国以喀斯特景观为主或为辅的国家地质公园有 32 家，占国家地质公园的 23.2%，入选世界地质公园 11 处。同时，鉴于我国南方喀斯特地区展示了喀斯特特征和地貌景观的最好范例，完全满足世界遗产的美学和地质地貌标准，有潜力满足生态过程和生物多样性标准，以及完整性和保护管理要求。云南石林喀斯特、贵州荔波喀斯特、重庆武隆喀斯特、广西桂林喀斯特、贵州施秉喀斯特、重庆金佛山喀斯特、广西环江喀斯特分两批列入世界自然遗产地，显著提升了我国西南喀斯特景观的全球价值和重要性，成为喀斯特生态文明建设的国际品牌。

六、国际喀斯特研究中心落户我国桂林，喀斯特国际科技合作计划倡议得到多国积极响应。

自 1990 年开始，以我国科学家为核心的国际团队，连续实施了联合国教科文组织 6 个国际喀斯特地质对比计划，创造了联合国教科文组织持续支持同一学科领域的纪录。2008 年 2 月，联合国教科文组织国际喀斯特研究中心落户我国桂林。截至目前，已举办 9 届国际培训班，吸引了来自 5 大洲 36 个国家的 169 名学员，惠及 18 个“一带一路”沿线国家。先后与泰国、柬埔寨、斯洛文尼亚、塞尔维亚、斯洛伐克、德国、美国实施了双边合作项目。2016 年 11 月，我国提出“全球喀斯特动力系统资源环境效应”国际合作计划倡议，拟开展生态改善、减贫开发、应对全球气候变化等研究与合作。22 个国家，36 位科学家表示支持，来自美国、巴西等 11 个国家的科学家代表共同签署了支持函。

时任联合国教科文组织总干事致贺信，认为该计划的实施对克服人类共同面临的难题非常重要。此外，今年由我国主持的“国际标准组织喀斯特专业分委员会”获批，进一步提升了我国在国际喀斯特研究领域的话语权。

第三节 我国喀斯特生态修复与石漠化治理存在主要问题

整体而言，当前国内外喀斯特表层地球系统科学研究各自侧重的领域和优势不同，针对某一领域的某一问题专项研究多，统一的对比监测研究体系尚未形成，尤其没有从地球表层系统科学层面进行整体系统分析，难以深入认识表层地球系统（地球关键带）的形成、演化以及控制人类生存环境的过程和生态服务功能变化规律，亟须由要素过程研究向系统化的“表层地球系统科学”研究过渡。大规模生态保护与建设背景下，我国西南喀斯特区石漠化面积已呈现“面积持续减少、危害不断减轻、生态稳步好转”的态势。然而，受喀斯特地质背景的制约（地上—地下水土二元结构、成土慢且土层浅薄不连续、水文过程迅速等）及生态治理长期性和复杂性的影响，喀斯特石漠化治理与生态恢复重建过程中又产生了治理成效巩固困难、缺乏可持续性等问题：

一是，初步阐明了喀斯特生态系统的退化机制，但生态修复的过程机理还不够不清楚。受岩溶地质背景制约，喀斯特生态系统的高强度人为干扰是导致喀斯特生态系统退化的主要原因。大规模生态保护与建设促进了喀斯特生态环境的改善，但生态修复对喀斯特生态系统格局—过程—功能的影响机理不清。

二是，石漠化治理取得初步成效，但生态系统服务提升滞后。西南喀斯特地区2001~2015年的地上植被生物量的增加速率是生态工程实施前（1982~2000年）的2倍，工程区比非工程区的植被覆盖度高7%，石漠化面积呈持续“净减少”态势。但相对于植被覆盖的快速提升，土壤固持、水源涵养等生态服务恢复滞后，有待于进一步恢复与提升关键生态系统服务功能。

三是，当前的治理工程分区较多考虑地质地貌背景，忽略了人类活动强度的空间差异，一些地区坡地大规模开发容易加剧区域性水土资源失衡的风险。由于城镇化、劳务输出等影响，人类活动压力有所缓解，但云南断陷盆地等区域仍人地矛盾尖锐。对人类活动强度变化对生态恢复的影响关注还不够，人为耕作扰动土壤是导致石漠化的主要诱因，部分地区为了快出政绩，不顾生态适应性建设大规模连片经济林果，对土壤扰动和地表灌草被破坏较大，存在流域性水土资源失衡、出现新的石漠化的风险。经济林生长也受喀斯特区土层浅薄、土壤总量有限、矿质养分不足的制约。

四是，部分恢复技术和模式缺乏喀斯特区域针对性与可持续性。喀斯特区具有地上—地下二元水文地质结构，土壤受到扰动后地下漏失加剧，而现有治理工程大多照搬黄土高原和南方土山区等高梯土、砌墙保土、植物篱笆等措施，没有充分考虑水土运移的特殊性，模式的生态和经济效益也较难统筹兼顾，部分生态工程事倍功半。同时，推广过程中对技术与模式的关键限制因素及区域适宜性考虑不足，导致部分技术与模式面上推广应用困难。

五是，生态恢复成效忽略了人文社会的作用机制。喀斯特地区趋于暖干化的不利气候条件下，大规模生态保护与建设工程的实施促进了喀斯特地区生态环境的改善。但城镇化、劳务输出、生态移民、易地扶贫搬迁等社会化共同治理模式一定程度上也缓解了喀斯特地区的高强度人口压力，人类活动对喀斯特脆弱生态系统的扰动显著减少，其对生态恢复的作用机制被忽略。

第四节　喀斯特生态保护与修复未来研究展望

生态环境建设是生态文明建设的核心，将“山水林田湖草”作为生命共同体，以增强可持续性为目标，提升生态系统质量和稳定性，提出“美丽中国”建设的系统性解决方案，成为新时期国家生态文明建设战略迫切的科技需求。未来生态保护与修复研究将以增强生态治理的可持续性为导向，强调自然过程与人文过程的有机结合，融合大数据、空天地一体化等新技术，实现生态环境多要素、多尺度、全过程的监测与模拟，实现生态治理综合效益的提高，科技支撑国家生态文明建设战略[18]。

作为我国主要的生态脆弱区、长江和珠江上游生态安全屏障区，以及全国最大面积的连片贫困区，在喀斯特初步实现“变绿”基础上，如何通过生态治理将喀斯特地区的生态资源优势转化为发展优势，提高生态恢复质量、巩固扶贫成果、增强生态恢复与扶贫开发的可持续性，成为当前喀斯特生态保护与修复面临的现实需求。在植被覆盖快速增加和喀斯特生态系统服务功能恢复与提升的基础上，如何实现石漠化治理的提质与增效，实现喀斯特绿水青山转变为金山银山的转换，成为当前喀斯特生态保护与修复亟须解决的技术问题。迫切需要深入剖析喀斯特生态系统演化对气候变化、人类活动的响应机理，厘清自然和人为因素对喀斯特系统演化的相对贡献。在此基础上，根据水土资源赋存特征、社会经济发展现状以及文化差异，开展喀斯特生态系统的综合评估，识别喀斯特系统关键类型区与生态红线，将生态修复与人口布局、产业结构调整、城镇化发展、生态产业等有机结合，提出不同喀斯特功能类型区可持续发展的适应性调控途径与生态空间管控方案（图 13-2），为“美丽中国”和“乡村振兴”战略的贯彻实施及全球喀斯特分布国家生态治理提供“中国方案”，亟须重点开展以下研究。

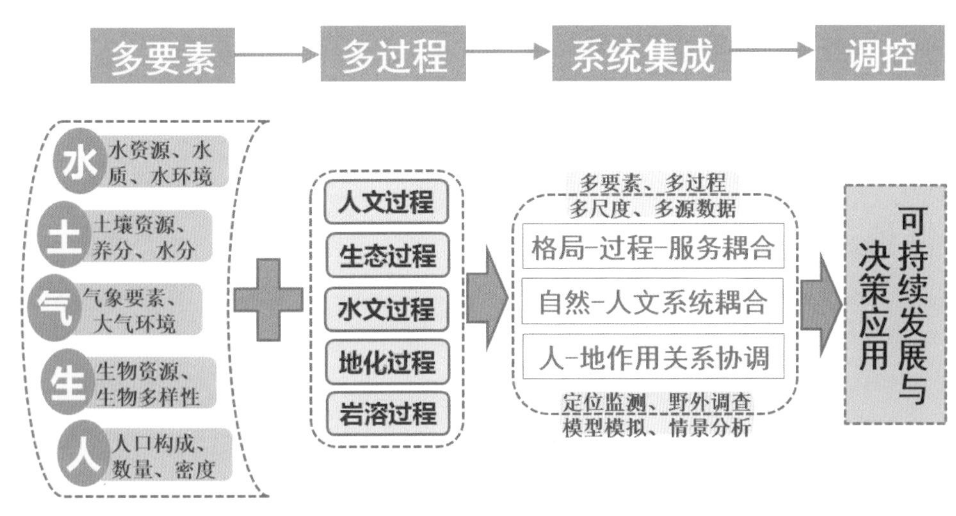

图 13-2　喀斯特表层地球系统集成研究与可持续性调控

一是，加强喀斯特生态修复的格局—过程—功能响应机理研究，突出喀斯特地上—地下生态过程的相互作用及其反馈调节机制。研究在高强度人为干扰向大规模生态建设转变背景下，生态修复对喀斯特生态系统格局、水土流失 / 漏失、土壤养分水分及植被结构与功能的影响机理，厘清自然因素与生态治理对喀斯特生态系统演变的相对影响。系统开展喀斯特地球关键带研究，应由传统“二维”景观生态研究向“三维”角度转变，将植被—土壤—表层岩溶带作为一个整体，系统研究地上—地下生态过程及岩石—土壤—生物—水—大气的相互作用机理，揭示喀斯特地球关键带的结构、组成及其演变规律。

二是，定量刻画与表征喀斯特区域人类活动强度，揭示喀斯特区域生态恢复的社会人文机制。研究不同喀斯特类型区资源环境要素时空配置、人口分布及其对喀斯特生态系统服务能力提升的制约机制，发展区域尺度人类活动的定量表征及空间表达方法，揭示不同人类活动强度下喀斯特区域生态环境效应差异特征，厘清自然及社会人文发展过程对喀斯特生态系统演变的相对作用，提出不同喀斯特类型区可持续发展的人文调控策略；在此基础上，因地制宜统筹自然恢复（封育、封禁）与人工造林、土壤与生物措施等工程治理措施的优化布局，形成石漠化治理的一体化解决方案。同时考虑非示范区的石漠化问题的治理策略。

三是，提升喀斯特生态治理的可持续性，继续服务脱贫攻坚与民生改善。构建喀斯特区域生态监测体系，开展石漠化治理模式成效系统评估，包括生态效益、社会经济效益以及投入产出比等，划定喀斯特生态—生产—生活空间，优化喀斯特区域生态安全格局。打造和完善不同喀斯特类型区的特色生态产业链，建设西南喀斯特农牧复合带，形成石漠化地区生态经济协调发展的新增长点。以石漠化治理提质增效为重点，建设喀斯特地区生态产品与生态服务价值评估机制。推进石漠化治理生态产业发展，提升治理的综合效益，助力脱贫攻坚与乡村振兴。集成特色林产业与乡村产业链集群、生态畜牧业与乡村标准化健康养殖、混农林业与乡村农林要素跨界协同、山地旅游产业与乡村多产融合、生态产业技术创新联盟与乡村产业经营、生态产品市场与乡村产业品牌联动等技术体系，构建喀斯特生态产业云平台与乡村智能振兴模式及决策支持系统。

四是，依托桂林国家可持续发展议程创新示范区，推进喀斯特领域国际科技合作。国务院于2016年12月印发《中国落实2030年可持续发展议程创新示范区建设方案》，2018年2月国务院正式批复太原、桂林、深圳3个城市为首批国家可持续发展议程创新示范区，国际社会对此予以密切关注并积极参与相关国际合作。桂林市专门围绕喀斯特景观资源可持续利用，重点针对石漠化地区生态修复和环境保护等问题实施相关行动。建议以桂林示范区建设为依托，利用好国际喀斯特研究中心，发挥我国在喀斯特领域的研究优势，深化面向东盟、对接“一带一路”、辐射全球的国际科技合作，力求牵头组织喀斯特领域国际科学计划和科技合作。

参考文献

[1] Veni G, DuChene H, Crawford N C, Groves C G, Huppert G N, Kastning E H, Olson R, Wheeler B J.Living with Karst: A Fragile Foundation.Alexandria, VA: American Geological Institute, 2001.

[2] Ford D, Williams P.Karst Hydrogeology and Geomorphology.Chichester: Wiley, 2007.

[3] van Beynen P E.Karst Management.Dordrecht: Springer, 2011.

[4] 曹建华，袁道先，裴建国，等.受地质条件制约的中国西南岩溶生态系统[M].北京：地质出版社，2005.

[5] 袁道先，蒋勇军，沈立成，等.现代岩溶学[M].北京：科学出版社,2016.

[6] 张信宝，王克林.西南碳酸盐岩石质山地土壤—植被系统中矿质养分不足问题的思考[J].地球与环境，2009，37(4)：337-341.

[7] 王克林，岳跃民，马祖陆，等.喀斯特峰丛洼地石漠化治理与生态服务提升技术研究[J].生态学报，2016，36(22)：7098-7102.

[8] 郭柯，刘长成，董鸣.我国西南喀斯特植物生态适应性与石漠化治理[J].植物生态学报，2011，35(10)：991-999.

[9] 刘丛强.生物地球化学过程与地表物质循环：西南喀斯特土壤—植被系统生源要素循环[M].北京：科学出版社，2009.

[10] 蒋忠诚，罗为群，邓艳，等.岩溶峰丛洼地水土漏失及防治研究[J].地球学报，

2014，35(5)：535-542.

[11] 刘国华．西南生态安全格局形成机制及演变机理[J]．生态学报，2016，36(22)：7088-7091.

[12] 曹建华，邓艳，杨慧，等．喀斯特断陷盆地石漠化演变及治理技术与示范[J]．生态学报，2016，36(22)：7103-7108.

[13] 蒋勇军，刘秀明，何师意，等．喀斯特槽谷区土地石漠化与综合治理技术研发[J]．生态学报，2016，36(22)：7092-7097.

[14] 熊康宁，朱大运，彭韬，等．喀斯特高原石漠化综合治理生态产业技术与示范研究[J]．生态学报，2016，36(22)：7109-7113.

[15] 王世杰，刘再华，倪健，等．中国南方喀斯特地区碳循环研究进展[J]．地球与环境，2017，45(1)：2-9.

[16] 安显金，李维．基于WOS数据库和CSCD的全球喀斯特研究动态[J]．贵州师范大学学报：自然科学版，2018，36(3)：14-22.

[17] Tong X W, Brandt M, Yue Y M, et al.Increased vegetation growth and carbon stock in China karst via ecological engineering.Nature Sustainability, 2018, 1(1): 44-50.

[18] 傅伯杰．新时代自然地理学发展的思考[J]．地理科学进展，2018，37(1)：1-7.

注：本文已经在《生态学报》第39卷第18期发表2019年9月发表。

第十四章　喀斯特石漠化综合治理及其恢复

全球喀斯特面积 2200 万 km^2，占地球陆地面积 15%，为世界约四分之一的人口提供饮用水源，是地球表层系统的重要组成部分[1, 2]。喀斯特占我国国土总面积的三分之一，连片裸露区集中分布于我国西南部（约 54 万 km^2，其中位于云南、贵州、广西的峰丛洼地类型面积最大，为 12.5 万 km^2），由于岩溶发育最强烈、人地矛盾最尖锐，巨大人口压力及高强度农业活动影响下，该区石漠化与贫困区高度重叠，是典型的生态脆弱区[3~5]。我国高度重视喀斯特生态退化与石漠化治理，“十五”期间，就将“推进云南、贵州、广西三省（自治区）岩溶地区石漠化综合治理”列为国家目标，国家“十一五”规划纲要中，将石漠化地区综合治理作为生态保护重点工程。2008 年国务院正式批复了《岩溶地区石漠化综合治理规划大纲（2006—2015 年）》，明确了石漠化治理的目标、任务和政策措施，石漠化治理作为一项系统的综合工程正式展开。2016 年，《岩溶地区石漠化综合治理工程“十三五”建设规划》正式发布，进一步巩固石漠化治理成果，突出治理重点。国家“加大生态系统保护力度、实施重要生态系统修复工程、加强石漠化综合治理”背景下，喀斯特地区石漠化面积由 2005 年的 12.96 万 km^2 减少到 2016 年的 10.07 万 km^2（尤其峰丛洼地区消减最快，近 10 年减少了 30%），植被覆盖显著增加，喀斯特生态保护与修复已取得阶段性成效[6, 7]。

十九大报告提出“树立和践行绿水青山就是金山银山的理念”“形成人与自然和谐发展的新格局”“满足人民日益增长的优美生态环境的需求”，进一步明确了建设生态文明、建设美丽中国的总体要求。将“山水林田湖草”作为一个生命共同体，以增强可持续性为目标，提出“美丽中国”建设的系统性解决方案，成为新时期国家生态文明建设战略迫切的科技需求。当前，由于劳务输出、城镇化及大规模生态保护与建设工程的影响，喀斯特地区高强度人口压力正逐步缓解，面临着由高强度农业耕作向大规模自然恢复与人工造林的转变。喀斯特石漠化面积呈现“持续净减少”的趋势，石漠化治理也面临着转型[7]。

新形势下，如何提升喀斯特区生态恢复质量、巩固扶贫成果、增强生态恢复与扶贫开发的可持续性，成为喀斯特生态保护与修复面临的现实需求。在喀斯特区初步“变绿”和石漠化面积持续净减少基础上，如何提升喀斯特生态系统服务、实现石漠化治理的提质与增效，如何有效调控喀斯特生态系统格局—过程—服务、构建喀斯特地区人与自然和谐的新依从关系，成为当前喀斯特生态治理面临的挑战[6, 8]。亟须解析高强度人为干扰向大规模自然恢复与人工造林转变背景下喀斯特生态系统退化 / 恢复机理，梳理喀斯特石漠化综合治理技术与模式，把握石漠化治理的区域生态恢复效应，为西南喀斯特地区生态恢复与扶贫开发成效巩固、乡村振兴与美丽中国战略的实施提供科技支撑。

第一节 石漠化综合治理工程概况

国务院于2008年2月批复了《岩溶地区石漠化综合治理规划大纲(2006—2015年)》(以下简称“《规划大纲》”)。《规划大纲》明确了石漠化综合治理工程建设的目标、任务和保障措施，确定了“以点带面、点面结合、滚动推进”的工作思路，重点采取农业、林业及水利工程等措施综合治理石漠化，石漠化治理开始作为一项独立的、系统工程和综合治理的思路全面展开(表14-1)。

试点阶段：2008~2010年，国家安排专项资金在100个石漠化县开展岩溶地区石漠化综合治理试点工程，累计安排中央预算内专项投资22亿元，整合了其他中央专项投资及地方投资上百亿元，明显加大了投入力度。截至2010年底，经过3年的奋斗，100个试点县实施石漠化综合治理1.6万km^2以上，451个县初步完成3.03万km^2的石漠化治理任务，实现了《规划大纲》确定的到2010年的阶段性目标。试点县治理工作以潜在石漠化土地为重点，采取综合措施，大大减缓了石漠化扩展的速度。

推广阶段：2011年，石漠化综合治理工程正式实施，工程规模将由“十一五”期间的100个县扩大到200个石漠化治理重点县，2012年扩大至300个县，2014年已扩大至316个县。截至2015年，316个重点县已累计完成中央预算内专项投资119亿元，地方投资20.1亿元，完成岩溶土地治理面积6.6万km^2，石漠化治理面积2.25万km^2。在专项投资的带动下，451个石漠化县积极整合退耕还林、天然林保护、长江防护林、珠江防护林、农业综合开发、土地整治等相关方面的中央资金规模达1300多亿元，初步完成石漠化治理面积4.75万km^2。

表14-1 石漠化综合治理工程任务投资累计完成情况表(2008~2015年)

治理情况		单位	总计	贵州	云南	广西	湖南	湖北	四川	重庆	广东
治理县个数		个	316	78	65	77	32	28	16	16	4
治理岩溶面积		万km^2	6.60	2.21	1.18	1.38	0.56	0.50	0.32	0.33	0.11
治理石漠化面积		万km^2	2.25	0.72	0.66	0.32	0.11	0.19	0.09	0.11	0.06
植被建设和保护		万hm^2	222.09	70.90	65.15	31.84	10.54	18.35	8.70	11.00	5.61
林业措施	封山育林育草	万hm^2	157.92	40.55	48.59	29.26	6.76	15.15	4.98	7.64	4.99
	人工造林	万hm^2	53.54	24.29	15.37	2.08	3.30	2.21	3.02	2.70	0.57
农业措施	草地建设	万hm^2	10.63	6.06	1.19	0.50	0.48	0.99	0.70	0.66	0.05
	棚圈建设	万hm^2	280.59	115.55	43.64	56.52	23.85	20.56	13.68	6.79	
水利措施	坡改梯	hm^2	21785.07	8322.66	8468.08	1558.26	541	1034.6	1111.97	741.80	6.70
	排灌沟渠	万km	1.08	0.33	0.11	0.29	0.14	0.06	0.08	0.05	0.02

成效巩固与深入推进阶段：2016 年 1 月，在《规划大纲》到期之际，国家发改委会同国家林业和草原局、农业部、水利部印发了《岩溶地区石漠化综合治理工程“十三五”建设规划（2016—2020 年）》，明确提出开展石漠化治理要以绿色发展为基本理念，坚持保护优先、自然修复为主，在巩固一期工程建设成果基础上，集中治理范围，突出建设重点，集中使用中央预算内专项资金，对长江经济带、云南、广西、贵州石漠化集中连片特殊困难地区为主体的 200 个石漠化县实施重点治理，以小流域为中心，突出林草植被保护与建设，兼顾区域农业生产、草食畜牧业发展，实现“治石”与“治贫”相结。

第二节　喀斯特生态系统退化 / 恢复机理

喀斯特系统具有二元三维空间结构，存在地表—地下水文路径联通的多界面网络通道，其水文过程响应快，生物地球化学循环周期短，二元水文地质结构保水固土能力差、水土漏失严重，地表—地下过程耦合对人为干扰响应更为敏感[3~6]。研究发现人为干扰是小流域尺度喀斯特土壤养分和水分格局存在特殊的“空间倒置”现象的主要原因，未受人类扰动影响的原生林生态系统的土壤养分和水分则表现出与非喀斯特地区相似的“洼地效应”[9]。人为干扰导致的植被破坏影响了喀斯特土壤—植被系统的物质、能量平衡，诱发了土壤—植被系统的逆向演变，导致水土流失加剧，灌丛被人为开垦为耕地后，喀斯特石灰土表层有机碳更易流失，也加剧了地表侵蚀产沙量及土壤的垂直漏失[10~13]；而地表土壤侵蚀、落水洞或竖井等垂直管道上覆土被的塌陷、泥沙直接进入开放裂隙、落水洞等地下通道、土壤沿未开放的具有突变界面的张性节理裂隙流失，以及地下水侵蚀裂隙填充土壤导致坡地土壤整体蠕移—坍塌等，是喀斯特土壤地表流失、地下漏失的主要途径[11~14]。人为干扰造成了土壤微生物利用底物和微生境的改变，也造成了氨氧化菌和纤维素分解菌丰度增加，固氮菌丰度减少，不利于土壤碳氮固持[15, 16]。水文过程方面，人为干扰通过土地利用方式改变了下垫面水文特性，进而影响到降水的产汇流过程，提高了同等降水强度下的产流量，增加土壤流失的风险[17~19]。

生态工程的实施加快了喀斯特地区植被的恢复速率，植被恢复突变时间与工程实施的时间密切相关[20, 21]；生态治理措施提高了喀斯特生态系统服务价值，提升了喀斯特水土保持功能及固碳功能，显著改善了农民生计的多样性[10, 22~26]。随着耕地减少及草地和林地的增加，喀斯特典型退化流域泥沙沉积量与水资源量协同变化，而生态系统净生产力与水资源量和泥沙沉积量为此消彼长的权衡关系[27]，提出喀斯特地区生态保护与建设工程的实施不能单方面追求林地或草地等面积的增加，要权衡不同生态系统服务之间的关系，提升单位面积生态系统服务功能[6, 28]。不同恢复阶段，发现植被恢复初期土壤碳和氮之间的耦合受制于土壤氮固定能力的不足，植被恢复可显著提升土壤碳固定，但人工恢复的碳汇效应远低于自然恢复[29, 30]。

第三节　石漠化治理适应性技术与模式集成

国外喀斯特区人口压力舒缓，以保育为主（生态旅游、洞穴探险等），人地矛盾不突出，研究主要侧重喀斯特水文地质、地下水资源与利用、洞穴及古气候记录、地质灾害防治等方面[31，32]。而我国西南喀斯特地区人类活动以高强度农业活动为主，人地矛盾尖锐，社会经济发展水平低，生态恢复在国际上缺乏可借鉴的科学经验和技术。我国西南喀斯特区实施了全球喀斯特区最大的生态修复与保护工程，在生态学、生物地球化学、生态水文学等领域颇有建树，针对喀斯特地上—地下双层水文地质结构及水土运移过程的特殊性，在喀斯特生态系统退化机理、水土流失 / 漏失机制、生物地球化学循环、喀斯特生境植被适应机制等理论研究基础上，创新石漠化治理技术，突破了喀斯特水资源高效利用（地下水探测与开发、表层岩溶水生态调蓄与调配利用、道路集雨综合利用等）、水土流失阻控与肥力提升（土壤流失 / 漏失阻控、土壤改良、耕地肥力提升等）、适应性植被修复（喀斯特适生植被物种筛选与培育、耐旱植被群落优化配置、植被复合经营等）及生态衍生产业培育等石漠化治理技术 50 余项，形成喀斯特生态治理的全球典范，为国家石漠化治理工程的实施及全球喀斯特生态治理提供了有力技术保障[6，33~39]。

在上述石漠化治理技术的基础上，根据喀斯特区域差异，综合考虑喀斯特生态资源优势与产业发展特色，以区域生态服务功能提升兼顾居民收入水平提高为目标，以生态环境问题和社会问题为共同导向，权衡生态与经济在区域内的重要性，因地制宜采取兼顾生态效益与经济效益、短期效益与长期效益的石漠化区域治理措施，初步集成形成了可复制、可推广、区域针对性较强的石漠化综合治理模式（图 14-1）。

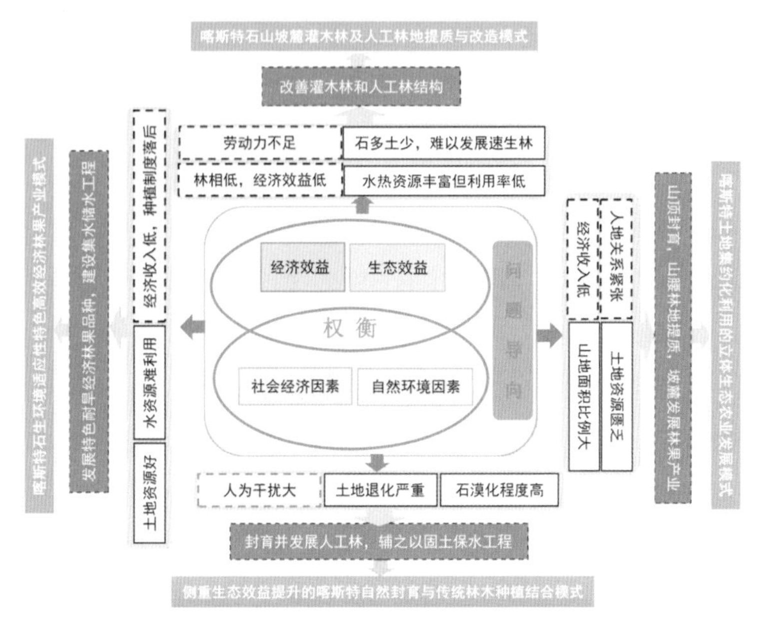

图 14-1　石漠化治理技术与模式集成

一、喀斯特石山坡麓灌木林及人工林地提质与改造模式

该模式适用于水热资源丰富但利用率低，石多土少，难以发展速生林、经果林，人地关系相对宽松的南亚热带喀斯特地区。主要目标是改造灌木林和人工林的林相，提高林地效益，改善石山坡麓区经济效益低下的状况。改造灌木林和人工林，间种适宜石生环境的珍贵高值树种，如红豆杉、柚木和降香黄檀等，改变林地经济效益低下、水热资源得不到充分利用的现状，改善灌木林和人工林结构和稳定性，解决石漠化治理和退耕还林过程长期效益与短期效益之间的矛盾，提高长期经济效益。

二、喀斯特土地集约化利用的立体生态农业发展模式

该模式适用于人口密度大，土地资源匮乏，人均坝地面积低、山地面积比例较大的喀斯特石山区。目标是充分利用坡顶（石质坡地）—坡腰（土石混合坡地）—坡麓（土质坡地）—洼地（土层较厚）的有限土地资源。该方法基于垂直分带治理的石漠化治理思路[40]，山顶采用封山育林的方式恢复，山腰间种石山适生的生态高效林木和高经济附加值林，低洼地区和坡麓发展喀斯特特色林果药等产业。通过垂直空间的合理布局，形成山体之中农、牧、林紧密结合、相互支持的立体生态农业格局，能兼顾石漠化治理的长中短效益，获得较大的经济效益和生态效益。

三、喀斯特石生环境适应性特色高效经济林果产业模式

该模式适用于具有较好的水热资源，土层相对较厚，但利用效率低下、以传统农耕模式种植大豆、玉米为主的石山区。目标是充分利用区域土地资源优势，解决用水问题。在土多的坡麓坡脚，筛选适宜当地种植且需水量不高的特色经济林果品种，如无患子、苏木、火龙果、澳洲坚果等，有针对性地发展农产品深加工和生态旅游，培育喀斯特生态衍生产业。同时发展坡面路池工程，拦蓄坡面雨水，配合屋顶集雨水池，开发利用表层岩溶水和基岩裂隙水等方式，有效解决经济林灌溉用水和人畜饮水问题，避免和减轻林果产业发展带来的水土流失。

四、侧重生态效益提升的喀斯特自然封育与传统林木种植模式

该模式适用于人为干扰程度大、生态功能低下、石漠化严重等不适合继续发展农林经济的石山区，主要目标为迅速恢复植被覆盖，提高生态效益。选用耐干旱瘠薄、喜钙、岩生、速生、适用范围广、经济价值高的乔灌木、藤和草进行生态修复，如任豆、香椿、女贞等喀斯特石生环境适生植物，并进行封育，禁止砍伐，同时辅之以适当的固土保水工程措施，形成人工造林和自然封育相结合的综合治理模式，促进石漠化严重地区植被覆盖的快速增加，提高石漠化土地治理效果，具有较好的生态效益。

第四节 石漠化治理的区域生态恢复效应

大规模生态保护与建设背景下，西南喀斯特区石漠化格局演变的总体趋势已由2011年以前的持续增加转变为持续净减少，石漠化程度减轻、结构改善，特别是重度石漠化减少明显[7]。现有研究发展了大区域尺度生态工程成效识别与厘定方法，阐明了西南喀斯特地区植被恢复演变特征与生态工程的实施具有较好的一致性，发现近30年来气候变化对喀斯特地区植被恢复的影响有限，植被恢复主要分布在生态工程实施面积较大的区域，工程实施前后，喀斯特地区植被生长季叶面积指数（LAI）变化速率由0.01$m^2/(m^2 \cdot a)$增加到0.02$m^2/(m^2 \cdot a)$（P<0.05），植被地上生物量固碳速率由0.14 Mg C/($hm^2 \cdot a$)增加到0.3 Mg C/($hm^2 \cdot a$)（P<0.01）；工程实施后，仅云南、广西、贵州三省（自治区）植被地上生物量固碳达到4.7 Pg C（2012年），增加了9%（+0.05 Pg C/a），相比2010~2050年中国森林14.95 Pg C的固碳潜力，生态工程背景下西南喀斯特地区可能有巨大的固碳潜力，喀斯特地区生态工程对我国碳汇能力的提升具有重大贡献[41~43]。全球尺度上，中国西南喀斯特地区是全球植被覆盖和地上植被生物量增加最快的地区之一，其中，中国西南八省（自治区、直辖市）植被覆盖度从1999年的69%增加到2017年的81%，而地上植被生物量1999~2012年平均增加了4%，占全球植被地上生物量增加最快地区（P<0.05）的5%。

国际科学界也高度肯定中国喀斯特生态治理成效，2018年1月9日，《自然》子刊（Nature Sustainability）发表我国西南喀斯特区石漠化治理植被恢复评估成果，1月25日，《自然》针对该研究发表长篇评述，指出“卫星影像显示中国正在变得更绿”，进一步肯定我国通过石漠化治理加快西南喀斯特地区植被恢复的积极成效[44]。同时，喀斯特石漠化区贫困人口削减与脱贫攻坚成效明显，云南、广西、贵州农村贫困人口从2010年的2898万减少到2017年的858万，全国14个集中连片特困地区中，云南、广西、贵州石漠化区贫困县减少量最多。

第五节 石漠化治理存在的主要问题

在国家“十一五”“十二五”科技支撑计划课题及“十三五”4个国家重点研发计划项目（峰丛洼地、高原、断陷盆地、槽谷）的支持下，我国喀斯特系统研究在喀斯特生态要素观测、生态过程、水文地质、土壤侵蚀、生物地球化学、生态水文、植被生态生理、生态系统服务等领域进行了较为深入的专项研究，为喀斯特生态系统优化调控与管理奠定了坚实基础[6，36~38]。然而，受可溶性碳酸盐岩地质背景制约（地上—地下水土二元结构、成土慢且土层浅薄不连续、水文过程响应快、生物地球化学循环周期短等）及生态治理长期性和复杂性的影响，喀斯特石漠化治理与生态恢复重建过程中又产生了治理成效巩固困难、治理技术与模式缺乏区域针对性、水资源利用效率低且季节性缺水严重、土壤生态功能恢复滞后、植被群落稳定性欠佳、生态恢复可持续性差等问题。

在喀斯特生态恢复研究方面，以往对喀斯特表生过程研究的纵深观测尺度一般只到土壤层和表层岩溶带，缺乏从地球表层系统科学角度进行整体性、系统性综合观测与集成分析。同时，由于喀斯特景观异质性高、地域差异大，目前仍缺乏较为系统的大尺度地面观测数据。研究领域偏重自然过程，而在喀斯特生态恢复与石漠化面积削减过程中，劳务输出（外出务工）、城镇化发展、脱贫攻坚、易地扶贫搬迁等社会共同治理模式也缓解了喀斯特地区高强度的人口压力，使人为开发利用与破坏对喀斯特脆弱生态系统的干扰强度显著减弱，社会人文发展过程减轻了对土地的依赖，也促进了喀斯特地区的生态恢复[44~47]。当前研究对社会人文因素的影响关注不够，难以深入认识喀斯特表层地球系统的形成、演化、功能、服务及其社会人文驱动机制。

西南喀斯特地区是我国最大面积的连片贫困区，近年来扶贫开发与发展特色产业过程中，部分区域大规模种植经济林果、速生用材林等人工林，喀斯特地区形成了大面积的人工林（广西 2001~2015 年完成退耕地造林达 24 万 hm^2），显著加快了喀斯特地区植被覆盖度和生物量的增加，提高了区域木材蓄积量，但人工林树种相对单一，生物多样性保育功能低下，病虫害发生率增高，但受喀斯特区土层浅薄、土壤总量有限、矿质养分不足的制约难以持续[48~50]。同时，大面积人工林也影响生物多样性、土壤水分、养分固持等生态服务功能的恢复人工造林导致的森林覆盖增加将显著促进陆面蒸散发，也可能造成区域土壤水分下降[48，50]。而自然恢复条件下区域林地虽恢复相对较慢，但耗水量低、土壤碳固碳速率快[29]。因此，亟须辨析不同措施、特别是大规模人工造林与自然恢复的差异，厘清自然恢复与人工造林的区域尺度生态服务效应，为人工林可持续改造与建设、区域生态服务提升提供科学依据。

第六节　未来研究展望

作为我国主要的生态脆弱区、长江和珠江上游生态安全屏障区，以及全国最大面积的连片贫困区，当前西南喀斯特地区大规模生态保护与建设取得显著的阶段性成效，石漠化实现了由面积增加向“持续净减少”的转变，面临着石漠化治理转型，从前期侧重遏制面积扩张、增加植被覆盖转向提升生态系统服务能力、增强恢复的可持续性。另一方面，由于外出务工、城镇化、贫困减缓等的影响，喀斯特地区高强度人口压力正逐步缓解，面临着由高强度农业耕作向大规模自然恢复与人工造林的转变。

在国家“保护优先、自然恢复为主”的方针及“加大生态系统保护力度，实施重要生态系统修复工程，加强石漠化综合治理”的背景下，如何通过生态治理将喀斯特地区的生态资源优势转化为发展优势，提高生态恢复质量、巩固扶贫成果、增强生态恢复与扶贫开发的可持续性，成为当前喀斯特生态保护与修复面临的现实需求。在植被覆盖快速增加和喀斯特生态系统服务功能初步恢复的基础上，如何实现石漠化治理的提质与增效，实现喀斯特绿水青山转变为金山银山的转换，成为当前喀斯特生态治理面临的重大挑战。

面对新的需求与挑战，喀斯特生态恢复研究需要提高喀斯特生态系统要素观测的频率及自动化水平，由要素过程研究向系统化的“表层地球系统科学”研究转变，从侧重单一生态要素、单一生态过程的研究向多要素综合、多过程综合以及景观格局与生态过程耦合、生态过程与生态系统服务的耦合、自然与人文过程的耦合等转变，从喀斯特地表过程研究向地上—地下过程耦合及喀斯特关键带过程系统集成转变，由生态系统尺度到小流域、样带与区域尺度拓展。同时，面向“一带一路”沿线50多个喀斯特分布国家的喀斯特景观生态保育与生态治理需求，加强我国喀斯特基础研究经验输出与生态治理技术转移，发挥我国在全球喀斯特系统研究方面的核心辐射带动作用。另一方面，加强喀斯特生态治理管理制度创新，建立社会资本投入生态治理的引导机制，提升社会组织和公众参与生态保护与建设的积极性，为我国西南喀斯特地区石漠化治理与扶贫开发成效巩固、乡村振兴与美丽中国战略的实施提供科技支撑。

参考文献

[1] 曹建华，袁道先．受地质条件制约的中国西南岩溶生态系统[M]. 北京：地质出版社，2005.

[2] 刘丛强．生物地球化学过程与地表物质循环——西南喀斯特土壤－植被系统生源要素循环[M]. 北京：科学出版社，2009.

[3] 袁道先，蒋勇军，沈立成，等．现代岩溶学[M]. 北京：科学出版社，2016.

[4] 王克林，岳跃民，马祖陆，等．喀斯特峰丛洼地石漠化治理与生态服务提升技术研究[J]. 生态学报，2016，36(22): 7098-7102.

[5] 国家林业和草原局．中国·岩溶地区石漠化状况公报[Z].2018-12-14.

[6] 傅伯杰．新时代自然地理学发展的思考[J]. 地理科学进展，2018，37(1):1-7.

[7] 张伟，刘淑娟，叶莹莹，等．典型喀斯特林地土壤养分空间变异的影响因素[J]. 农业工程学报，2013，29(1): 93-101.

[8] 陈洪松，杨静，傅伟，等．桂西北喀斯特峰丛不同土地利用方式坡面产流产

沙特征 [J]. 农业工程学报，2012，28(16):121-126.

[9] 李昊，蔡运龙，陈睿山，等 . 基于植被遥感的西南喀斯特退耕还林工程效果评价——以贵州省毕节地区为例 [J]. 生态学报，2011，31(12):3255-3264.

[10] 罗光杰，王世杰，李阳兵，等岩溶地区坡耕地时空动态变化及其生态服务功能评估 [J]. 农业工程学报，2014，30(11):233-243.

[11] 傅伯杰，于丹丹 . 生态系统服务权衡与集成方法 [J]. 资源科学，2016，38(1): 1-9.

[12] 胡宝清，陈振宇，饶映雪 . 西南喀斯特地区农村特色生态经济模式探讨——以广西都安瑶族自治县为例 [J]. 山地学报，2008，26(6):684-691.

[13] 彭晚霞，王克林，宋同清，等 . 喀斯特脆弱生态系统复合退化控制与重建模式 [J]. 生态学报，2008，28(2):811-820.

[14] 蒋忠诚，罗为群，邓艳，等 . 岩溶峰丛洼地水土漏失及防治研究 [J]. 地球学报，2014，35(5):535-542.

[15] 曹建华，邓艳，杨慧，等 . 喀斯特断陷盆地石漠化演变及治理技术与示范 [J]. 生态学报，2016，36(22):7103-7108.

[16] 蒋勇军，刘秀明，何师意，等 . 喀斯特槽谷区土地石漠化与综合治理技术研发 [J]. 生态学报，2016，36(22):7092-7097.

[17] 熊康宁，朱大运，彭韬，等 . 喀斯特高原石漠化综合治理生态产业技术与示范研究 [J]. 生态学报，2016，36(22): 7109-7113.

[18] 王世杰，刘再华，倪健，等 . 中国南方喀斯特地区碳循环研究进展 [J]. 地球与环境，2017，45(1):2-9.

[19] 张信宝，王世杰，孟天友 . 石漠化坡耕地治理模式 [J]. 中国水土保持，2012(9):41-44.

[20] 蔡运龙，蒙吉军 . 退化土地的生态重建：社会工程途径 [J]. 地理科学，1999，19(3):198-204.

[21] 张信宝 . 贵州石漠化治理的历程、成效、存在问题与对策建议 [J]. 中国岩溶，2016，35(5):497-502.

[22] 张信宝，王克林 . 西南碳酸盐岩石质山地土壤 - 植被系统中矿质养分不足问题的思考 [J]. 地球与环境，2009，37(4):337-341.

[23] Sweeting M M. Karst in China: Its Geomorphology and Environment. Berlin Heidelberg: Springer, 1995.

[24] Liu S J,Zhang W,Wang K L,Pan F J, Yang S,Shu S Y. Factors controlling accumulation of soil organic carbon along vegetation succession in a typical karst region in Southwest China. Science of the Total Environment,2015,521-522: 52-58.

[25] Feng T,Chen H S,Polyakov V O,Wang K L,Zhang X B,Zhang W. Soil erosion rates in two karst peak-cluster depression basins of northwest Guangxi,China:comparison of RUSLE model with 137Cs measurements. Geomorphology,2016,253: 217-224.

[26] Fu Z Y,Chen H S,Xu Q X,Jia J T,Wang S,Wang K L. Role of epikarst in near-surface hydrological processes in a soil mantled subtropical dolomite karst slope: implications of field rainfall simulation experiments. Hydrological Processes,2016,30(5): 795-811.

[27] Wei X P,Yan Y E,Xie D T,Ni J P,Loáiciga H A. The soil leakage ratio in the Mudu watershed,China. Environmental Earth Sciences,2016,75(8): 721.

[28] Chen X B,Su Y R,He X Y,Liang Y M,Wu J S. Comparative analysis of basidiomycetous laccase genes in forest soils reveals differences at the cDNA and DNA levels. Plant and Soil,2013,366(1/2): 321-331.

[29] Liang Y M,He X Y,Chen C Y,Feng S Z,Liu L,Chen X B,Zhao Z W,Su Y R.Influence of plant communities and soil properties during natural vegetation restoration on arbuscular mycorrhizal fungal communities in a karst region. Ecological Engineering,2015,82: 57-65.

[30] Xu X L,Liu W,Scanlon B R,Zhang L,Pan M. Local and global factors controlling water-energy balances within the Budyko framework. Geophysical Research Letters,2013,40(23): 6123-6129.

[31] Liu M X,Xu X L,Sun A Y,Wang K L,Liu W, Zhang X Y. Is southwestern China experiencing more frequent precipitation extremes? Environmental Research Letters,2014,9(6): 064002.

[32] Li Z W,Xu X L,Yu B F,Xu C H,Liu M X,Wang K L. Quantifying the impacts of climate and human activities on water and sediment discharge in a karst region of southwest China. Journal of Hydrology,2016,542: 836-849.

[33] Cao S X,Chen L,Shankm an D,Wang C M,Wang X B,Zhang H. Excessive reliance on afforestation in China' s arid and semi-arid regions: Lessons in ecological restoration. Earth-Science Reviews,2011,104(4): 240-245.

[34] Tong X W,Wang K L,Brandt M,Yue Y M, Liao C J,Fensholt R. Assessing future vegetation trends and restoration prospects in the karst regions of southwest China. Remote Sensing,2016,8(5): 357.

[35] Huang W,Ho H C,Peng Y Y,Li L. Qualitative risk assessment of soil erosion for karst landforms in Chahe Town,Southwest China: a hazard index approach. CATENA,2016,144: 184-193.

[36] Zheng H,Su Y R,He X Y,Hu L N,Huang D Y,Li L,Zhao C X. Modified method for estimating the organic carbon density of discontinuous soils in peak-karst regions in southwest China. Environmental Earth Sciences, 2012,67(6): 1743-1755.

[37] Zhang J Y,Dai M H,Wang L C,Su W C. Household livelihood change under the rocky desertification control project in karst areas,Southwest China. Land Use Policy,2016,56: 8-15.

[38] Zhang M Y,Wang K L,Liu H Y,Zhang C H,Wang J,Yue Y M,Qi X K. How ecological restoration alters ecosystem services: an analysis of vegetation carbon sequestration in the karst area of northwest Guangxi,China. Environmental Earth Sciences,2015,74(6): 5307-5317.

[39] Tian Y C,Wang S J,Bai X Y,Luo G J,Xu Y.Trade-offs among ecosystem services in a typical karst watershed,SW China. Science of the Total Environment,2016,566-567: 1297-1308.

[40] Hu P L,Liu S J,Ye Y Y,Zhang W,Wang K L,Su Y R. Effects of environmental factors on soil organic carbon under natural or managed vegetation restoration. Land Degradation & Development,2018,29(3): 387-397.

[41] Liu X, Zhang W,Wu M,Ye Y Y, Li D J. Changes in soil nitrogen stocks following vegetation restoration in a typical karst catchment. Land Degradation & Development,2019,30(1): 60-72.

[42] De Waele J, Gutiérrez F, Parise M, Plan L. Geomorphology and natural hazards in karst areas: a review. Geomorphology 2011,134(1/2): 1-8.

[43] Gutiérrez F,Parise M,De Waele J,Jourde H. A review on natural and human-induced geohazards and impacts in karst. Earth-Science Reviews,2014,138: 61-88.

[44] Tong X W,Wang K L,Yue Y M,Brandt M,Liu B,Zhang C H,Liao C J,Fensholt R. Quantifying the effectiveness of ecological restoration projects on long-term vegetation dynamics in the karst regions of Southwest China. International Journal of Applied Earth Observation and Geoinformation,2017,54: 105-113.

[45] Tong X W,Brandt M,Yue Y M,Horion S,Wang K L,De Keersmaecker W,Tian F,Schurgers G,Xiao X M,Luo Y Q,Chen C,Myneni R,Shi Z,Chen H S,Fensholt R. Increased vegetation growth and carbon stock in China karst via ecological engineering. Nature Sustainability,2018,1(1): 44-50.

[46] He N P,Wen D,Zhu J X,Tang X L,Xu L, Zhang L,Hu H F,Huang M,Yu G R. Vegetation carbon sequestration in Chinese forests from 2010 to 2050. Global Change Biology,2017,23(4): 1575-1584,doi: 10.1111/gcb.13479.

[47] Brandt M,Yue Y M,Wigneron J P,Tong X W,Tian F,Jepsen M R,Xiao X M,Verger A,Mialon A,Al-Yaari A,Wang K L,Fensholt R. Satellite-observed major greening and biomass increase in South China karst during recent decade. Earth' s Future,2018,6(7): 1017-1028.

[48] Macias-Fauria M. Satellite images show China going green. Nature,2018,553(7689): 411-413.

[49] Bryan B A,Gao L,Ye Y Q,Sun X F,Connor J D,Crossman N D,Stafford-Smith M,Wu J G, He C Y,Yu D Y,Liu Z F, Li A,Huang Q X,Ren H,Deng X Z,Zheng H,Niu J M,Han G D,Hou X Y. China' s response to a national land-system sustainability emergency. Nature,2018,559(7713): 193-204.

[50] Delang C M,Yuan Z. China’ s Grain for Green Program— A Review of the Largest Ecological Restoration and Rural Development Program in the World. Cham: Springer Press,2015.

[51] Hua F Y,Wang X Y,Zheng X L,Fisher B,Wang L,Zhu J G,Tang Y,Yu D W,Wilcove D S. Opportunities for biodiversity gains under the world’ s largest reforestation programme. Nature Communications, 2016,7: 12717.

[52] Van Beynen P E. Karst Management. Dordrecht: Springer,2011.

注：本文已经在《生态学报》第 39 卷第 20 期 2019 年 10 月发表

第十五章　石漠化综合治理生态效益监测与评价

通过对 1982~2015 年西南喀斯特地区八省（自治区、直辖市）463 个石漠化治理县生态工程实施前后生态系统类型空间与景观格局变化研究，发现生态工程实施前后植被恢复总体趋势、植被覆盖度发生明显变化；同时，石漠化治理县与非治理县植被恢复存在差异；不同石漠化治理工程类型区的多尺度水土流失变化显示了治理成效的差异。

第一节　生态系统类型空间与景观格局变化

根据得到的 2005 年和 2015 年的喀斯特石漠化治理县生态系统类型空间分布以及从其各类型土地面积情况分析可知（图 15-1），各生态系统类型按照面积大小排列依次为：灌丛 > 农田 > 森林 > 草地 > 城镇 > 湿地 > 荒漠。由于森林、草地和灌丛生态系统具有保持水土、防风固沙、维持生态系统稳定的功能，湿地生态系统具有调节气候、供给水分等生态功能，因此其在区域中所占的比重变化有助于评价生态系统的发展趋势。2005 年森林、草地、灌丛和湿地所占比重为 62.42%，2015 年所占比重为 60.01%，其比重均在 60% 以上，能维持良好的生态功能。从 10 年间生态系统类型变化来看，森林生态系统面积增加 412.54km^2、湿地生态系统面积增加 224.29km^2、城镇生态系统面积增加 1912.58km^2，其面积均呈增加趋势，城镇生态系统面积增加最多，林地增加次之。该区的城镇化发展较为迅速，加上易地扶贫搬迁、大石山区迁出居民集中安置等措施使城镇建设用地、居住地等面积增加较多，城镇生态系统面积增加明显。而灌丛减少 757.14km^2、草地减少 327.63km^2、农田减少 1462.60km^2，其面积均呈下降趋势。农田面积和荒漠面积减少，说明近些年来实施的石漠化综合治理工程、退耕还林工程等的造林及退耕还林取得了明显的成效，森林生态系统面积显著增加，区域内石漠化发展趋势总体上得到了逆转。

土地利用类型转移矩阵可以比较全面地反映土地利用类型的结构和变化方向（表 15-1）。2005~2015 年，从农田生态系统转化为其他生态系统类型的面积可以看出，农田转为森林、灌丛和草地生态系统的面积分别为 1185.26km^2、2950.65km^2、1406.07km^2，总和远大于转化为湿地（142.64km^2）、建设用地（1123.76km^2）和荒地（3.14km^2）的面积，整体上农田生态系统趋向于转为森林、灌丛和草地生态系统，说明政府花费大量人力物力，在该区域实施的石漠化综合治理、退耕还林等生态工程建设收到了显著的成效，该区域生态系统结构总体趋于改善。但是仍有部分森林、灌丛和草地生态系统转变成了农田生态系统等，说明在进行生态建设、保护生态环境的同时，仍存在着毁林开垦、陡坡耕种等破坏生态环境的现象，但总体上仍然小于农田生态系统转换为森林、灌丛、草地生态系统的面积，农田面积持续减少，说明土地利用类型变化受人为因素影响较大，相比而言生态保护与建设工程成效要大于人为逆向干扰活动所产生的影响。荒漠化区域面积减小，一般来说荒漠化区域向灌丛、草地和农田生态系统转变，然而仍然有部分区域从灌丛和草地生态系统转化为荒漠生态系统，因此荒漠化土地面积减少的面积有限，10 年来减少了 2.04km^2。另外，研究区内城镇化趋势十分明显，同时，西南喀斯特地区大规模实施的易地扶贫搬迁安置工程，也导致部分农田转为了建设用地，使城镇生态系统的面积增加。城镇用地面积增加了 1912.58km^2，主要占据的是农田、草地和灌丛等区域，这说明城市扩张对区域生态系统和土地利用类型影响程度十分强烈，人为活动是该地区土地利用类型变化的主要驱动因素。

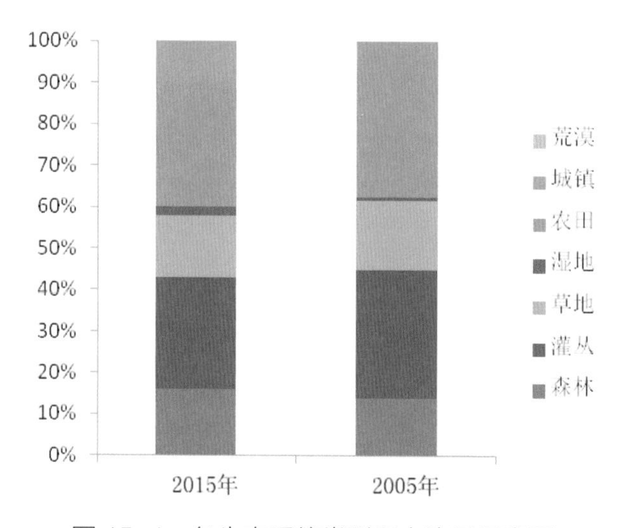

图 15-1　各生态系统类型所占比重示意图

表 15-1　西南喀斯特地区石漠化治理县生态系统类型转移矩阵（单位：km^2）

2005 年	2015 年						
	森林	灌丛	草地	湿地	农田	城镇	荒漠
森林	–	895.33	277.36	51.04	1108.47	219.06	2.29
灌丛	1329.00	–	1097.88	89.12	2837.42	402.43	4.42
草地	406.50	1080.66	–	91.89	1239.89	323.18	3.34
湿地	27.42	40.75	19.13	–	58.91	8.19	0.17
农田	1185.26	2950.65	1406.07	142.64	–	1123.76	3.14
城镇	16.95	28.75	13.99	3.89	102.20	–	0.12
荒漠	0.96	2.57	3.4	0.28	2.03	1.86	–
面积大小	85106.65	164996.08	71953.57	2737.20	104784.77	3220.56	416.53
面积变化	412.54	–757.14	–327.63	224.29	–1462.60	1912.58	–2.04

我国喀斯特地区主要分布在南方八省（自治区、直辖市），呈现出连片分布的特点，它既是全球喀斯特集中分布区面积最大、喀斯特发育最强烈、人地矛盾最尖锐的地区，也是景观类型复杂、生物多样性丰富、生态系统极为脆弱的典型地区。该区域地形地貌复杂，地物交错分布，具有高度的景观异质性。

景观格局是景观异质性的具体体现，又是各种生态过程在不同尺度上作用的结果。景观生态学通过分析景观的结构、功能和变化来研究景观空间格局与生态过程的关系。景观格局分析的目的是为了在看似无序的景观中发现潜在的有意义的秩序或规律，从而解释一段时间内格局中出现的生态过程，对指导生态系统优化调控与管理具有重要的实际应用意义。而结合景观结构和生态过程的格局研究也是进一步深化景观生态学研究的关键。在这一目的下采用格局指数对景观格局进行分析，才具有更大的生态学意义。景观格局指数能够高度浓缩景观格局信息，反映其结构组成和空间配置某些方面特征的定量指标，定量反映景观格局和尺度的变化。景观指数的构建从景观斑块水平指数、景观类型水平指数、景观水平指数 3 个层次，结合研究区的地形、地貌等区域环境特征，描述景观演变在时间和空间上的连续性。景观指数主要分为景观面积度量指标、景观形状度量指标、景观聚集度量指标和景观多样性度量指标等研究指标大类，由于表征景观格局统一特征属性的不同类别的景观指数相互冗余，因此选取部分景观指数就可代表全部景观指数生态意义。本研究结合研究区大小、实际可操作性以及指标的生态学意义，挑选了 6 个景观格局指数（表 15-2），从斑块类型和景观水平对近 10 年来喀斯特地区石漠化治理县景观格局变化特征进行刻画和分析。

表 15-2　选取的景观格局指数及其生态学含义

景观指数	生态学含义
斑块数量（NUMP）	斑块的数量，用来衡量目标景观的复杂程度，斑块越多说明越复杂
平均斑块面积（MPS）	该指标可用于衡量景观总体完整性和破碎度，平均斑块面积越大说明景观较完整，破碎度较低
平均斑块分形维数（AWMPFD）	AWMPFD 是反映景观格局总体特征的重要指标，它在一定程度上也反映了人类活动对景观格局的影响。一般来说，受人类活动干扰小的自然景观的分形维数值高，而受人类活动影响大的人为景观的分形维数值低
面积加权平均斑块形状指数（AWMSI）	AWMSI 是度量景观空间格局复杂性的重要指标之一，并对许多生态过程都有影响。如拼块的形状影响动物的迁移、觅食等活动，影响植物的种植与生产效率；对于自然拼块或自然景观的形状分析还有另一个很显著的生态意义，即常说的边缘效应
香农多样性指数（SDI）	该指标能反映景观异质性。如在一个景观系统中，土地利用越丰富，破碎化程度越高，其步定性的信息含量也越大，计算出的 SDI 值也就越高
香农均匀性指数（SEI）	Shannon 均匀度指数：0 ≤ SEI ≤ 1。当景观中只包含一个斑块（没有多样性）时 SEI=0，随着不同斑块类型间的面积分布越来越不均匀（如，主要以一种类型为主），SEI 趋近于 0。而当不同类型斑块间是完全均匀（各类型所占比率相等）时，SEI=1

一、斑块类型水平格局指数分析

选择了斑块数量（NUMP）、平均斑块面积指数（MPS）、面积加权的平均形状因子（AWMSI）和面积加权的平均拼块分形指数（AWMPFD）对区域内斑块类型水平上的景观格局变化进行分析（表 15-3）。

表 15-3 斑块类型水平生态系统景观格局变化

	年份	NUMP	NUMP 变化率	MPS	MPS 变化率	AWMSI	AWMSI 变化率	AWMPFD	AWMPFD 变化率
森林	2005	116581	5.44%	126.89	–5.16%	12.99	–5.32%	1.36	0.00%
	2015	122919		120.34		12.30		1.36	
灌丛	2005	82493	8.27%	134.00	–7.92%	14.60	–0.76%	1.37	0.00%
	2015	89313		123.39		14.49		1.37	
草地	2005	107729	8.99%	69.71	–8.65%	7.74	0.12%	1.35	0.00%
	2015	117419		63.68		7.74		1.35	
湿地	2005	15767	7.29%	18.32	0.47%	5.28	0.00%	1.35	0.00%
	2015	16916		18.40		5.28		1.35	
农田	2005	280863	8.09%	39.70	–8.70%	10.68	–7.49%	1.37	0.00%
	2015	303595		36.24		9.88		1.37	
城镇	2005	27740	34.17%	12.13	16.90%	1.97	29.35%	1.28	1.56%
	2015	37219		14.18		2.55		1.30	
荒漠	2005	600	9.50%	71.23	–8.17%	2.52	0.27%	1.27	0.00%
	2015	657		65.41		2.53		1.27	

斑块数量（NUMP）指数用来衡量目标景观的复杂程度，其值从大到小排序为：农田 > 林地 > 草地 > 灌丛 > 城镇 > 湿地 > 荒漠。说明该研究区景观复杂度从高到低依次为农田、森林、草地、灌丛、城镇、湿地及荒漠生态系统；从 NUMP 值变化来看，该值在所有生态系统类型中都有所增加，说明研究区域内斑块数量增加，景观破碎化程度提高，景观的连通性有所下降。其中城镇生态系统变化最大，达到 34.17%，城镇化水平提高，尤其是城镇与其他土地类型交界处的土地利用类型发生变化，而且这类变化往往是片状分布的，从而造成了生态景观发生改变，因此城镇化及城镇周边土地利用类型变化可能是景观破碎化程度提高的主要原因。可见 10 年间景观格局呈复杂化的趋势，人类活动因素所产生的影响较大（图 15-2）。

平均斑块面积指数（MPS）用于衡量景观总体完整性和破碎度，由表 15-3 中数据可以看出：森林和灌丛景观 MPS 较高，其景观完整性较好，而农田、城镇和湿地则破碎化程度较高；从 MPS 变化率得知，森林、灌丛、草地和农田景观其平均斑块面积有所减小，但变化率都不大，说明人类活动对其保护相对较好，没有恶化。而城镇生态系统的 MPS 迅速提高，幅度达到 16.90%，表明其破碎化程度大幅下降，可能是由于城市化发展迅速，加上喀斯特地区易地扶贫搬迁集中安置的影响，居民居住地相对更为集中。

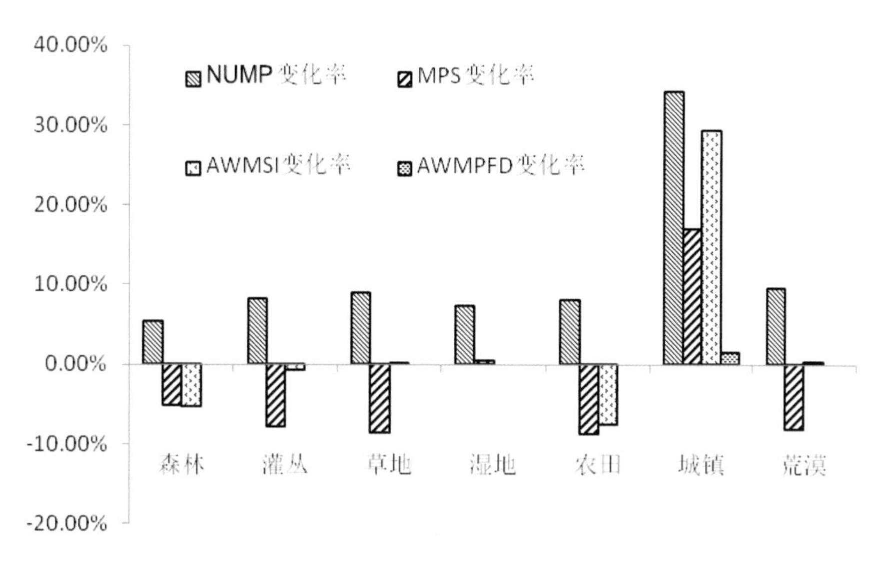

图 15-2　2005~2015 年各斑块类型四种格局指数的变化率

采用面积加权的平均斑块形状指数（AWMSI）和面积加权的平均斑块分维指数（AWMPFD）在一定程度上能够表征人类活动对景观格局的影响大小。由表 15-3 中 2015 年和 2005 年数据对比可知，在建设用地类型中，AWMSI 和 AWMPFD 指数有所提升，说明人类活动影响最大的是城镇生态系统，这主要是由于 10 年来社会经济持续高速增长，修建了大量的公路，居住地、喀斯特大石山区迁出居民集中安置地等增加。而在森林生态系统类型中，该指数下降明显，说明 10 年间在森林生态系统类型中人类活动减少，森林受到了较好的保护，进一步表明石漠化综合治理、退耕还林、封山育林等治理方案和管理措施产生明显的生态效益，起到了重要的作用。由斑块类型水平景观格局变化分析可知，研究区域内景观格局主要受到人为作用的影响，不同景观类型受到的影响不同。城镇化，尤其是缺乏科学指导和规划的城镇化，以及毁林开荒等不合理的农业行为，增加了城镇生态系统及其周边景观格局的异质性和破碎化程度，而封山育林、移民搬迁等政策的落实则对于森林生态系统和灌丛生态系统景观格局的完整性的提高有着积极的促进作用，有助于维持和提升生态系统的各项生态功能和生态效益。因此，人为活动是当前影响喀斯特景观格局斑块类型变化和发展的最主要因素，有序开发与科学保护相结合是今后维持生态结构稳定和生态功能可持续性的有力手段。

二、景观尺度水平格局指数分析

从景观尺度来看，NUMP有所增加，MPS所有下降，说明整个地区景观类型破碎化程度上升。可能是人类活动范围扩大，城镇外围无序开发和建设，以及部分毁林开荒、道路修建等行为产生了更多的斑块，从而造成了原本完整的景观类型破碎化。而AWMSI指数下降，边缘效应增加，也同样是受到了这些人为因素的影响。香农多样性指数（SDI）是一种基于信息理论的测量指数，在生态学中应用很广泛。该指标能反映景观异质性，特别对景观中各斑块类型非均衡分布状况较为敏感，即强调稀有斑块类型对信息的贡献。2005年和2015年（SDI）分别为1.43、1.44，多样性有所增大，说明景观类型的多样性程度提高。而与之对应的是，香农均匀度[SEI（0.73、0.74）]上升，说明各个景观类型在面积分布上逐渐均匀，但其变化不大。香农多样性、香农均匀度指数的变化，表明土地利用向着多样性和均匀性发展，生态系统宏观结构总体趋于改善。

表 15-4　景观水平生态系统景观格局变化

年份	SDI	SEI	AWMSI	AWMPFD	MPS	NUMP
2005年	1.43	0.73	11.80	1.36	71.50	631773
2015年	1.44	0.74	11.32	1.36	65.66	688038

在景观尺度上把整个研究区作为一个整体来分析时，可以发现人为活动在一定程度上对生态环境的产生了影响。人类不合理的开发行为，改变了原有的生态类型，从而改变了系统的生态过程，会使得研究区内整体景观破碎化程度持续加剧，异质性增强，各斑块间连通性下降，系统内能量和物质的迁移和流动受到的阻力增加，最终影响其生态服务功能，一般会降低其生态功能和生态效益，最后影响人类自身的生存环境。因此，合理有序的人为活动是保持生态景观完整、生态系统功能稳定的最重要的因素。因地制宜开展农业生产，科学合理规划城镇发展、道路建设和移民安置，积极主动地改善生态脆弱区的生态环境，推进喀斯特地区石漠化治理工作，才能保证喀斯特地区生态环境的可持续发展。

第二节　植被恢复总体趋势

近34年（1982~2015年）来，西南八省（自治区、直辖市）的多年平均植被NDVI为0.59，总体呈显著的上升趋势，各省植被也呈显著的增加趋势（图15-3）。其中，广西多年平均植被NDVI（0.67）最大，其次为云南、广东、贵州、湖南、重庆（>0.6）、湖北（0.58）和四川（0.56）多年平均NDVI较小，说明近34年来西南八省（自治区、直辖市）植被覆盖总体呈显著改善趋势，广西、云南、广东、贵州的植被覆盖状况总体相对较好。

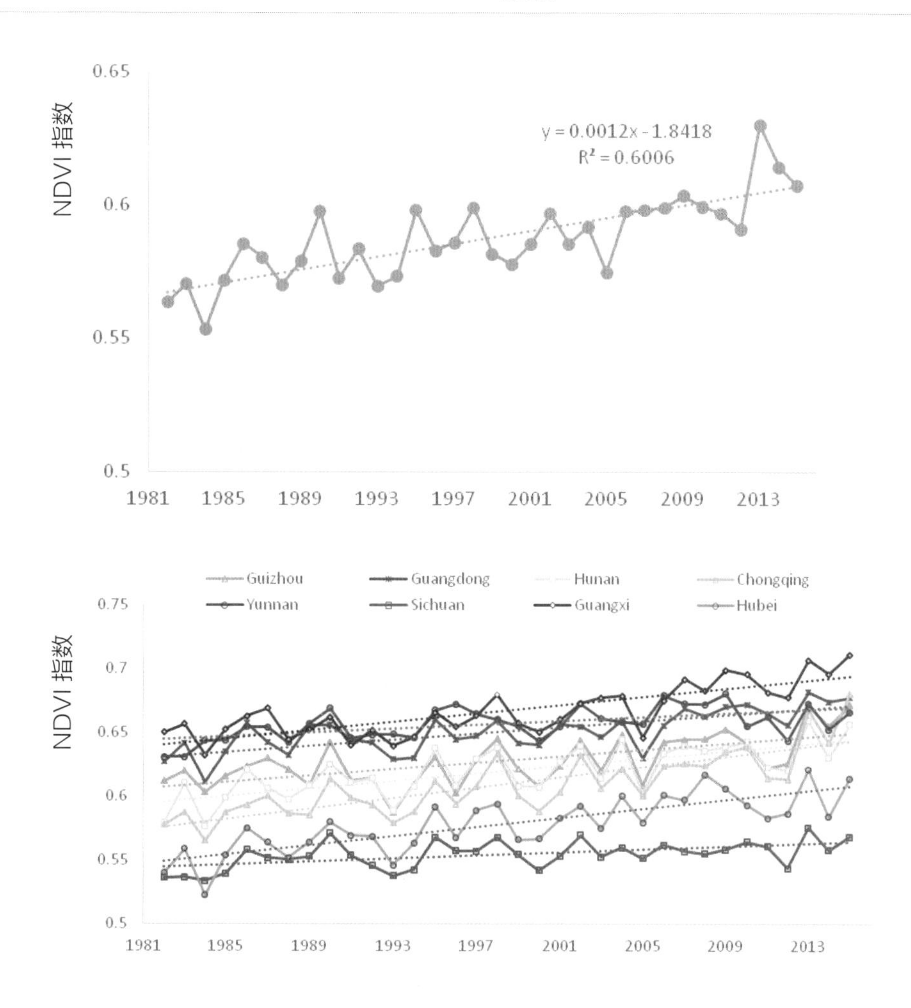

图 15-3　1982~2015 年西南八省（自治区、直辖市）（上图）及其各省份（下图）植被总体变化趋势

1982~2015 年年均 NDVI 变化趋势分析结果表明，在过去 34 年里，西南八省（自治区、直辖市）植被以增加趋势为主（66%），其次为植被变化不显著（30%），仍存在小范围的植被减少（4%），且主要分布在四川和云南。就不同省份而言，在过去 34 年里，重庆植被增加比例最大（约 97%），其次为湖北、广西和湖南（>80%）、贵州（约 76%）、广东（约 67%）、云南（51%）和四川（45%）植被增加比例较小（图 15-4）。

不同时段、不同遥感数据源的植被变化趋势分析表明，过去 30 多年里，西南尺度上的植被在波动变化中呈显著的恢复趋势。光学遥感数据（GIMMS-3G NDVI）分析表明，在 1982~2015 年间，研究区植被以 0.002GSN/ 年的速率增加（$P<0.01$）。被动微波遥感数据分析表明，在 1992~2012 年间，研究区植被光学厚度（VOD）以 0.0013 VOD / 年的速率增加（$P<0.01$）。基于 1982~2015 年 GIMMS-3G NDVI 数据的 Mann-Kendall 检验表明，2001 年是云南、贵州、广西三省（自治区）区域尺度上的一个突变年份（图 15-5），基于 2001 年这个突变年份，研究区生长季植被 NDVI 序列可分为参考时段（1982~2000 年）

和工程时段（2001~2015 年）。

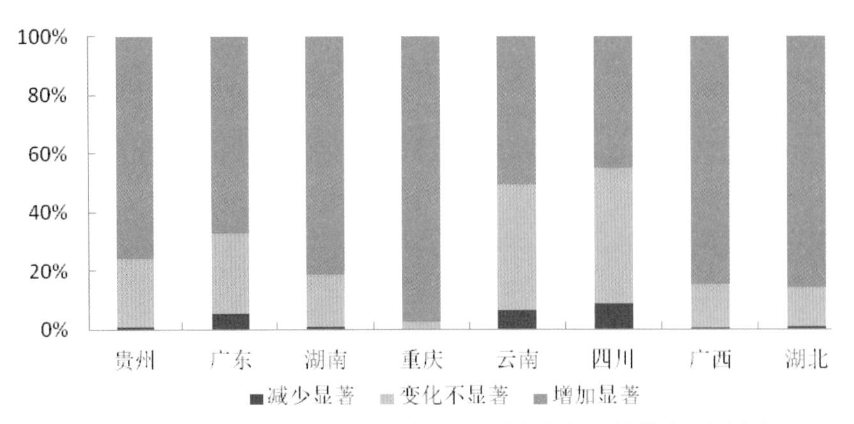

图 15-4　1982~2015 年各省份不同植被变化趋势类型比例

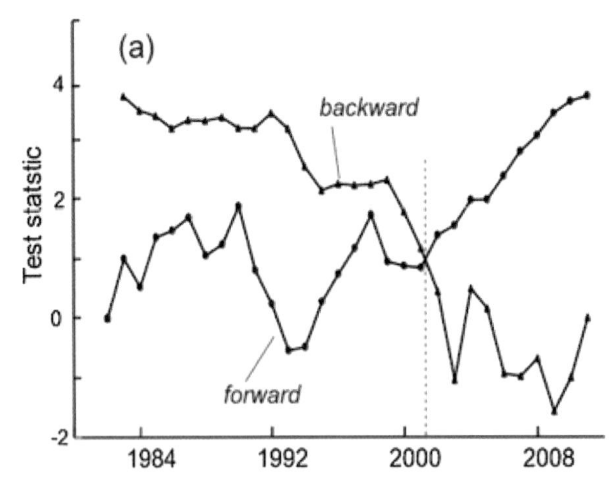

图 15-5　生长季植被 NDVI（GSN）顺序和逆序序列的 Mann-Kendall 趋势检验，两条曲线的交点为潜在的植被突变年份

一、石漠化治理县植被恢复总体趋势特征

1982~2015 年及不同时段内，西南八省（自治区、直辖市）石漠化治理县与非治理县之间的植被变化趋势存在较大差异。1982~2015 年间，463 个石漠化治理县植被呈增加趋势的比例为 78%，下降趋势的比例为 2%，而在非治理县中，其比例依次为 62% 和 5%，表明石漠化治理县植被恢复情况优于非治理县。就不同省份而言，在过去 34 年里，重庆、湖南和湖北植被增加比例较大（>90%），其次为广西（89%）、广东（79%）、贵州（75%）、云南（57%）和四川（40%）植被增加比例较小（图 15-6）。石漠化面积分布最为集中的云南、广西、贵州三省（自治区），广西植被恢复最快，其次为贵州，云南相对较慢。

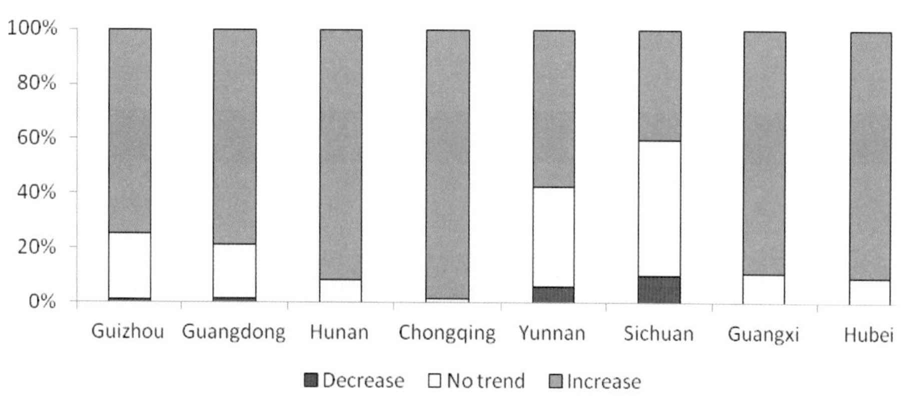

图 15-6 1982~2015 年石漠化治理县不同植被变化趋势类型比例

二、西南喀斯特地区与邻国植被恢复特征对比

研究区实测的植被变化趋势表明，2001 年以前西南喀斯特区域尺度上的植被 GSN 以 0.0011GSN/ 年（$P<0.05$）的速率呈微弱的增加趋势；但 2001 年后，植被 GSN 的变化速率提高为 0.0014 GSN/ 年（$P<0.05$）。植被 VOD 在 2001 年前后分别以 0.0007VOD/ 年和 0.002VOD/ 年的速率呈显著的增加趋势（$P<0.01$），且后期植被 VOD 的增速较前期有较大的提高。就空间分布而言，研究区植被 VOD 以增加趋势为主，仅在昆明、南宁以及百色地区呈减少趋势，且植被 VOD 增加趋势沿我国西南边境线分布。在没有大规模生态工程作用的缅甸、老挝和越南等境内，其植被 VOD 变化趋势与云南、贵州、广西三省（自治区）地区模拟的植被 GPP 变化趋势相似，均随 SPEI 指数的减小（SPEI 指数低于多年平均值）而减小，表明其植被变化主要受气候驱动。但西南喀斯特地区实测的植被 VOD 和 GSN 在同时段内却表现出高于平均值的增加趋势，表明在大规模生态工程的作用下西南喀斯特地区植被变化趋势发生了显著改变。

三、西南八省（自治区、直辖市）年均植被覆盖度变化趋势分析

八省（自治区、直辖市）的按年植被覆盖度均值统计数据显示，八省（自治区、直辖市）的植被覆盖度一直维持在较高水平，年均植被覆盖度都在 60% 以上，多年度达到了最高 68% 以上（1988 年、1992 年、1997 年与 1998 年），最低覆盖度也达到了 61%（1985 年）。同时，统计数据显示，在 1985 年、1989 年出现 2 次较大的突变，出现植被覆盖度大幅降低的情况。较 1985 年、1989 年两年份，2001 年后区域内植被覆盖度整体维持在一个相对稳定的水平，未出现大幅度的波动。在 2013 年，出现植被覆盖度相对较大幅增长，但随后的 2014 年又降回原来水平。

各省份植被覆盖度年均值上看（表 15-5），在 1982~2000 年间，波动最大的是重庆，数据标准差—均值比达到了 7.6%，其次是湖北 5.8%，贵州 3.8%，湖南 3.6%，四川 3.3%，云南 2.5%，广西 2.3%，广东相对最为稳定，只有 1.8%。而在 2001~2015 年间，波动幅

度低于 1982~2000 年间，最大波动幅度只有广西，达到 5.2%，最小为云南 2.7%，各省份波动幅度相当。波动幅度由大到小，依次为：广西 5.2%，重庆、贵州 4.2%，四川 4.0%，湖北 3.8%，湖南、广东 3.1%，云南 2.7%。

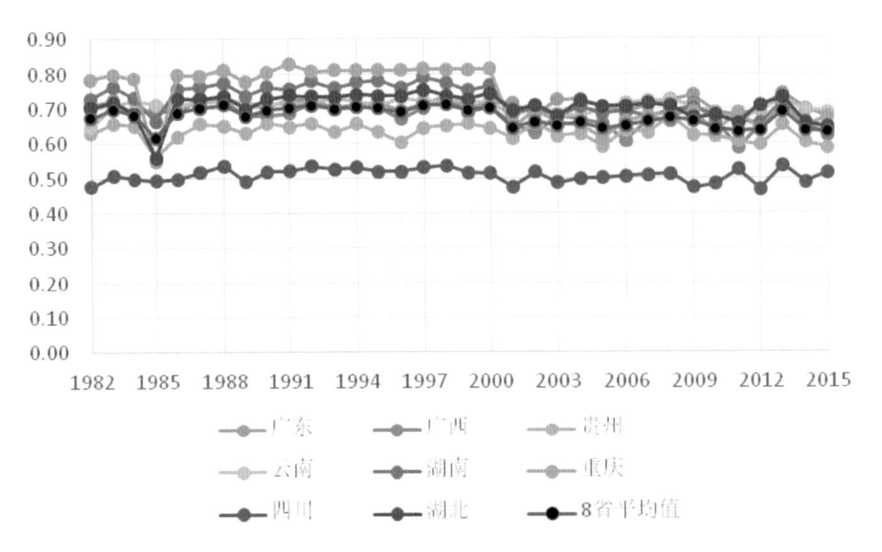

图 15-7　西南八省（自治区、直辖市）植被覆盖度演变趋势

表 15-5　西南八省（自治区、直辖市）1982~2015 年间年均植被覆盖度统计

1982~2000 年					
地区	最小值	最大值	均值	标准差	标准差—均值比
湖北	56.0%	75.4%	72.0%	4.2%	5.8%
重庆	54.7%	82.9%	79.1%	6.0%	7.6%
湖南	66.6%	78.9%	75.7%	2.7%	3.6%
云南	64.6%	73.2%	71.4%	1.8%	2.5%
贵州	56.1%	65.8%	63.9%	2.4%	3.8%
广西	67.1%	72.9%	70.1%	1.6%	2.3%
广东	68.7%	73.4%	71.3%	1.3%	1.8%
四川	47.5%	53.5%	51.4%	1.7%	3.3%
2001~2015 年					
地区	最小值	最大值	均值	标准差	标准差—均值百分比
湖北	64.7%	73.2%	69.3%	2.6%	3.8%
重庆	61.4%	71.7%	66.6%	2.8%	4.2%
湖南	64.4%	72.1%	68.3%	2.1%	3.1%
云南	66.1%	72.9%	69.8%	1.9%	2.7%
贵州	58.7%	68.0%	62.3%	2.6%	4.2%

（续表）

1982~2000 年					
地区	最小值	最大值	均值	标准差	标准差—均值比
广西	58.7%	71.5%	65.6%	3.4%	5.2%
广东	67.5%	74.3%	70.6%	2.2%	3.1%
四川	46.8%	53.6%	49.9%	2.0%	4.0%

由于八省（自治区、直辖市）地形环境复杂、地质构造不同，气温气候降水条件也各不相同，使用八省（自治区、直辖市）平均植被覆盖度难以完整的反映出该区域内的细节变化。因此课题组分省统计了 1982~2000 年、2001~2015 年间，各省份植被覆盖度年均变化情况。统计数据显示，在大的趋势上，除云南、广西、广东外，其他各省份情况与八省（自治区、直辖市）均值趋势一致，尤其是在几处间断点位置，除四川外，其他各省份均匀八省（自治区、直辖市）年均值趋势保持完全一致。云南、广西、广东三省（自治区）变化趋势相对一致。

统计数据显示，在 1982~2000 年间，植被覆盖度年均值由高到低大体依次为：重庆、湖南、广东、湖北、云南、广西、贵州、四川。重庆、湖南、广东、湖北、云南、广西六省（自治区、直辖市）植被覆盖度都高于八省（自治区、直辖市）平均水平。统计数据显示 2001 年，重庆植被覆盖度变化最快，由原先八省（自治区、直辖市）覆盖度最高降为除四川外的最低区域，也低于八省（自治区、直辖市）平均水平。而云南、广西、湖南、广东则虽有变化，但变化幅度相对重庆较小，整体水平仍在平均水平之上。自 2001 年之后，其他各省份植被覆盖度值与重庆差距缩小，一些省份在某些年度甚至超过重庆。2001~2015 年间，四川植被覆盖度年均值始终保持在八省（自治区、直辖市）年均值之下，重庆偶有年份（2015 年）年均值低于八省（自治区、直辖市）均值，贵州偶有年份（2002 年、2008 年）年均值高于八省（自治区、直辖市）均值，其他省份年均值都在八省（自治区、直辖市）均值之上。

四、西南八省（自治区、直辖市）分省植被覆盖变化

湖北在 1982~2015 年间，植被覆盖度显示该省绝大多数年份，植被覆盖度年均值都在 70% 以上（除 1984 年、1985 年、1989 年、2001 年、2003 年、2009 年、2010 年、2011 年、2014 年、2015 年外），最高覆盖度达到 75% 以上（1997 年），最低点在 1985 年，年均植被覆盖度 55.9%，34 年植被覆盖度平均达到 70.8%。2001 年之前，湖北年均植被覆盖度在 70% 以上，自 2001 年后，年均植被覆盖度在 70% 上下小范围波动。从统计数据上看，湖北在 2001 年年均植被覆盖度虽然也有所下降，但幅度较重庆要小。湖北除 1985 年外，其他年份植被覆盖度年均值都高于八省（自治区、直辖市）年度均值。

统计数据显示，除 1985 年外，湖北 34 年来各年度年均植被覆盖度保持相对稳定，变化幅度不大，统计数据标准差只有 3.8%（图 15-8）。

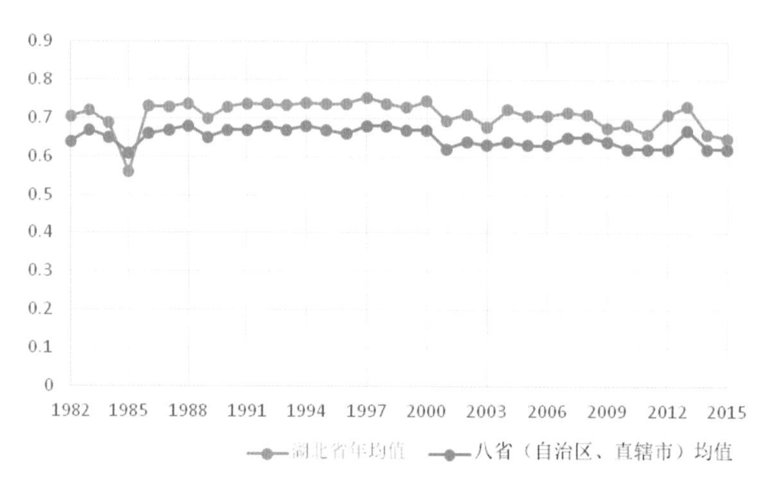

图 15-8　湖北省 1982~2015 年间植被覆盖度演变趋势

重庆年均植被覆盖度变化表现出明显的特点，年均最大植被盖度为 82.9%（1991 年），最小值 54.6%（1985 年），34 年植被覆盖度平均达到 73.6%。1985 年出现剧烈变动，一度跌至 54.6%，之后很快恢复到较高水平，保持在 80% 上下小范围内浮动；在 2001 年之后各年度均值都保持在 60%~70% 之间浮动。2001 年度的开始的下降一直持续到 2005 年，从 2006 年开始，年均植被覆盖度虽然表现出一定的波动性，但总体呈波动性上升趋势。重庆除 1985 年外，其他年份植被覆盖度年均值都高于八省（自治区、直辖市）年度均值，且在 1982~2000 年间，远高于八省（自治区、直辖市）均值，但自 2001 年起重庆是年均值与八省（自治区、直辖市）年均值差距缩小，某些年份甚至低于八省（自治区、直辖市）年均值。

统计数据显示，除 1985 年外，重庆 34 年来各年度年均植被覆盖度统计数据标准差 7.8%，变化相对较为剧烈（图 15-9）。

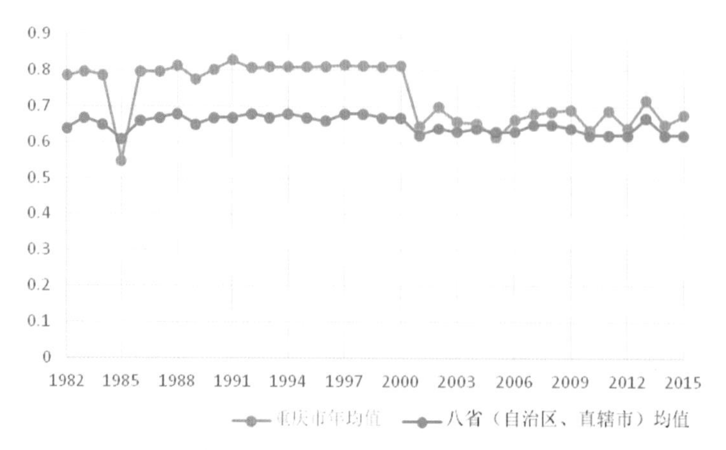

图 15-9　重庆市 1982~2015 年间植被覆盖度演变趋势

湖南年均最大植被盖度为 78.9%（1997 年），最小值 64.4%（2015 年），34 年植被覆盖度平均达到 72.4%。该省植被覆盖度年均值以 1985 年为界，前一时期，年度覆盖度保持在 75% 以上（除 1985 年），后一时期则维持在 70%~64% 之间，并且以 2009 年为界，2001~2009 年以相对稳定（70% 左右）为主要趋势，之后大体呈现逐渐下降趋势（64%~70%）。湖南在 1982~2015 年年植被覆盖度年均值都高于八省（自治区、直辖市）年度均值，高出幅度也相对稳定。

统计数据显示，除 1985 年外，湖南 34 年来各年度年均植被覆盖度保持相对稳定，变化幅度不大（图 15-10）。

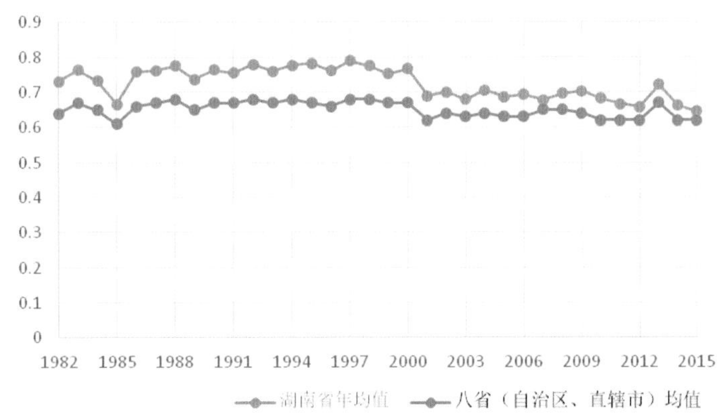

图 15-10　湖南省 1982~2015 年间植被覆盖度演变趋势

云南年均最大植被盖度表现出明显的稳定特点，年均最大植被覆盖度为 73.2%（1996 年），最小值 66.1%（2011 年），34 年植被覆盖度平均达到 70.7%。34 年间，从 1982~1983 年增长后，其他年份就趋于稳定，整体年均植被覆盖度都在 70% 左右变化。较其他省（自治区、直辖市），云南年均植被覆盖度未在 1985 年出现剧烈变动，其他年份虽然有小幅降低或增长，很快就趋于稳定。尽管如此还是能够看出，自 2002 年开始增长；2008~2011 年持续下降后，自 2012 年开始呈现增长趋势。云南 1982~2015 年间植被覆盖度年均值都高于八省（自治区、直辖市）年度均值，高出幅度也相对稳定。

统计数据显示，云南 34 年来各年度年均植被覆盖度保持相对稳定，变化幅度不大（图 15-11）。

贵州年均植被盖度表现出一定的周期性变化特点，年均最大植被覆盖度为 68.0%（2008 年），最小值 56.1%（1985 年），34 年植被覆盖度平均达到 63.2%。34 年间，整体年均植被覆盖度都在 60%~70% 呈一定周期性变化，变化周期为 5~6 年。与云南不同，贵州年均植被覆盖度在 1985 年出现了明显的变化。贵州 1982~2015 年间，绝大多数年份植被覆盖度年均值低于八省（自治区、直辖市）年度均值，偶有年份高于八省（自治区、直辖市）均值，并且这种趋势保持相对稳定。

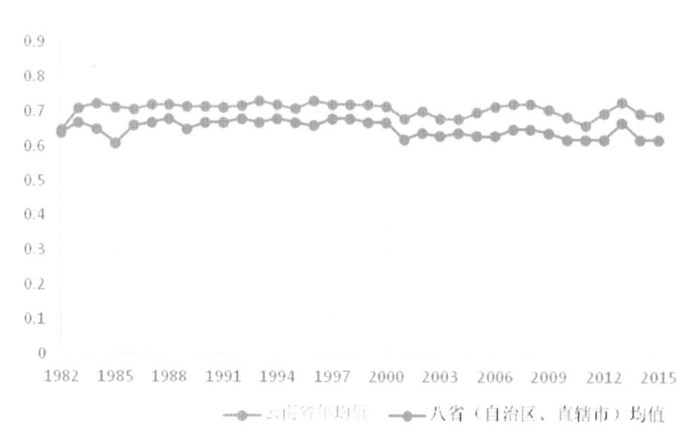

图 15-11　云南省 1982~2015 年间植被覆盖度演变趋势

统计数据显示，贵州 34 年来各年度年均植被覆盖度保持相对稳定，变化幅度不大（图 15-12）。

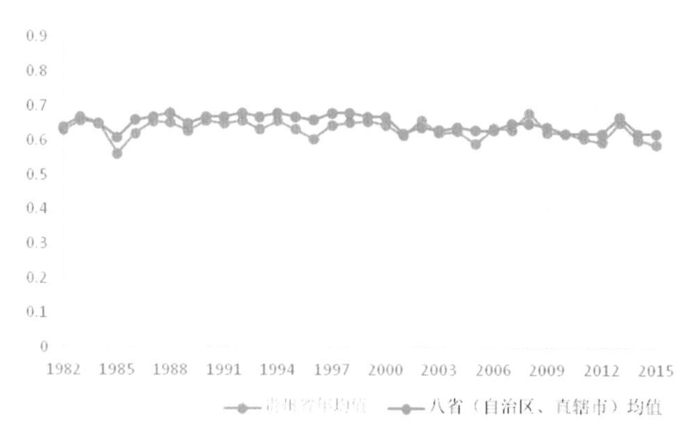

图 15-12　贵州省 1982~2015 年间植被覆盖度演变趋势

广西较贵州，年均植被覆盖度水平也相对较高，且也表现出一定的周期性变化特点，年均最大植被覆盖度为 72.9%（1987 年），最小值 58.7%（2011 年），34 年植被覆盖度平均达到 68.1%。34 年间，整体年均植被覆盖度都在 70% 上下呈一定周期性变化，变化周期为 4~5 年。1982~2001 年间，该区域内植被覆盖度变化幅度较小，也并未像重庆等省，在 1985 年出现明显的大幅度变化。但自 2002 年开始，虽呈周期性变化，但变化相对较为剧烈，绝对值超过 10%。广西 1982~2015 年间植被覆盖度年均值在多数年份都高于八省（自治区、直辖市）年度均值，幅度也相对稳定，但在 2002 年、2011 年低于八省（自治区、直辖市）平均水平。

统计数据显示，广西 34 年来各年度年均植被覆盖度保持相对稳定，变化幅度不大（图 15-13）。

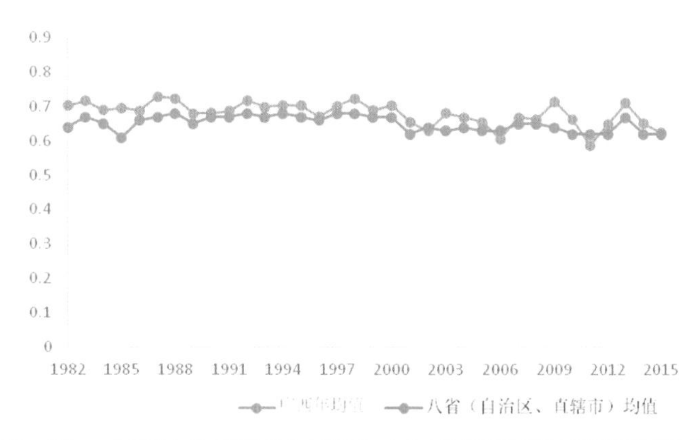

图 15-13　广西壮族自治区 1982~2015 年间植被覆盖度演变趋势

广东年均植被覆盖度在西南八省（自治区、直辖市）中表现最为稳定，在 1982~2015 年间出现大幅度的变化，年均最大植被覆盖度为 74.3%（2013 年），最小值 67.5%（2015 年），34 年植被覆盖度平均达到 71.0%。广东年均植被覆盖率变化也呈现出一定的周期性变化特点，周期为 4~5 年。与广西相似，自 2002 年之后，较之前年份，变化相对剧烈，但较其他省（自治区、直辖市），变化幅度仍然较小，保持在相对稳定状态。广东 1982~2015 年间植被覆盖度年均值都高于八省（自治区、直辖市）年度均值，高出幅度也相对稳定。

统计数据显示，广东 34 年来各年度年均植被覆盖度保持相对稳定，变化幅度很小（图 15-14）。

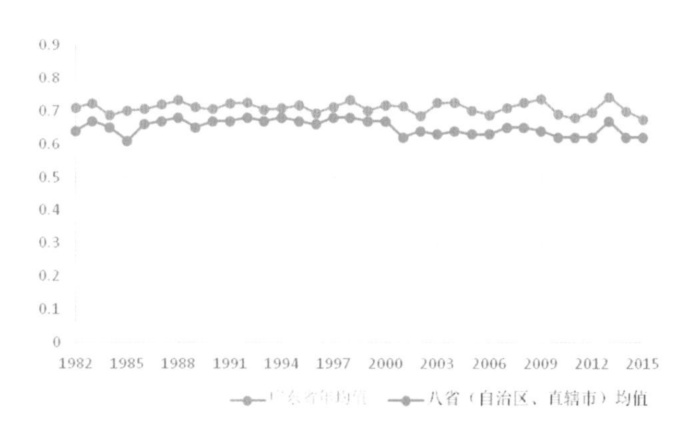

图 15-14　广东省 1982~2015 年间植被覆盖度演变趋势

四川年均植被覆盖度变化幅度较小，但绝对值为八省（自治区、直辖市）中最低，34 年间年均最大植被覆盖度为 53.6%（2013 年），最小值 46.8%（2012 年），34 年植被覆盖度平均达到 50.8%。四川年均植被覆盖度变化周期性较广东等省（自治区、直辖市）弱，在某些时段有一定的表现，变动周期有 3 年、4 年或 5 年等。四川 1982~2015 年间植被覆盖度年均值都低于八省（自治区、直辖市）年度均值，幅度也相对稳定（图 15-15）。

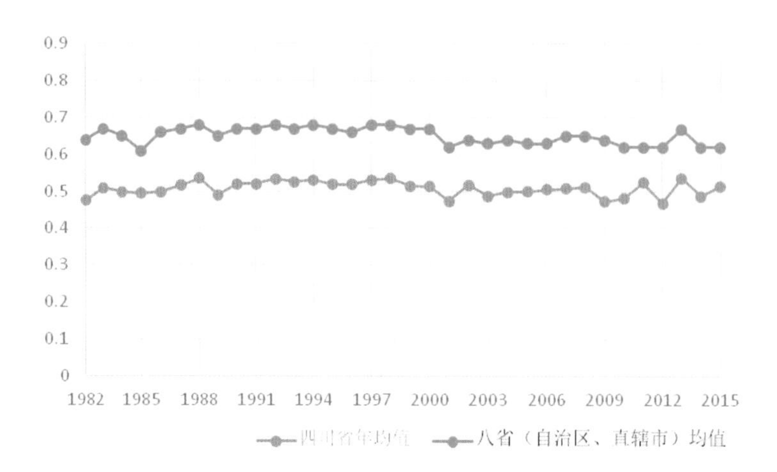

图 15-15 四川省 1982~2015 年间植被覆盖度演变趋势

五、重点监测县（治理县）与其他县（非治理县）的植被覆盖度总体变化

同时计算八省（自治区、直辖市）459 县（市、区）外其他县域和八省（自治区、直辖市）植被覆盖度年均值，数据显示，不论是 1982~2000 年间还是 2001~2015 年间，重点监测区域植被覆盖度水平要大于八省（自治区、直辖市）平均水平和 459 县（市、区）以外其他区域年均水平。且其他区域植被覆盖度水平也要低于八省（自治区、直辖市）植被覆盖度平均水平。

重点监测县植被覆盖度年均值上看（表 15-6），在 1982~2000 年间，植被覆盖度年均值最大值为 71.4%，波动只有 2.9%；与此同时其他区域波动则达到了 5.7%，植被覆盖度均值最大值为 59.6%，显著低于重点监测区域。在 2001~2015 年间，重点监测县，植被覆盖度年均值最大值仍然保持较高水平，波动只有 2.7%，与上一阶段类似。其他区域植被覆盖度变化也相对平稳，波动值为 2.4%。

表 15-6 西南八省（自治区、直辖市）重点监测县域 1982~2015 年间年均植被覆盖度统计

1982~2000 年					
区域	最小值	最大值	均值	均方差	均值—均方差比
重点监测县（459 个）	64.1%	72.8%	71.4%	2.1%	2.9%
其他区域	56.6%	72.2%	59.6%	3.4%	5.7%
2001~2015 年					
区域	最小值	最大值	均值	均方差	均值—均方差比
重点监测县（459 个）	63.2%	69.9%	66.1%	1.8%	2.7%
其他区域	57.6%	63.2%	59.3%	1.4%	2.4%

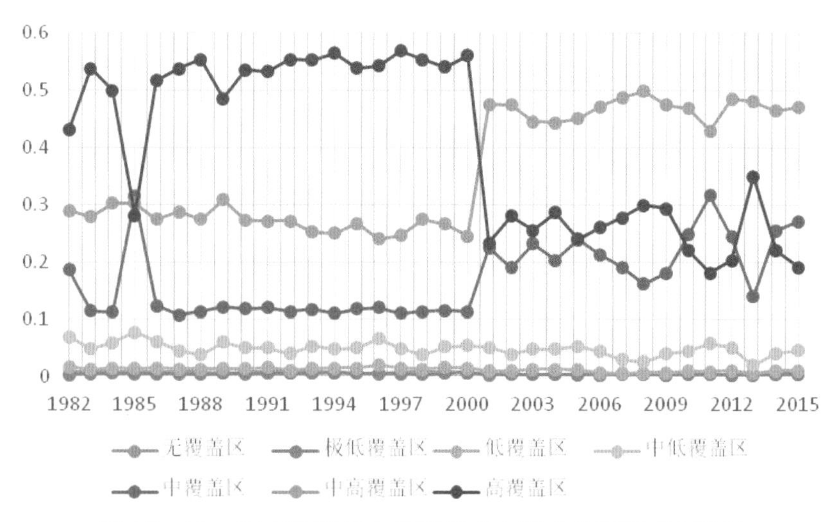

图 15-16　重点监测县内各覆盖度占重点监测县总面积比

重点监测县内各覆盖度占重点监测县总面积比（图 15-16）结果显示：在该区域内，主要是高、中高和中覆盖度区域为主，占据了区域的绝大多数面积，而无、极低、低、中低覆盖度区域面积非常有限（1982~2015 年），均在 10% 以内，甚至更低。在 2001~2015 年间高、中高和中覆盖度区域的面积比呈现明显的周期性变化趋势，且高与中覆盖度区域面积表现出一定的负相关，彼涨此消态势，这说明很可能在这些年，受某些因素影响，发生了高—中覆盖度或高—中高覆盖度、中高—中覆盖度的相互转化情况。同时在 1982~2001 年间，以高、中高覆盖度区面积占比最大，分别在 30% 和 20% 以上；2001 年以后，中高覆盖度区域占比面积最大，高植被覆盖区域与中国覆盖区域所占比例交替分居二三位。在两个阶段，都以高、中高、中覆盖区域所占面积最大，剔除因为数据原因，整体分布趋势相当。

六、不同石漠化治理工程类型区植被覆盖变化

在八省（自治区、直辖市）区域，8 类石漠化治理类型区在行政区划上，主要集中分布在 459 县域（原为 463 县域，有行政区划调整，喀斯特重点监测 / 治理区域），两者在区域范围和边界上基本重叠，在个别地区综合分区覆盖范围稍广，因此 459 重点县域植被覆盖度监测结果与喀斯特综合分区监测结果基本一致，两者区别在于范围划分依据不同。

喀斯特综合分区的按年植被覆盖度均值统计数据显示，喀斯特综合分区的植被覆盖度一直维持在较高水平，对大多数年均植被覆盖度都在 50% 以上。从各综合区植被覆盖度年均值上看（表 15-7），在 1982~2000 年间，波动最大的是岩溶槽谷石漠化综合区（Ⅵ），数据均方差—均值比达到了 7.6%，其次是岩溶断陷盆石漠化综合区（Ⅱ）6.6%，岩溶高原石漠化综合区（Ⅲ）4.3%，岩溶峡谷石漠化综合区（Ⅳ）3.8%，最稳定的综合区为峰林平原石漠化综合区（Ⅶ），只有 1.0%。同期，其他区域的植被覆盖度年均值只

有 54.9%，均方差—均值比为 2.9%。而在 2001~2015 年间，波动幅度大于 1982~2000 年间，最大波动幅度为岩溶峡谷石漠化综合区（Ⅳ），达到 10.2%，且植被覆盖度值也高于上一阶段最大值，最小为溶丘洼地石漠化综合区（Ⅷ）2.3%，各综合区波动幅度相当。其他区域波动水平与上一阶段相近，为 2.8%。

表 15-7　八省（自治区、直辖市）喀斯特综合分区与其他区域植被覆盖度年均值变化统计

1982~2000 年					
区域	最小值	最大值	均值	均方差	均方差—均值比
中高山石漠化综合区（Ⅰ）	71.5%	79.1%	74.9%	1.9%	2.5%
岩溶断陷盆石漠化综合区（Ⅱ）	55.9%	79.3%	76.3%	5.0%	6.6%
岩溶高原石漠化综合区（Ⅲ）	52.2%	59.4%	56.2%	2.4%	4.3%
岩溶峡谷石漠化综合区（Ⅳ）	47.6%	54.4%	52.2%	2.0%	3.8%
峰丛洼地石漠化综合区（Ⅴ）	57.0%	63.8%	61.6%	1.7%	2.8%
岩溶槽谷石漠化综合区（Ⅵ）	55.1%	83.0%	79.8%	6.1%	7.6%
峰林平原石漠化综合区（Ⅶ）	80.7%	83.4%	82.0%	0.8%	1.0%
溶丘洼地石漠化综合区（Ⅷ）	73.7%	79.3%	76.3%	1.5%	2.0%
其他区域	52.3%	57.6%	54.9%	1.6%	2.9%
2001~2015 年					
区域	最小值	最大值	均值	均方差	均方差—均值比
中高山石漠化综合区（Ⅰ）	62.1%	72.1%	65.6%	2.9%	4.4%
岩溶断陷盆石漠化综合区（Ⅱ）	64.7%	71.8%	67.9%	2.3%	3.4%
岩溶高原石漠化综合区（Ⅲ）	62.0%	74.1%	67.3%	3.4%	5.1%
岩溶峡谷石漠化综合区（Ⅳ）	45.5%	64.3%	55.1%	5.6%	10.2%
峰丛洼地石漠化综合区（Ⅴ）	56.7%	66.9%	62.3%	2.8%	4.5%
岩溶槽谷石漠化综合区（Ⅵ）	65.7%	74.3%	69.1%	2.5%	3.6%
峰林平原石漠化综合区（Ⅶ）	61.2%	73.9%	70.8%	3.3%	4.7%
溶丘洼地石漠化综合区（Ⅷ）	66.1%	71.5%	68.9%	1.6%	2.3%
其他区域	55.1%	61.9%	57.1%	1.6%	2.8%

七、石漠化治理区与非治理区、及区域总体植被覆盖变化对比

西南八省（自治区、直辖市）内，除去治理区外地区归为非治理区，并对非治理区植被覆盖度年均值进行统计。非治理区，1982~2000 年间，区域内植被覆盖度年均值最大值为 57.6%，最小值 52.3%，均值为 54.9%，统计数据均方差 1.6%。2001~2015 年间，区域内植被覆盖度年均值最大值为 61.9%，最小值 55.1%，均值为 57.1%，统计数据均

方差 1.6%。1982~2015 年间总体上，区域内植被覆盖度年均值最大值为 61.9%，最小值 52.3%，均值为 55.9%，统计数据均方差 1.9%。

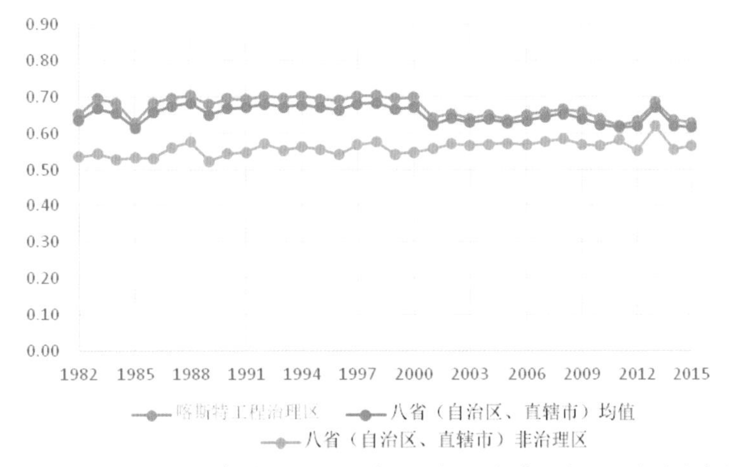

图 15-17　八省（自治区、直辖市）治理区、非治理区与八省（自治区、直辖市）植被覆盖度均值

统计数据显示，喀斯特工程治理区植被覆盖度年均值整体高于八省（自治区、直辖市）年均值，但差别幅度不大，但较非治理区，则有明显差别，治理区植被覆盖度年均值高于非治理区，最大差距超过 15%，在 2001 年以后，最小差距也超过 4%。

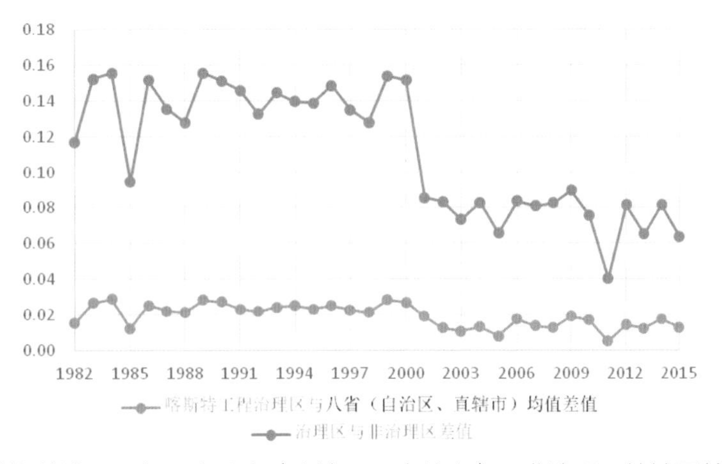

图 15-18　喀斯特治理区与西南八省（自治区、直辖市）、非治理区植被覆盖度年均值差值

分别计算治理区与八省（自治区、直辖市）和非治理区植被覆盖度年均值差值。数据显示结果与上文分析一致，1982~2000 年间，治理区与非治理区差值保持在 14% 左右波动，而 2001~2015 年间，则保持在 8% 上下。而治理区与八省（自治区、直辖市）均值差值则表现稳定，稳定在 2% 上下波动。

表 15-8 西南八省（自治区、直辖市）喀斯特治理区与八省（自治区、直辖市）均值统计

区域	最小值	最大值	均值	均方差	均值—均方差比
1982~2000 年					
喀斯特工程治理区均值	62.7%	68.9%	70.4%	1.9%	2.7%
八省（自治区、直辖市）均值	61.5%	66.5%	68.2%	1.7%	2.5%
2001~2015 年					
喀斯特工程治理区均值	62.1%	68.4%	64.7%	1.6%	2.5%
八省（自治区、直辖市）均值	61.6%	67.2%	63.3%	1.6%	2.5%
1982~2015 年					
喀斯特工程治理区均值	62.1%	70.4%	67.0%	2.8%	4.2%
八省（自治区、直辖市）均值	61.5%	68.2%	65.1%	2.3%	3.5%

本研究对八省（自治区、直辖市）喀斯特工程治理区和八省（自治区、直辖市）年均植被覆盖度进行分别统计归类。统计数据显示喀斯特工程治理区年均植被覆盖度高于八省（自治区、直辖市）平均值，2001 年之前的差别水平高于 2001 年之后，但这种差别绝对值幅度有限，最大不超过 3.5%，2001 年之后最大差值不大于 2%。

第三节 水土流失变化

一、岩溶地区水土流失现状

土壤侵蚀性退化是岩溶区石漠化发生的直接原因，石漠化是土壤侵蚀的终极表现。岩溶峰丛洼地土壤容许侵蚀的大小取决于成土速率，而这一方面与酸不溶物含量有关，另一方面与溶蚀速率的大小有关。碳酸盐岩酸不溶物含量普遍低于 5%，成土物质先天不足导致岩溶成土速率极其缓慢，例如贵州、广西地区碳酸盐岩风化成土速率仅有 0.21~6.8g/(m^2·a)，形成 1cm 厚的土层，至少需要 40000 年以上，成土母质的这种特性决定了在人类活动尺度下岩溶生态系统土壤难以再生。

总结我国西南岩溶地区现有的土壤侵蚀强度发现，各研究者在不同地貌类型下，应用不同测量手段获得的地表土壤侵蚀强度数据之间存在一定的差异，但总体上在西南沟谷盆地、中低山峡谷和峰丛洼地地貌类型处，采用径流小区、埋桩划痕迹法及核素示踪方法测定的碳酸盐岩为主的岩溶坡面年均地表土壤侵蚀强度约小于 100t/(km^2·a)，基本获得了岩溶地区地表土壤侵蚀量比较微弱的共识。

表 15-9　西南岩溶地区土壤侵蚀强度研究汇总

地理位置	地貌类型	研究地区	研究面积	岩性	估算方法	年份	年均降雨量/mm	土壤侵蚀模数/[t/(hm^2·a)]
贵州毕节市	中低山地	石桥 坡面	$5m^2 \times 20m^2$	碳酸盐及砂页岩	径流小区	2006	836	6.04
贵州遵义县	沟谷盆地	龙坝 坡面	$5m^2 \times 20m^2$	碳酸盐及砂页岩	径流小区	2006	1036	0.47
贵州沿河县	低山沟谷	沿河梨子 坡面	$10m^2 \times 20m^2$	碳酸盐及碎屑岩	侵蚀划线	2006	1136	3.19
贵州清镇	高原	坡面	$5m^2 \times 10m^2$	碳酸盐岩为主	径流小区	2002	1091	0.78~1.86
贵州花江峡谷	中低山峡谷	花江坡	–	部分碳酸盐岩	埋桩、谷坊	2004~2010	844	0.42~8.14
		牛场坡	$26.3hm^2$	纯碳酸盐岩	沉沙池			0.12
贵州关岭县	中低山峡谷	查尔岩小区	$10m^2 \times 20m^2$	碳酸盐岩为主	侵蚀划线	2005	1033	0.175
广西龙何屯	峰丛洼地	坡面各部位	–	纯石灰岩	侵蚀划线法	2006~2007	–	0.53~23.5
广西环江县	峰丛洼地	坡面中下部	约 $20m^2 \times 100m^2$	白云岩	径流小区	2006~2010	1507	<0.78
贵州普定县	峰丛洼地	坡面中上部	$0.07hm^2$~$0.29hm^2$	纯灰岩	径流小区	2008~2010	988	<0.69
贵州	复合类型	乌江流域	$4.98hm^2 \times 106hm^2$	多种	RUSLE 模型	1990	912~1328	23.13
贵州	复合类型	猫跳河流域	$3.19hm^2 \times 105hm^2$	多种	RUSLE 模型	1980~2002	1300	28.70
广西环江县	峰丛洼地	成义小流域	$41.8hm^2$	石灰岩、白云岩	^{137}Cs 洼地推算	1963~2008	–	0.57
贵州普定县	峰丛洼地	马官小流域	$44hm^2$	石灰岩、白云岩	^{137}Cs 洼地推算	1963~2007	–	0.20
贵州茂兰县	峰丛洼地	工程碑小流域	$15.4hm^2$	石灰岩夹少量白云岩	^{137}Cs 洼地推算	1963~2007	–	0.46
贵州普定县	峰丛洼地	冲头小流域	$47hm^2$	石灰岩	^{137}Cs 洼地推算	1963~2008	–	0.20

水利部于 1997 年颁布的土壤侵蚀强度分级标准中，西南土石山区的容许土壤流失量指标为 500 t/(km^2·a)。随着西南岩溶地区土壤侵蚀研究的深入，研究者普遍认为水利部制定的土壤强度分类分级标准对于特殊的岩溶环境意义不大，但至今岩溶地区土壤侵蚀分级指标体系仍存在很大的争议，目前不同学者拟定的土壤侵蚀强度分级标准主要有 4 种，水利部于 2009 年也颁布了岩溶地区的土壤侵蚀分级标准。根据中华人民共和国水利部 1997 年 2 月 13 日发布的《土壤侵蚀分类分级标准》（SL 190 — 96）：各类不同侵蚀类型区土壤容许流失量分别为 200（东北黑土区和北方土石山区）~1000（西北高原区）。而土壤侵蚀强度分级指标中，轻度的侵蚀模数的下限因土壤侵蚀区类型的不同而有所差异，但上限均为 2500 t/(km^2·a)。这一标准显然不适合西南岩溶区，更不适合岩溶石漠化区。在成土条件相对优越的黔东北区，最高的成土速率也仅为 40~120 t/(km^2·a)，且主要分布在黔东北区，其他 70% 以上的区域其成土速率仅为 4~20 t/(km^2·a)，取其平均值 30~40 t/(km^2·a)，该值可定为西南岩溶区土壤容许流失量，参照水利部土壤侵蚀强度分级的划分，将西南岩溶区土壤侵蚀强度的标准划分为微度、轻度、中度、强度、极强度、剧烈，并参照前人工作的基础，将其土壤侵蚀模数分别为：<30，30~100，100~200，200~500，500~1000，≥ 1000。

表 15-10　西南岩溶地区土壤侵蚀强度分级标准汇总 [单位：t/(km^2·a)]

	微度	轻度	中度	强度	极强度	剧烈
水利部（1997）	<200，500，1000	200，500，1000~2500	2500~5000	5000~8000	8000~15000	>15000
柴宗新等（1989）	<68	68~100	100~200	200~500	≥ 500	
韦启璠等（1996）	<50	50~100	100~200	200~500	500~1000	≥ 1000
陈晓东等（1997）	<46	46~230	230~460	460~700	700~1300	≥ 1300
曹建华等（2008）	<30	30~100	100~200	200~500	500~1000	≥ 1000
水利部（2009）	<50	50~300	300~1500	1500~3000	3000~6000	≥ 6000

二、人为干扰和石漠化过程加剧喀斯特坡地侵蚀产沙

基于广西环江县木连流域 13 个大型径流小区（宽 20m、投影面积 >1000 m^2）10 年（2006~2015 年）的定位观测资料，发现受降雨和人为扰动对地表土壤、植被以及地下植物根系的影响，不同利用方式地表侵蚀产沙有较大差异（表 15-11）。根据野外降雨产流期间的实地观察，虽然不同利用方式径流小区内可能有侵蚀—沉积—侵蚀过程的发生，但是集水池中泥沙主要来源于小区底部的土壤侵蚀。观测期内，由于挖坑填土和地表植被的破坏，经济林和落叶果树 2006 年地表侵蚀产沙较多，但随后因植被覆盖率的提

高而逐渐降低。经济林侵蚀产沙模数由2006~2008年的15~55 t/(km^2·a)降到2009~2015年的1~10 t/(km^2·a)，落叶果树由2006~2007年的15~25 t/(km^2·a)降到2008~2015年的3~8 t/(km^2·a)。坡耕地由于人为耕作对地表土壤的扰动和对地下原有植被根系的不断破坏，地表侵蚀产沙模数逐年增大，由2006年的<10 t/(km^2·a)增加到2007~2009年的10~22 t/(km^2·a)，2012~2014年甚至超过100 t/(km^2·a)。这主要是因为坡耕地地表疏松、植被覆盖率低，加上后期降雨量达，暴雨易导致严重水土流失。火烧迹地2007~2008年土壤侵蚀产沙模数可达15~25 t/(km^2·a)，随后降到<10 t/(km^2·a)。中度退化区2007~2009年地表侵蚀产沙模数可达10~25 t/(km^2·a)，但2010年也降到<10 t/(km^2·a)。中度退化区地表侵蚀产沙较多是因为坡底端土层浅薄，降雨后易产流导致侵蚀发生，但石漠化发生后（2009年）地表侵蚀产沙又开始减少。

表15-11　2006~2015年不同土地利用方式坡面地表侵蚀产沙变化过程[单位：t/(km^2·a)]

利用方式	2006	2007	2008	2009	2010	2011	2012	2013	2014	2015
1 火烧迹地	–	15.6	22	6.4	6.5	6.75	19.90	1.92	2.31	1.11
2 砍伐退化	0.5	1.4	0.3	0.6	0.0	0.49	0.29	0.27	0.36	0.46
3 中度退化	5.3	10.8	24	25.0	8.7	1.73	6.86	2.03	2.43	0.82
4 重度退化	1.9	2.7	1.1	0.6	0.1	0.58	0.30	0.97	0.80	1.06
5 自然封育	3.3	3.1	2.3	2.1	1.5	3.23	1.33	1.52	1.35	1.71
6 经济林地	54.7	38.3	15.8	4.1	1.5	2.43	9.77	11.25	5.99	27.42
7 落叶果树	21.9	16.2	8.8	6.6	3.6	1.76	1.90	7.79	7.85	21.29
8 木本饲料林	3.8	4.7	3.8	0.5	0.1	0.19	0.33	1.64	0.93	1.59
9 坡耕地	6.3	12.5	18.2	21.1	77.8	6.69	288.47	66.39	161.38	13.00
10 牧草地	4.9	6.3	8.4	1.1	2.3	1.42	0.25	1.27	0.97	1.04
11 落叶乔木	–	8.6	3.5	1.1	1.0	0.50	0.47	0.52	0.44	0.75
12 常绿乔木	–	7.9	4.6	1.1	0.5	0.36	0.12	0.28	0.29	0.45
13 落叶—常绿	–	5.6	8.3	1.5	0.8	0.51	0.12	0.12	0.47	0.31

以喀斯特山地石漠化过程中不同石漠化状况的裸坡面为研究对象，通过模拟其地表微地貌及地下孔（裂）隙构造特征，采用人工模拟降雨试验研究其地表及地下侵蚀产沙特征。不同石漠化强度等级的裸坡地表和地下侵蚀产沙量总体上随雨强增大而增加，且不同石漠化强度等级的裸坡间地表、地下产沙特征差异明显（图15-19）。不同石漠化状况的裸坡地表、地下侵蚀产沙具有以下特征。

一是，对无石漠化裸坡（基岩裸露率为10%）而言，地表产沙量及分配比例均随雨强增大而增加，雨强在30~150mm/h地表产沙可达120.9~1637g，其分配比例为61.49%~78.12%；地下产沙量也随雨强增大而增加，但其占总产沙量比例则随雨强增大而减小，数值在 10.30%~44.18%。

二是，对潜在石漠化裸坡（基岩裸露率为 30%）而言，地表产沙量随雨强增大而增加，但其分配比例则随雨强增大呈先增加后减小的变化，其数值在 55.82%~89.70%；地下产沙量也随雨强增大而增加，但其分配比例则呈先减小后增加的变化，其数值在 10.56%~38.51%。

三是，对轻度石漠化裸坡（基岩裸露率为 50%）而言，地表在小雨强（30mm/h 和 50mm/h）时不产沙，此时地表土壤侵蚀形式主要表现为溅蚀，而入渗水流则对溅蚀形成的泥沙及坡面内部细颗粒进行输移侵蚀；当雨强增大到 80mm/h 时地表开始产沙，说明该石漠化状况的裸坡渗漏强烈，地表侵蚀性雨强增大。地下产沙量随雨强增大而增加，其分配比例则随雨强增大而减小。

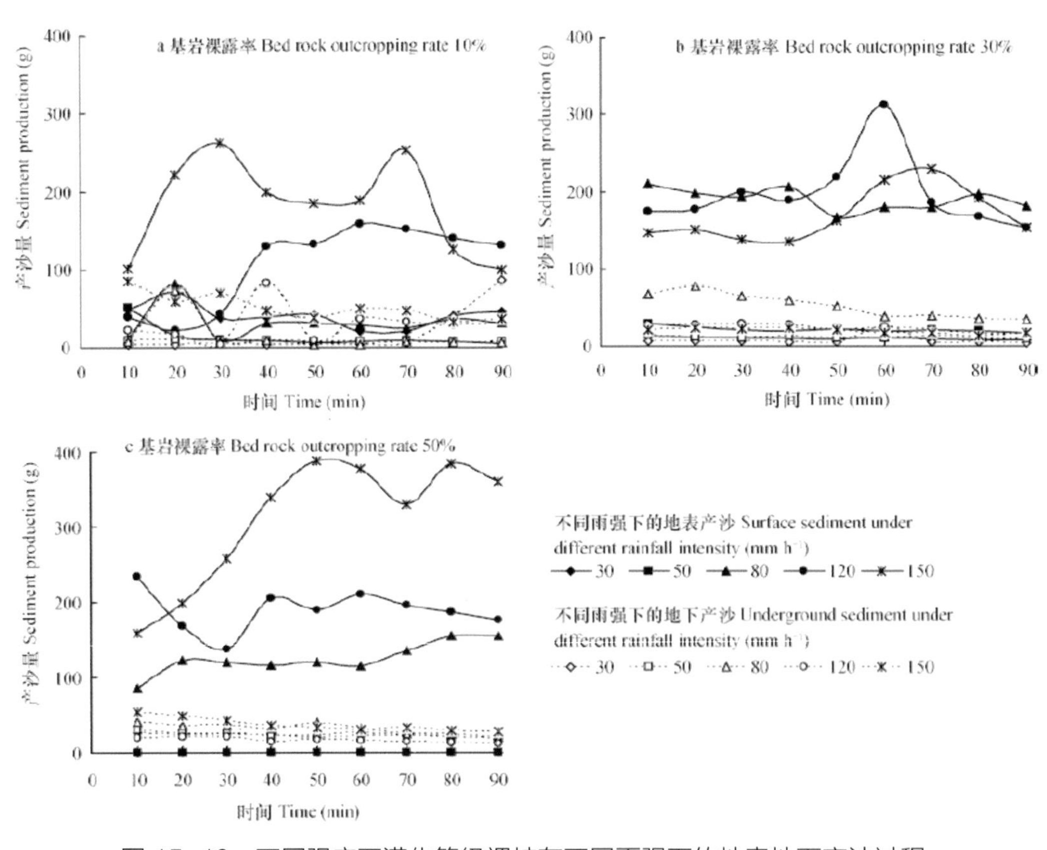

图 15-19 不同强度石漠化等级裸坡在不同雨强下的地表地下产沙过程

四是，就各种石漠化强度等级的裸坡而言，一定条件下的地表产沙量均高于地下产沙量（除轻度石漠化外），且降雨过程中各降雨时段的地下产沙量总体上在 0~100g 变化。小雨强（30mm/h 和 50mm/h）时，各石漠化状况裸坡的地表产沙量表现为轻度石漠化 < 潜在石漠化 < 无石漠化，而地下产沙量表现为无石漠化 < 潜在石漠化 < 轻度石漠化；大雨强（80mm/h 和 120mm/h）时，地表产沙量表现为无石漠化 < 轻度石漠化 < 潜在石漠化，

而地下产沙量则为潜在石漠化 < 无石漠化 < 轻度石漠化。大暴雨（150mm/h）时，地表产沙量随石漠化强度等级增加呈增加变化，即无石漠化 < 潜在石漠化 < 轻度石漠化，这可能是裸露岩石汇集降雨形成地表径流冲刷而致；地下产沙量则以轻度石漠化最小，无石漠化和潜在石漠化较大，主要是因为雨滴溅蚀导致土壤内部孔隙密闭。

三、坡面（生态系统）尺度喀斯特坡地土壤侵蚀速率估算

基于定位观测资料，对比分析计算了不同石漠化治理措施下典型坡面不同生态系统土壤侵蚀速率变化（表 15-12）。结果表明，受降雨和人为扰动对地表土壤、植被及地下植物根系的影响，不同石漠化治理措施下地表侵蚀产沙有较大差异。总体上看，石漠化治理工程区的地表侵蚀呈减少趋势，土壤侵蚀强度以 <30 t/(km^2·a) 为主，土壤侵蚀速率相对稳定，土壤侵蚀对人为扰动的敏感性低。而非工程区因人为干扰的影响，地表侵蚀呈增加趋势，土壤侵蚀速率较高，对人为扰动敏感性高。经济林侵蚀产沙模数由 2006~2008 年的 15~55 t/(km^2·a) 降到 2009~2015 年的 1~10 t/(km^2·a)，常绿乔木林由 2007~2008 年的 5~8 t/(km^2·a) 降到 2009~2015 年的 1 t/(km^2·a) 以下；而坡耕地由于人为耕地对地表土壤的扰动和地下原有植被根系的不断破坏，地表侵蚀逐年增加，且波动大，特别是玉米种植早期，因地表覆盖率底，加上土壤疏松，大雨大暴雨，土壤侵蚀量大，侵蚀模数可达 100 t/(km^2·a) 以上。与坡耕地传统种植玉米方式相比，坡耕地种植牧草具有较好的水土保持效果。上述地面监测结果进一步表明生态工程的实施降低了地表土壤侵蚀速率及其敏感性，受到人为扰动的土壤侵蚀较严重且侵蚀速率波动较大，而没有扰动或人为扰动较小的土壤侵蚀程度低且相对稳定，因此，喀斯特地区应改变传统种植模式发展保护性耕作，具有较好的水土保持效果。

表 15-12　2006~2015 年不同治理措施下喀斯特地表侵蚀产沙变化特征

		工程区			非工程区	
	年份	封山育林（植被封育）	荒山造林（经济林）	荒山造林（常绿乔木）	坡耕地（种植玉米）	坡耕地（种植牧草）
产沙模数 t/(km^2·a)	2006	3.3	54.7	–	6.3	4.9
	2007	3.1	38.3	7.9	12.5	6.3
	2008	2.3	15.8	4.6	18.2	8.4
	2009	2.1	4.1	1.1	21.1	1.1
	2010	1.5	1.5	0.5	77.8	2.3
	2011	3.23	2.43	0.36	6.69	1.42
	2012	1.33	9.77	0.12	288.47	0.25
	2013	1.52	11.25	0.28	66.39	1.27
	2014	1.35	5.99	0.29	161.38	0.97
	2015	1.71	27.42	0.45	13.00	1.04

四、小流域尺度喀斯特土壤侵蚀速率模拟与估算

西南喀斯特地区二元水文结构发育，水土流失过程不同于其他非喀斯特类型区，地表水向地下渗漏的比例高且速度快，导致喀斯特坡面地表土壤侵蚀量微小且不连续。现有侵蚀模型因不能适用于该特点而无法直接应用于喀斯特地区。分别改进以径流冲刷为主的传统土壤侵蚀模型 RMMF 和 RSULE 模型，并验证其在喀斯特区域的适应性。以桂西北环江县古周岩溶峰丛洼地小流域为例，改进并验证了基于过程的分布式半经验 RMMF（the Revised Morgan-Morgan-Finney）模型在喀斯特小流域的适用性。通过将模型输入参数中的有效径流用复合汇流来代替单一流向汇流，并添加渗漏比例来改进 RMMF 模型。模拟结果显示（图 15-20），2014~2015 年古周小流域年均径流量为 18mm，坡地年均土壤侵蚀速率为 0.27 t/(hm^2·a)，与径流小区观测数据及前期 ^{137}Cs 的推算结果吻合。小流域内不同土地利用方式的年均侵蚀速率在 0.1~3.02 t/(hm^2·a)，其中裸地及农耕地侵蚀速率最大，需要减轻人为干扰。

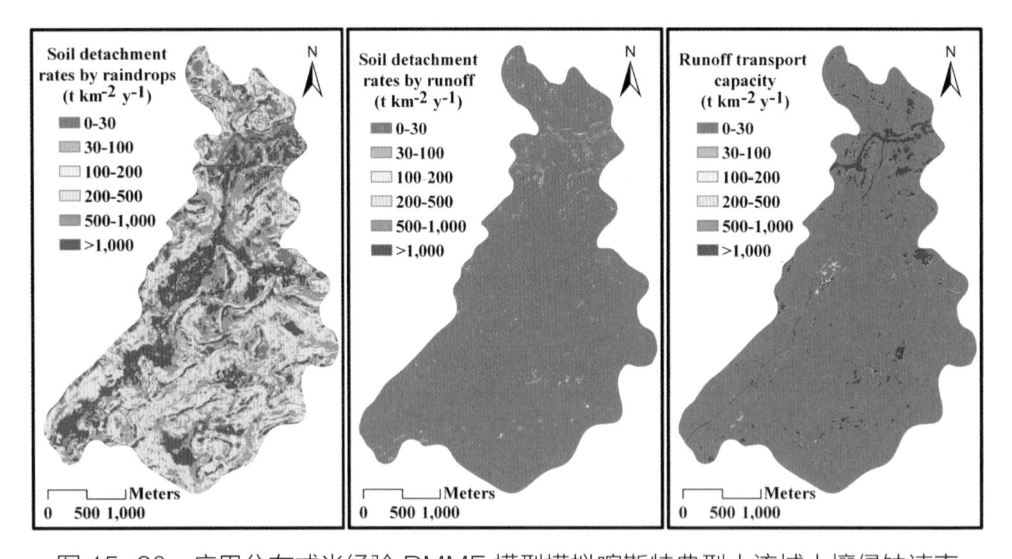

图 15-20 应用分布式半经验 RMMF 模型模拟喀斯特典型小流域土壤侵蚀速率

同时，通过校正通用土壤流失方程（RUSLE）并应用 ^{137}Cs 示踪技术，针对喀斯特坡地坡面径流破碎化、不连续的特点，通过校正坡长因子来改进 RUSLE 模型在喀斯特小流域的适应性。定量探讨了岩溶峰丛洼地小流域土壤侵蚀特征（图 15-21）。研究发现，轻微干扰和中度干扰小流域的平均地表土壤侵蚀速率分别估算为 10 t/(km^2·a) 和 22 t/(km^2·a)。人为干扰程度的增大显著加剧了岩溶小流域的土壤侵蚀，研究流域内坡面的汇流面积阈值在 1m^2 左右，坡长因子远小于非岩溶地区，建议在应用 RUSLE 模型估算岩溶坡面地表土壤侵蚀速率时必须首先校正坡长因子。

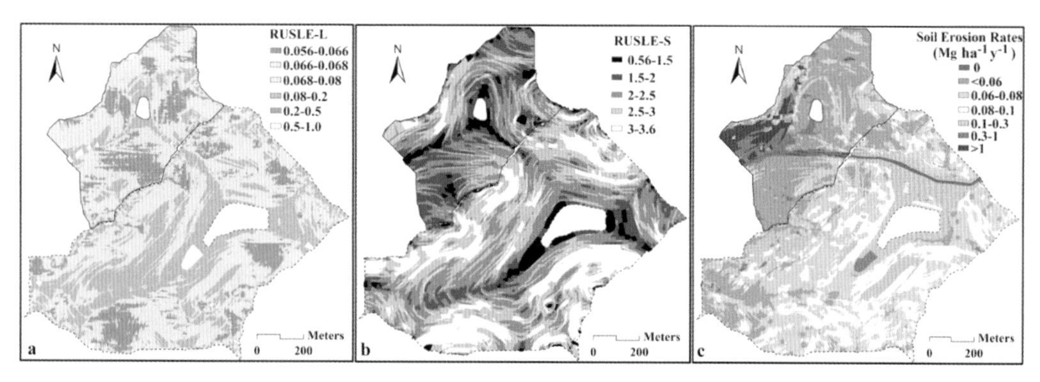

图 15-21 校正 USLE/SDR 模型模拟岩溶峰丛洼地小流域年均产沙量（2006~2015 年）

五、区域尺度喀斯特土壤侵蚀量估算

以喀斯特典型区域广西环江县为例，基于改进的 RMMF 模型，定量估算了典型区域尺度喀斯特与非喀斯特区土壤侵蚀量时空变化。

（一）土壤侵蚀现状估算

由 RMMF 模型计算的土壤侵蚀模数经单位转换后，1990 年、2000 年和 2010 年环江县土壤侵蚀特征见表 15-13。环江县土壤侵蚀状况总体呈现减轻的趋势，土壤侵蚀模数由 1990 年的 76.36 t/(km^2·a) 降为 2010 年的 49.60 t/(km^2·a)，土壤侵蚀总量由 34.76 万 t 降为 22.58 万 t。按喀斯特区和非喀斯特区分别统计，1990 年、2000 年、2010 年喀斯特区土壤侵蚀模数的平均值为 8.68 t/(km^2·a)，平均土壤侵蚀总量为 1.68 万 t；非喀斯特区土壤侵蚀模数为 111.16 t/(km^2·a)，平均土壤侵蚀总量为 29.03 万 t。非喀斯特区 3 年土壤侵蚀总量分别占全县侵蚀总量的 94.70%、94.14% 和 94.82%，说明环江县土壤侵蚀导致的泥沙流失主要发生在非喀斯特区。

表 15-13 1990 年、2000 年和 2010 年环江县土壤侵蚀的数量特征

土壤侵蚀特征指标	土壤侵蚀模数 [t/(km^2·a)]				土壤侵蚀总量 /t			
	1990 年	2000 年	2010 年	平均	1990 年	2000 年	2010 年	平均
喀斯特区	9.50	10.51	6.03	8.68	18434.33	20387.07	11699.60	16840.33
非喀斯特区	126.04	125.46	81.97	111.16	329142.29	327619.15	214061.73	290274.39
总体	76.36	76.46	49.60	67.47	347576.62	348006.22	225761.33	307114.72

（二）土壤侵蚀空间分布

1. 土壤侵蚀强度空间分布

1990 年、2000 年和 2010 年的土壤侵蚀空间分布比较一致，微度侵蚀广泛分布于

全县各处（图 15-22）。轻度及以上强度等级主要分布于环江县东北部分，且在空间上具有一定的连续性，这部分区域主要是大环江和小环江的流域分界区，地形起伏大而且旱地集中，容易产生土壤侵蚀。统计喀斯特区和非喀斯特区土壤侵蚀强度分布，结果如图 15-23 所示。微度侵蚀均占到了 90% 以上的面积，轻度侵蚀约占总面积 5% 左右，其他侵蚀强度所占面积比例很小。非喀斯特区中度侵蚀和强烈侵蚀的比例（平均值分别为 0.71% 和 0.16%）略大于喀斯特区（平均值分别为 0.22% 和 0.01%），极强烈侵蚀主要分布在非喀斯特区，所占比例小于 0.05%，研究区内无剧烈侵蚀分布。

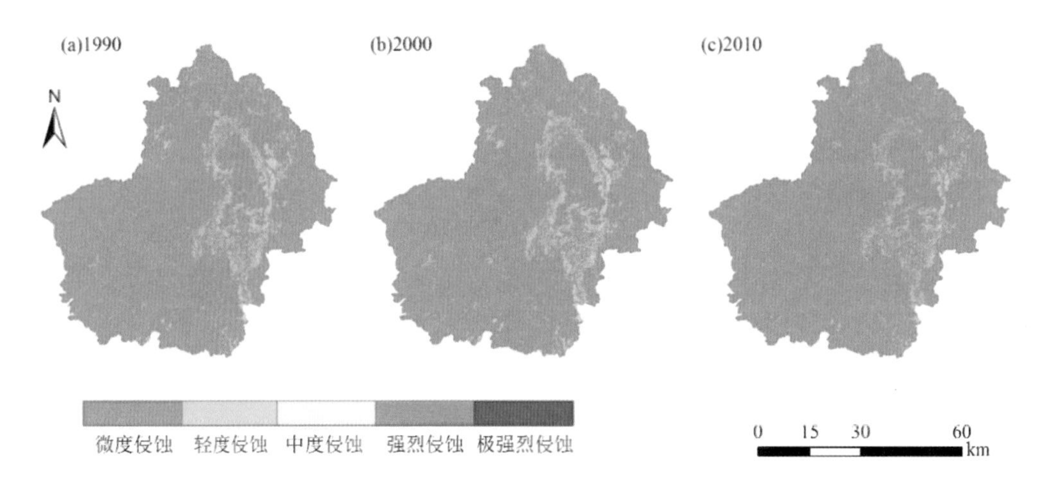

图 15-22　1990 年、2000 年和 2010 年环江县土壤侵蚀等级分布图

2. 不同土地利用类型土壤侵蚀数量特征

环江县不同土地利用类型土壤侵蚀特征统计分析（表 15-14）。1990 年旱地土壤侵蚀模数在喀斯特和非喀斯特区分别为 101.71 t/(km^2·a) 和 617.28 t/(km^2·a)，2000 年分别为 110.69 t/(km^2·a) 和 598.95 t/(km^2·a)，2010 年分别为 66.26 t/(km^2·a) 和 397.99 t/(km^2·a)。无论在喀斯特区还是在非喀斯特区，旱地土壤侵蚀模数均最大，并且远远大于同地貌区域其他土地利用类型的土壤侵蚀量。主要原因是旱地受耕作影响，地表土壤疏松，更易发生土壤侵蚀；而林地和草地，人类干扰较小，植被和土壤都较为稳定，不易发生土壤侵蚀。从土壤侵蚀量看，旱地产生的土壤侵蚀量也是最大，1990 年分别占喀斯特和非喀斯特区土壤侵蚀总量的 86.29% 和 74.63%，2000 年分别占 85.73% 和 74.44%，2010 年分别占 84.46% 和 70.50%。这说明旱地是主要的土壤侵蚀来源。除旱地外，中覆盖度草地和其他林地土壤侵蚀模数较大，其余土地利用类型下土壤侵蚀模数较小，其中喀斯特区有林地土壤侵蚀模数最小，1990 年、2000 年和 2010 年分别为 0.61 t/(km^2·a)、0.64 t/(km^2·a) 和 0.33 t/(km^2·a)，非喀斯特区高覆盖度草地土壤侵蚀模数最小，1990 年、2000 年和 2010 年分别为 11.73 t/(km^2·a)、12.42 t/(km^2·a) 和 8.92 t/(km^2·a)。

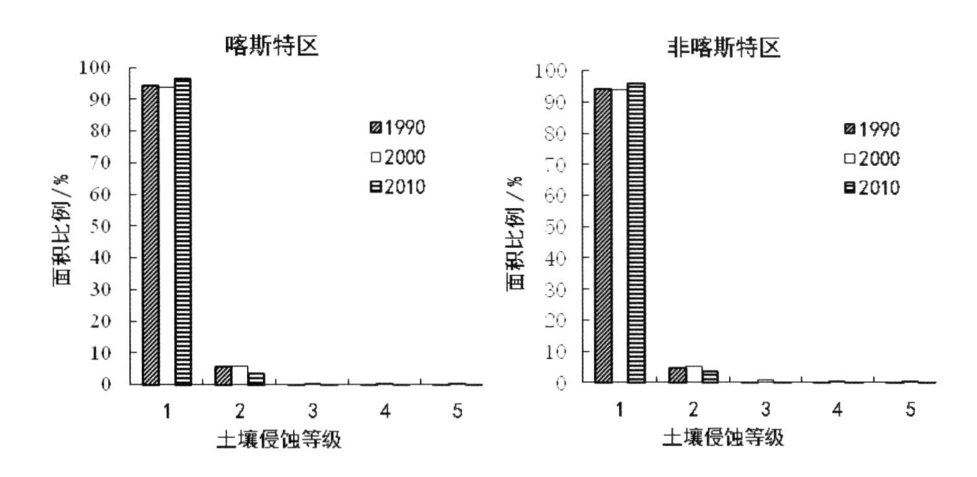

1 为微度侵蚀；2 为轻度侵蚀；3 为中度侵蚀；4 为强烈侵蚀；5 为极强烈侵蚀；6 为剧烈侵蚀

图 15-23　1990 年、2000 年和 2010 年环江县不同土壤侵蚀等级面积比例

表 15-14　1990 年、2000 年和 2010 年环江县不同土地利用类型土壤侵蚀量特征

土壤侵蚀特征指标	地类	喀斯特区			非喀斯特区		
		1990 年	2000 年	2010 年	1990 年	2000 年	2010 年
侵蚀模数 / [t/(km^2·a)]	水田	1.09	1.18	0.79	12.14	13.25	8.76
	旱地	101.71	110.69	66.26	617.28	598.95	397.99
	有林地	0.61	0.64	0.33	38.29	36.12	29.56
	灌木林地	1.48	1.70	1.10	34.37	36.42	23.63
	疏林地	2.61	3.21	1.46	47.90	50.30	34.72
	其他林地	5.62	6.83	3.14	67.67	86.75	43.87
	高覆盖度草地	1.16	1.42	0.63	11.73	12.42	8.92
	中覆盖度草地	5.63	5.81	3.41	91.02	89.78	66.03
侵蚀量 /t	水田	112.59	121.94	85.49	965.49	1054.17	736.45
	旱地	15906.43	17477.95	9881.35	245646.58	243886.45	150905.87
	有林地	131.40	136.86	69.40	33449.38	31210.21	25251.33
	灌木林地	1843.95	2116.06	1362.71	4423.08	4474.20	2870.81
	疏林地	202.72	249.61	115.27	33386.30	35405.16	24446.35
	其他林地	12.20	18.24	48.29	325.49	396.45	1812.27
	高覆盖度草地	141.04	171.47	74.45	3756.30	3949.06	2801.15
	中覆盖度草地	84.00	94.94	62.64	7189.67	7243.45	5237.50

（三）区域尺度土壤侵蚀对土地利用类型变化的响应

降雨条件相同时，喀斯特区各地类土壤侵蚀模数变化较小（表 15-15），2010 年土壤侵蚀模数较 1990 年减少 0.25 t/(km^2·a)。非喀斯特区中，旱地土壤侵蚀模数变化最大，1990 年和 2010 年土壤侵蚀模数分别为 617.28 t/(km^2·a) 和 543.38 t/(km^2·a)；其次为其他林地，2000 年土壤侵蚀模数最大，为 76.04 t/(km^2·a)，1990 年和 2010 年土壤侵蚀模数分别为 67.67 t/(km^2·a) 和 61.07 t/(km^2·a)。2010 年土壤侵蚀模数减少主要原因是退耕还林等生态工程实施后区域植被整体呈恢复趋势，植被覆盖度增加，使得土壤侵蚀量由径流输运量限制转变为土壤剥离量限制，从土壤中分离的泥沙颗粒减少，土壤侵蚀模数减少。

表 15-15　情景模拟下环江县 1990 年、2000 年和 2010 年
不同土地利用类型土壤侵蚀模数 [单位：t/(km^2·a)]

地类	喀斯特区			非喀斯特区		
	1990 年	2000 年	2010 年	1990 年	2000 年	2010 年
水田	1.09	1.08	1.06	12.14	12.30	12.71
旱地	101.71	102.77	103.15	617.28	575.21	543.38
有林地	0.61	0.61	0.59	38.29	36.26	35.19
灌木林地	1.48	1.45	1.44	34.37	34.10	31.86
疏林地	2.61	2.63	2.63	47.90	46.81	46.95
其他林地	5.62	5.99	5.65	67.67	76.04	61.07
高覆盖度草地	1.16	1.16	1.17	11.73	11.87	12.07
中覆盖度草地	5.63	5.75	5.53	91.02	91.73	90.33
总体	9.50	9.65	9.25	126.04	120.70	110.12

喀斯特区 1990 年、2000 年和 2010 年土壤侵蚀量（1990 年降雨条件下）分别为 18434.33t、18728.84t 和 17939.86t（表 15-16），其变化量主要来自于旱地土壤侵蚀量。与 1990 年相比，2000 年和 2010 年喀斯特区土壤侵蚀量分别增加 294.51t 和减少 494.47t，其中旱地分别增加 320.95t 和减少 523.67t，灌木林地土壤侵蚀量分别减少 39.08t 和 60.03t。非喀斯特区旱地土壤侵蚀量持续减少，2010 年土壤侵蚀量较 1990 年少 39613.19t，占全县土壤侵蚀减少量的 95.28%。此外，2010 年其他林地土壤侵蚀量较 2000 年增加了 2175.31t，主要是因为其他林地面积明显增加。

总的来说，降雨条件相同的情况下（1990 年降雨条件），1990~2010 年环江县土壤侵蚀总量明显减少（-42067.84t）。在不同土地利用类型中，旱地的变化对土壤侵蚀变化影响最大，其次为其他林地，其他土地利用类型影响较小。

表 15-16 情景模拟下环江县 1990 年、2000 年和 2010 年不同土地利用类型土壤侵蚀量（单位：t）

地类	喀斯特区			非喀斯特区		
	1990 年	2000 年	2010 年	1990 年	2000 年	2010 年
水田	112.59	111.61	114.71	965.49	978.59	1068.53
旱地	15906.43	16227.38	15382.76	245646.58	234219.76	206033.39
有林地	131.40	130.45	124.08	33449.38	31331.18	30060.71
灌木林地	1843.95	1804.87	1783.92	4423.08	4189.19	3870.67
疏林地	202.72	204.51	207.64	33386.30	32948.62	33057.50
其他林地	12.20	15.99	86.90	325.49	347.50	2522.80
高覆盖度草地	141.04	140.07	138.26	3756.30	3774.19	3790.34
中覆盖度草地	84.00	93.96	101.59	7189.67	7400.78	7164.98
总体	18434.33	18728.84	17939.86	329142.29	315189.81	287568.92

六、西南八省（自治区、直辖市）水土流失敏感性变化

在定量估算坡面（生态系统）、小流域及区域尺度喀斯特土壤侵蚀速率基础上，进一步分析了西南八省（自治区、直辖市）整个喀斯特地区 2005—2010—2015 年水土流失敏感性变化，以揭示石漠化综合治理工程背景下西南喀斯特地区土壤流失总体变化状况。

在根据环保部颁布的《生态功能区划暂行规程》，降水、地形、土壤、植被是影响水土流失敏感性的主要因子，这一情况已被国内众多非喀斯特区水土流失敏感性研究所验证。但喀斯特地区水土流失敏感性除了与以上因子相关外，还与成土速率有很大关系，而成土速率又与碳酸盐岩中的酸不溶物含量密切相关。我国西南喀斯特区受地质背景制约，碳酸盐岩中的酸不溶物含量很低，一般小于 5%，所以成土速率很慢，导致土壤允许流失量偏低，远低于水利部颁布的《土壤侵蚀分类分级标准》（SL 190 — 96）。所以，在评价喀斯特地区水土流失敏感性时，地质背景差异必须作为一个重要的评价指标。因此，本研究首先根据地质岩性图将西南喀斯特区域分为碳酸盐岩区和非碳酸盐岩区，对于非碳酸盐岩地区，选取降雨侵蚀力、地形起伏度、地表覆盖类型、地质背景 4 个指标，碳酸盐岩区在非碳酸盐岩区指标选取的基础上，增加土壤可侵蚀性因子，揭示西南喀斯特区域水土流失敏感性的时空变化特征。

表 15-17　2005~2015 年西南喀斯特区水土流失敏感性变化表（单位：km^2）

类型	面积			面积变化		
	2005 年	2010 年	2015 年	2005~2010 年	2010~2015 年	2005~2015 年
不敏感	124972	124980	125871	8	891	899
轻度敏感	96715	96998	96811	283	−187	96
中度敏感	117997	118078	117477	81	−601	−520
高度敏感	79239	79032	78937	−207	−95	−302
极敏感	32757	32592	32584	−165	−8	−173

结果显示，西南喀斯特区水土流失敏感性普遍较高，轻度及以上敏感区域占研究区总面积的 70% 以上，水土流失敏感性按照分布范围由大到小排列依次为不敏感区、中度敏感区、轻度敏感区、高度敏感区和极敏感区。10 年来，研究区内水土流失不敏感区和轻度敏感区分别增加了 899km^2 和 96km^2，而中度、高度和极敏感区的面积则分别减少了 520km^2、302km^2 和 173km^2。其中，2005~2010 年间，水土流失敏感性范围减少的主要是高度敏感区和极敏感区，而轻度和中度敏感区是面积增加的主要区域，不敏感区面积也增加，但增加面积有限；2010~2015 年间，中度敏感区域面积减少最多，达 601km^2，其次为轻度敏感区和高度敏感区，极敏感区面积减少最少，面积增加的为不敏感区，5 年内增加了 891km^2。以上结果表明研究区内 10 年生态工程措施已经取得了初步成效，生态环境敏感性有所降低。

第四节　喀斯特地区石漠化综合治理工程成效评估

一、喀斯特地区国家重大生态工程实施分析

我国西南岩溶地区以石漠化为特征的土地退化现象严重，国家先后在岩溶地区实施了天然林保护、退耕还林、坡耕地水土流失综合治理、石漠化综合治理、易地扶贫搬迁、珠江防护林工程等一系列国家重大工程，从不同角度对岩溶地区的石漠化及水土流失进行治理，取得了一定的成效，积累了一些经验。

截至 2015 年底，西南岩溶地区积极整合退耕还林、天然林保护、长江防护林、珠江防护林、农业综合开发、土地整治、石漠化综合治理等相关方面的中央资金规模达 1300 多亿元，初步完成石漠化治理面积 4.75 万 km^2，完成林草植被建设面积 222.09 万 hm^2，坡改梯面积 2.18 万 hm^2，排灌沟渠 / 引水渠长度 1.08 万 km，棚圈建设面积 280.59 万 m^2。通过重大生态工程的实施，岩溶区林草植被覆盖度有所提高，水土流失减少，石漠化土地面积得到有效遏制，生态状况得到一定改善，对减轻自然灾害，提高土地综合生产能力，改善岩溶区人民群众生产生活条件，促进区域经济和社会的可持续发展发挥了重要作用。

（一）天然林保护工程

1998年长江流域特大洪灾后，党中央、国务院决定在云南、四川等12个省（自治区、直辖市）国有林区开展天保工程试点。2000年国务院批准了国家林业局、国家计委、财政部、劳动保障部联合上报的《长江上游、黄河上中游地区天然林资源保护工程实施方案》，天保工程全面实施。工程实施范围为长江上游地区（以三峡库区为界）的云南、四川、贵州、重庆、湖北、西藏六省（自治区、直辖市）和黄河上中游地区（以小浪底库区为界）的陕西、甘肃、青海、宁夏、内蒙古、山西、河南七省（自治区），共13个省的734个县（市、区）、61个森工局（场），实施期为2000~2010年。天保工程一期长江上游、黄河上中游地区累计投入资金达598亿元，其中：中央投入560亿元，占93.6%；地方配套38亿元，占6.4%。

主要成效有以下几个方面。

一是，天然林得到有效保护，森林资源呈现恢复性增长。通过十多年来的有效保护和公益林建设，工程区长期过量消耗森林资源的势头得到有效遏制，森林资源总量不断增加，呈现恢复性增长的良好态势。通过人工造林、封山育林、飞播造林等生态恢复措施，森林面积净增1.26亿亩，森林蓄积净增4.52亿m^3，长江上游地区森林覆盖率由33.8%增加到40.2%。

二是，生物多样性得到有效保护，生态状况明显好转。随着工程区森林植被不断增加，森林生态系统功能逐步恢复，局部地区生态状况明显改善。据《中国水土保持公报》显示，2007年三峡库区水土流失总面积比2000年减少1312.39km^2；野生动植物生存环境不断改善，生物多样性得到有效恢复；据四川省监测，2008年天保工程减少土壤侵蚀量10055万t。

（二）退耕还林工程

试点阶段：退耕还林试点工程于2000年在17个省（自治区、直辖市）的188个县（市、区）正式启动。当年共完成退耕地还林核实面积38.2万hm^2，宜林荒山荒地造林种草核实面积44.9万hm^2。2001年，新增江西、广西、辽宁三省（自治区），至此，退耕还林试点工程在中西部地区20个省（自治区、直辖市）和新疆生产建设兵团的224个县（市、区）展开。当年完成退耕地还林还草39.9万hm^2、宜林荒山荒地造林种草48.6万hm^2。退耕还林工程试点3年，累计完成退耕地还林116.2万hm^2、宜林荒山荒地造林100.1万hm^2，共涉及20个省（自治区、直辖市），400个县（市、区），5700个乡（镇），27000个村，410万个农户，1600万农民。

建设阶段：工程建设期限为2001~2010年，分2个阶段进行。第一阶段2001~2005年，治理666.7万hm^2；第二阶段2006~2010年，完成800万hm^2治理任务。2002年1月退耕还林工作电视电话会议宣布，在试点基础上，2002年全面启动退耕还林工程，当年新增退耕地还林任务226.7万hm^2，宜林荒山荒地造林任务266.2万hm^2，退耕还林工程建设范围包括已开展试点的河北、山西、内蒙古、辽宁、吉林、黑龙江、江西、河南、湖北、湖南、广西、重庆、四川、贵州、云南、陕西、甘肃、青海、宁夏、新疆20个省（自治区、直辖市）及新疆生产建设兵团，共计30个省（自治区、直辖市）及新疆生产建设兵团的1600个县（市、区）。通过10年建设，共退耕还林1466.7万hm^2，其中25°以上的陡坡耕地基本上全部还林还草，沙化耕地退耕还林266.7万hm^2，占现有沙化耕地面积的38.9%；完成宜林荒山荒地造林种草1733.3万hm^2。新增林草植被面积3200万hm^2，工程区林草覆被率增加5.0%；控制水土流失面积8666.7万hm^2，防风固沙控制面积10266.7万hm^2。退耕还林工程的实施，使我国造林面积由以前的每年400万~500万hm^2增加到连续3年超过667万hm^2，2002年、2003年、2004年退耕还林工程造林分别占全国造林总面积的58%、68%和54%，西部一些地区占到90%以上。退耕还林调整了人与自然的关系，改变了农民广种薄收的传统习惯，工程实施大大加快了水土流失和土地沙化治理的步伐，生态状况得到明显改善。

新一轮退耕还林：2014年，新一轮退耕还林工作正式启动，到2020年，将全国具备条件的坡耕地和严重沙化耕地约4240万亩退耕还林还草。其中包括，25°以上坡耕地2173万亩，严重沙化耕地1700万亩。对已划入基本农田的25°以上坡耕地，要本着实事求是的原则，在确保省域内规划基本农田保护面积不减少的前提下，依法定程序调整为非基本农田后，方可纳入退耕还林还草范围。严重沙化耕地、重要水源地的15°~25°坡耕地，需有关部门研究划定范围，再考虑实施退耕还林还草。

岩溶地区主要成效：自2001年启动至2013年，广西累计完成建设任务1452万亩。其中，退耕地还林349万亩，荒山荒地造林950.5万亩，封山育林152.5万亩。退耕还林工程的实施，使广西直接增加了森林面积（已成林面积）1320万亩，使广西森林覆盖率提高了3.7个百分点；有效减少了水土流失，全区每年减少泥沙流失2500万t，让大石山区的石漠化发展趋势得到了有效遏制。截至2015年底，全区森林面积达1466.7万hm^2，居全国第六位；森林蓄积量达7.4亿m^3，居全国第四位；森林覆盖率达62.2%，居全国第三位、西部地区第一位。水土流失趋势得到初步遏制，石漠化土地面积减少45.27万hm^2，岩溶地区森林覆盖显著提高。

自2000年启动至2014年贵州省累计完成工程造林2080万亩其中退耕地造林727万亩、荒山造林1130万亩、封山育林223万亩，完成中央投资220.4亿元。据测算，退耕还林工程为全省增加森林覆盖率近7个百分点，截至2014年底，全省森林覆盖率达到49%。

自2001年启动至2013年，云南省累计完成国家下达的退耕还林工程建设任务1802.6万亩，完成投资121.04亿元，涉及退耕农户500多万。全省陡坡耕作面积明显减少，林地面积大幅增加，共退耕地还林533.1万亩，荒山荒地造林1049万亩，封山育林220.5万亩，增加林地面积1565.1万亩。工程区水土流失量大幅下降，退耕地块径流量下降 82%，径流泥沙含量下降 98%，生态环境逐渐好转。

（三）坡耕地水土流失综合治理试点工程

坡耕地是水土流失的主要策源地，全国现有坡耕地 3.59 亿亩，年均土壤侵蚀量占到全国总侵蚀量的近三分之一。因地制宜加强坡耕地水土流失综合治理，对减少水土流失、改善山丘区农业生产条件和生态环境、促进农村产业结构调整和农民增收、巩固退耕还林成果、保障国家粮食安全具有重要意义。2010 年在西北黄土高原区、北方土石山区、东北黑土区、西南土石山区、南方红壤区 5 个水土流失类型区的 16 个省（自治区、直辖市）的 50 个县（市、区）开展试点，其中位于岩溶区试点县占近一半。

试点工程建设以控制坡耕地水土流失、合理利用和有效保护水土资源、加强农业基础设施建设为目标，治理措施以保土、蓄水、节水措施为主，建设内容主要包括坡改梯、蓄水池、灌排沟渠等，通过试点工程建设，进一步探索坡耕地水土流失综合治理的技术路线和建设管理模式，为全面科学推进坡耕地水土流失综合治理积累经验。

（四）石漠化综合治理工程

国务院于 2008 年 2 月批复了《岩溶地区石漠化综合治理规划大纲（2006—2015 年）》（以下简称“《规划大纲》”）。《规划大纲》明确了石漠化综合治理工程建设的目标、任务和保障措施，确定了“以点带面、点面结合、滚动推进”的工作思路。

试点阶段：2008~2010 年，国家安排专项资金在 100 个石漠化县开展岩溶地区石漠化综合治理试点工程，取得了明显成效，并为全面推进石漠化综合治理奠定了坚实的基础。2008~2010 年，国家已累计安排中央预算内专项投资 22 亿元，整合了其他中央专项投资及地方投资上百亿元，明显加大了投入力度。截至 2010 年底，试点工程区累计完成林草植被建设 41 万 hm^2，坡改梯 10 万亩，棚圈建设 57 万 m^2，青贮窖 16 万 m^3，排灌沟渠 1.9 万 km，蓄水池 1.2 万口，各项建设任务完成率大部分在 90% 以上。各项治理措施基本符合要求，整体防治工作也顺利推进。

经过 3 年的奋斗，100 个试点县实施石漠化综合治理 1.6 万 km^2 以上，451 个县（市、区）初步完成 3.03 万 km^2 的石漠化治理任务，实现了《规划大纲》确定的到 2010 年的阶段性目标。试点县治理工作以潜在石漠化土地为重点，采取综合措施，大大减缓了石漠化扩展的速度。以我国石漠化最为严重的贵州省为例，目前贵州省试点县及全省初步遏制了石漠化拓展的势头，生态环境明显改善。国家林业和草原局对 100 个试点县监测显示，2010 年与 2007 年相比，试点工程区林草植被盖度平均提高了 16 个百分点；生物量明显增加，群落结构进一步优化，植被生物量比治理前净增 115 万 t，群落植物丰富度提高；土壤侵蚀量减少，水土流失总量从治理前的 511 万 t 减少到 170 万 t，减幅达 67%。规划区 451 个县（市、区）林草植被覆盖率比治理前提高了 3.8 个百分点，土壤侵蚀量减少近 6000 万 t。

推广阶段：2011 年，石漠化综合治理工程正式实施，工程规模将由“十一五”期间的 100 个县（市、区）扩大到 200 个县（市、区），2012 年扩大至 300 个县（市、区），2014 年已扩大至 316 个县（市、区），占到全国 455 个石漠化县的 69.5%。截至 2015 年底，重点工程县投入中央预算内专项资金 119 亿元，完成林草植被建设面积 222.09 万 hm^2，坡改梯面积 2.18 万 hm^2，排灌沟渠 / 引水渠长度 1.08 万 km，棚圈建设面积 280.59 万 m^2。石漠化综合治理工程的实施，实现了我国石漠化土地面积由持续增加转向净减少的重大转变。

（五）易地扶贫搬迁工程

从 2001 年开始，国家发展改革委员会安排专项资金，在全国范围内陆续组织开展了易地扶贫搬迁工程。截至 2015 年底，已累计安排易地扶贫搬迁中央补助投资 363 亿元，搬迁贫困人口 680 多万人。“十二五”时期，国家发展和改革委员会加大了易地扶贫搬迁工程投入力度，搬迁成效更加明显，累计安排中央预算内投资 231 亿元，是前 10 年投入的 1.75 倍；累计搬迁贫困人口 394 万人，是前 10 年的 1.37 倍。同时，带动其他中央部门资金、地方投资和群众自筹资金近 800 亿元。5 年来，通过实施易地扶贫搬迁工程，建设了一大批安臵住房和安臵区水、电、路、气、网等基础设施，以及教育、卫生、文化等公共服务设施，大幅改善了贫困地区生产生活条件，有力推动了贫困地区人口、产业集聚和城镇化进程；引导搬迁对象发展现代农业和劳务经济，大幅提高收入水平，加快了脱贫致富步伐；改变了搬迁对象“越穷越垦、越垦越穷”的生产状况，有效遏制了迁出区生态恶化趋势，实现了脱贫致富与生态保护“双赢”。

“十二五”时期，广西农村贫困人口由 2010 年的 1012 万人减至 2015 年底的 452 万人，贫困发生率由 23.9% 下降到 10.5%，累计完成易地扶贫搬迁安置 309888 人，完成投资 84.06 亿元。通过对居住在水源涵养区、天然林保护区、生态脆弱区内的贫困农民，结合荒山造林工程，实施易地扶贫搬迁工程，迁出区随即封山育林，有效地促进了迁出区域的生态恢复，对生态建设起到了积极的助推作用。

（六）珠江防护林工程

珠江防护林工程涉及云南、贵州、广西、湖南、广东、江西六省（自治区）187 个县（市、区），1996~2010 年，实施珠江防护林体系建设一、二期工程，2013 年 7 月 10 日，国家林业局正式启动珠江流域防护林体系建设三期工程。

二期工程中六省（自治区）累计完成营造林 121.16 万 hm^2，完成低效林改造 105.87 万 hm^2，工程区森林覆盖率由 2000 年的 44% 提高到 51.5%，森林面积由 2558 万 hm^2 增加到 2970 万 hm^2。广东工程区森林覆盖率由 62.0% 提高到 2010 年的 65.5%；云南森林覆盖率提高了 10.6 个百分点；贵州黔西南州 8 个珠防工程县森林覆盖率增加了 5.82 个百分点，黔南州 6 个珠防工程县森林覆盖率增加了 5.22 个百分点；广西工程区森林覆盖率增加了 5.64 个百分点。森林蓄积量持续增长，为珠江流域林业发展奠定了基础。目前工程区森林总蓄积量已达到 13.1 亿 m^3，比工程实施前增加了 3.25 亿 m^3。云南防护林工程建成，新增加活立木储备 893.98 万 m^3，林木价按 150 元 /m^3 计算，新增林地的活立木储备效益为 13.41 亿元。按此计算，广西为 70.8 亿元，湖南为 23 亿元。流域内保持水土效果明显。森林能有效减少水土流失。有研究表明，每公顷森林比无林地平均多蓄水 3.75m^3。以此推算，仅是云南省珠江防护林二期工程营造林面积 17.5 万 hm^2，可增加森林蓄水量 65.64 万 m^3，减少土壤流失量 52.46 万 t。

占珠江流域近半面积的广西，纳入工程范围的县数、建设任务、重点项目任务均居第一位。广西从 1996 年开始实施珠防林工程以来，截至 2010 年，15 年间共分 2 期建设防护林工程，完成人工造林 23.0 万 hm^2，封山育林 23.11 万 hm^2，低效林改造 2.94 万 hm^2。实施珠江防护林工程建设后，工程建设区森林覆盖率（含灌木林）由 2000 年的 53.96% 提高到 2010 年的 59.6%，增加了 5.64 个百分点。特别是石山地区的灌木林面积由 244.8 万 hm^2 增加到 354.3 万 hm^2，增加了 109.5 万 hm^2，扭转了岩溶石山地区生态恶化的趋势，生态环境逐步改善。

二、人类活动导致的西南八省（自治区、直辖市）及石漠化治理县植被恢复趋势差异

2001~2015 年的残差趋势分析结果表明，人类活动对 67% 西南八省（自治区、直辖市）的植被生长作用不显著，对 28% 区域的植被生长有促进作用，但同时也导致了 5% 的植被减少。就不同省份而言，由人类活动导致的植被增加比例在重庆和广西所占比例较大，分别为 66% 和 51%，其次为贵州（39%）；由人类活动导致的植被减少比例在云南和四川所占比例较大，分别为 11% 和 10%（图 15-24）。

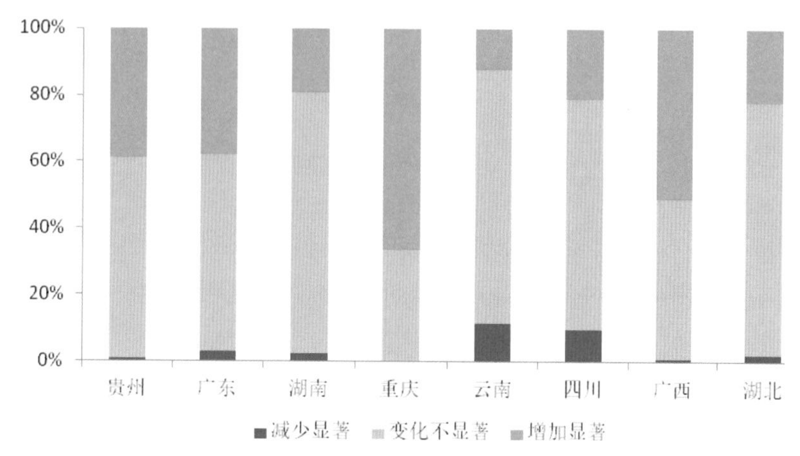

图 15-24 八省（自治区、直辖市）由人类活动导致的植被变化趋势比例

而对于石漠化治理县而言，残差趋势分析结果表明，人类活动促进了石漠化治理区域36%的植被增加，高于非石漠化治理区域（25%）；而人类活动导致的植被减少比例在非石漠化治理区域（7%）的比例略高于石漠化治理区域（2%）（图15-25）。就不同省份的石漠化治理县而言，由人类活动导致的植被增加比例在广西和重庆所占比例较大，分别为60%和51%，其次为贵州（41%）；由人类活动导致的植被减少比例在四川和云南所占比例较大，分别为8%和6%（图15-26）。说明石漠化综合治理工程显著提升了植被恢复趋势。

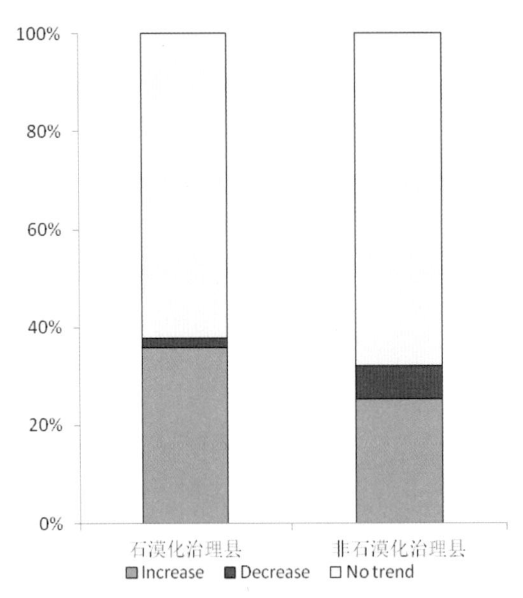

图15-25　石漠化治理县与非治理县的植被残差变化趋势

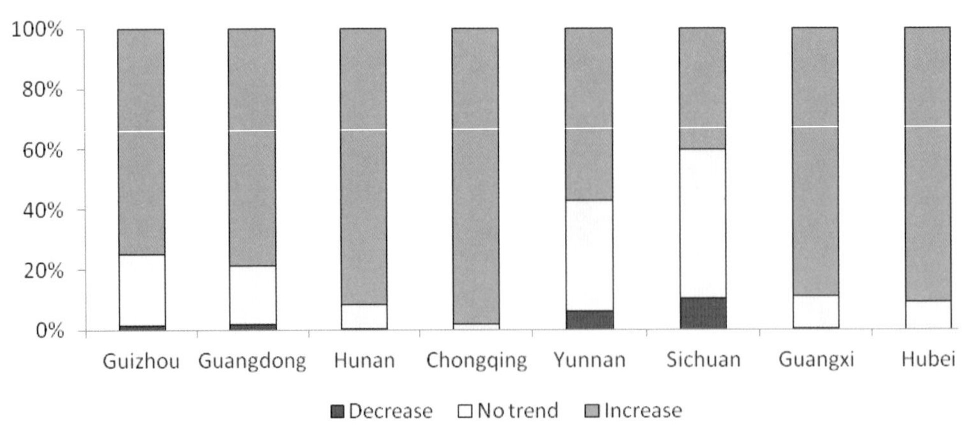

图15-26　各省份的石漠化治理县由人类活动导致的植被变化趋势比例

三、云南、广西、贵州石漠化集中分布区生态工程成效评价

云南、贵州、广西三省（自治区）石漠化集中分布区96%的区域其月尺度上的植

被—气候模型显著（$P<0.05$），生态工程成效评估在这些区域展开，研究结果表明，在2001~2015年间，西南三省（自治区）残差趋势以上升趋势为主，但大部分趋势不显著（$P<0.05$）。总体表现为：人类活动对区域84%的植被变化作用不显著，促进了研究区15%的植被恢复，导致了研究区1%的植被退化。由人类活动导致的植被退化主要发生在云南省中部和东部地区，这些区域内的植被增长低于预期由气候变化引起的植被生长，表明该区域内的人类活动抑制了其植被生长。由人类活动引起的植被恢复区主要集中在广西、贵州西部和云南东南部，这些区域内的植被生长高于预期由气候变化引起的植被生长，说明这些区域内的植被增长不完全由气候变化引起，而是与该区域内的正向人类活动（生态工程）有关。在省级尺度上，各省份的植被GSN残差均表现为上升趋势，但仅广西的残差趋势在 $\alpha=0.1$ 的水平上显著（$P=0.064$）。广西地区由人类活动导致的植被恢复速率（0.0104GSN/年）最大，其次为贵州（0.0088GSN/年）和云南（0.0080GSN/年），表明广西的生态工程成效高于其他二省。而由人类活动导致的植被退化，其最大退化速率发生在云南（-0.0075GSN/年），其次为广西（-0.0067GSN/年），暂未发现贵州省有由人类活动导致的植被退化，表明由人类活动导致的植被退化在云南省较为明显。

残差分析结果显示，云南、贵州、广西三省（自治区）有90个县域没有监测到由人类活动导致的植被恢复，即没有监测到显著的生态工程成效，且这些县域主要分布在云南和贵州。在其他县域内，由人类活动导致的植被恢复比例介于1%和86%之间，根据各县的工程实施强度，得出其生态工程成效指数（PEI）介于0和39之间。基于PEI数值范围，将西南三省（自治区）划分成高（$PEI<1$）、中（$1<PEI<10$）和低（$PEI>10$）3个生态工程成效区。

结果表明，西南三省（自治区）共有55个县域监测到高成效，且主要分布在广西；115个县域监测到中等成效；31个县域监测到低成效，且主要分布在云南。在县域尺度上，随着生态工程成效的增加，由人类活动导致的植被恢复比例与生态工程实施强度之间的相关性逐渐增强，具体表现在：在具有高生态工程成效的县域内，两者关系最为密切（$r^2=0.41$，$P<0.01$，slope=0.8）；在具有中生态工程成效的县域内，两者关系的密切程度有所降低（$r^2=0.3$，$P<0.01$，slope=0.4）；在具有低生态工程成效的县域内，两者关系的密切程度最弱（$r^2=0.02$，$P<0.01$，slope=0.04）。

第五节　主要结论

一、生态系统类型及变化

2005~2015年西南八省（自治区、直辖市）石漠化治理县区域森林、湿地及城镇生态系统面积呈增加趋势，其中城镇生态系统面积增加最多，说明该区域城镇化发展较为迅速，同时易地扶贫搬迁、大石山区迁出居民集中安置等石漠化治理措施使建设用地、居住地等面积增加较多。而灌丛、草地及农田生态系统面积呈下降趋势，其中农田生态体系面积减少最多，说明造林及退耕还林措施取得明显成效，区域生态系统类型总体改善。

二、生态系统景观格局变化

人为活动是影响喀斯特景观格局斑块类型变化和发展的最主要因素，快速城镇化及毁林开荒等不合理的农业行为，增加了城镇生态系统及其周边景观格局的异质性和破碎化程度，而封山育林、移民搬迁等政策的落实提高了森林生态系统和灌丛生态系统景观格局的完整性。合理有序的人为活动是保持石漠化地区生态系统景观完整性和功能稳定性的重要的因素，应因地制宜开展农业生产，科学规划城镇发展、道路建设和移民安置。

三、植被恢复总体趋势

1982~2015 年西南八省（自治区、直辖市）植被恢复总体呈显著的上升趋势，其中 66% 的植被以增加趋势为主，30% 的植被变化不显著，仍存在小范围的植被减少（4%），且主要分布在四川和云南二省。石漠化治理县与非治理县之间的植被恢复趋势存在较大差异，463 个石漠化治理县植被呈增加趋势的比例为 78%，下降趋势的比例为 2%；而在非治理县中，其比例依次为 62% 和 5%，表明石漠化治理县植被恢复总体趋势优于非治理县。

四、植被覆盖度变化

1982~2015 年西南八省（自治区、直辖市）植被覆盖度一直维持在较高水平，年均植被覆盖度都在 60% 以上，但由于近期西南喀斯特地区趋于暖干化的气候条件影响，使 2001~2015 年植被覆盖度变化存在一定的波动。高、中高植被覆盖度区域主要分布在广西、云南、湖南及峰林平原区、岩溶槽谷区及溶丘洼地区。1982~2015 年石漠化治理县年均植被覆盖度（67.0%）大于西南八省（自治区、直辖市）平均植被覆盖度（65.1%）及非石漠化治理县植被覆盖度（59.3%）。

五、植被恢复速率差异

2001 年前西南喀斯特区域的植被生长季 NDVI（GSN）以 0.0011 GSN / 年（$P<0.05$）的速率呈微弱的增加趋势，但 2001 年后，植被 GSN 的变化速率提高为 0.0014 GSN/ 年（$P<0.05$）；木质植被（Woody Vegetation）在 2001 年前后分别以 0.0007 VOD / 年和 0.002 VOD / 年的速率呈显著的增加趋势（$P<0.01$）。2001 年后，石漠化治理县植被呈增加趋势的比例从 28% 上升至 38%，其中，广西石漠化治理县植被呈增加趋势的增加比例最大（54%），其次为贵州（32%）、重庆（20%）和四川（7%），而非治理县中植被呈增加趋势的比例从 33% 下降至 29%。

六、石漠化集中分布区（云南、广西、贵州）植被恢复突变检测

1982~2015 年云南、广西、贵州生长季植被 NDVI（GSN）突变检测分析结果表明，大部分植被恢复突变主要发生在 2002 年，其次为 2004 年和 2009 年，这生态工程的实施时间具有较好的一致性。在经历突变之后，云南、广西、贵州喀斯特地区植被以恢复为主，但依然存在退化现象，其中约 58% 的植被呈连续性增加趋势，18% 的植被呈间断性的增加趋势，而 21% 的植被呈连续性减少趋势。

七、生态工程对喀斯特植被恢复与稳定性的影响

与没有实施大规模生态工程的西南邻国（缅甸、老挝、越南等）相比，我国西南喀斯特地区植被恢复以增加趋势为主，且较大的工程治理面积区域内植被恢复趋势更为显著。生态工程的实施提升了喀斯特生态系统的稳定性，但不同工程强度对植被变化趋势和植被稳定性的变化作用不同，在高退耕强度县域里，其植被后期恢复速率有所增强，且植被恢复力和抵抗力均有所提升。

八、喀斯特地区土壤侵蚀速率变化

人为干扰和石漠化过程加剧喀斯特坡地侵蚀产沙量，坡面（生态系统）尺度，喀斯特坡地土壤侵蚀强度以 <30 $t/(km^2 \cdot a)$ 为主，石漠化治理工程的实施降低了地表土壤侵蚀速率，受到人为扰动的土壤侵蚀较严重且侵蚀速率波动较大，而没有扰动或人为扰动较小的土壤侵蚀程度低且相对稳定；小流域尺度，轻微干扰和中度干扰小流域的平均地表土壤侵蚀速率分别估算为 10 $t/(km^2 \cdot a)$ 和 22 $t/(km^2 \cdot a)$，人为干扰程度的增大显著加剧了喀斯特小流域的土壤侵蚀量；区域（县域）尺度，喀斯特地区土壤侵蚀模数最大的为旱地，生态工程的实施有效遏制了喀斯特地区水土流失的恶化。

九、西南喀斯特区水土流失敏感性变化

2005~2015 年西南喀斯特地区水土流失敏感性范围减少的主要是中度、高度和极敏感区，同时喀斯特区域主要河流（长江、珠江）泥沙含量也明显下降，说明石漠化治理工程背景下西南喀斯特地区水土流失量在减少。但受整个西南喀斯特区地质背景、气候、土壤和地形的影响，本区域水土流失敏感性整体仍然较高。不同喀斯特地貌类型区中峰丛洼地地区水土流失敏感性最高，中度敏感以上区域占整个峰丛洼地区面积的 65% 以上，其次为岩溶槽谷区和峰林平原区，中度敏感以上区域占 55% 以上。

十、西南喀斯特地区国家重大生态工程实施分析

国家先后在岩溶地区实施了天然林保护、退耕还林、坡耕地水土流失综合治理、石漠化综合治理、易地扶贫搬迁、珠江防护林工程等一系列国家重大工程，截至 2015 年底，西南岩溶地区积极整合相关中央资金规模达 1300 多亿元，初步完成石漠化治理面积 4.75

万 km^2，完成林草植被建设面积 222.09 万 hm^2。通过重大生态工程的实施，岩溶区林草植被覆盖度有所提高，水土流失减少，石漠化土地面积得到有效遏制，生态状况得到一定改善。

十一、人类活动导致的植被恢复变化

2001~2015 年人类活动对 67% 的西南八省（自治区、直辖市）的植被生长作用不显著，对 28% 区域的植被生长有促进作用，但同时也导致了 5% 的植被减少；人类活动促进了石漠化治理重点县 36% 的植被增加，高于非石漠化治理区域（25%）的植被增加。人类活动引起的植被恢复区主要集中在广西、贵州西部和云南东南部，这些区域内的植被生长高于预期由气候变化引起的植被生长，说明这些区域内的植被增长不完全由气候变化引起，而是与该区域内的正向人类活动（生态工程）有关。

十二、石漠化集中分布区（云南、广西、贵州）生态工程成效评价

云南、广西、贵州三省（自治区）中广西由人类活动导致的植被恢复速率（0.0104GSN/年）最大，其次为贵州（0.0088GSN/ 年）和云南（0.0080GSN/ 年），表明广西的生态工程成效高于其他二省。西南三省（自治区）共有 55 个县域监测到较高的工程成效，且主要分布在广西；115 个县域监测到中等成效；31 个县域监测到低成效，且主要分布在云南。在县域尺度上，随着生态工程成效的增加，由人类活动导致的植被恢复比例与生态工程实施强度之间的相关性逐渐增强。

第十六章 石漠化治理社会经济效益评价

第一节 基本情况

本研究选择地处石漠化地区的 50 个林业重点工程社会经济效益监测县（28 个退耕还林监测县和 22 个天然林资源保护工程监测县）作为研究对象（以下简称“50 县”）。通过分析这些县与石漠化相关的主要社会经济指标变化，力图反映石漠化治理的社会经济影响。根据《岩溶地区石漠化综合治理工程“十三五”建设规划》（发改农经〔2016〕624 号）（以下简称“石漠化‘十三五’规划”），这 50 个县中有 29 个县被列入“石漠化‘十三五’规划”重点治理县（以下简称“重点县”），在一些石漠化的关键指标分析中，我们将与重点县的情况做对比（表 16-1）。

50 县分布在湖北、湖南、广西、重庆、四川、贵州和云南 7 个省（自治区、直辖市）。2015 年，总土地面积 18.81 万 km^2，占石漠化区域土地总面积的 17.85%，总人口 2901.3 万人，占石漠化区域人口的 12.67%，其中，农村人口 2175.6 万人，占 75.0%，农村居民人均纯收入 8278 元，低于石漠化区域农民人均纯收入的平均值（8510 元）。

表 16-1 50 个石漠化县及 29 个重点石漠化县分布

省份	县
湖北（7）	郧阳 *、竹溪 *、房县 *、丹江口 *、秭归 *、谷城、恩施市 *
湖南（4）	桑植 *、溆浦、保靖、永顺 *
广西（4）	平果 *、隆林 *、东兰 *、宁明
重庆（9）	巴南、黔江区 *、江津、城口、武隆 *、忠县、开县 *、云阳、巫溪 *
四川（7）	资中、马边、洪雅、珙县、康定、木里、美姑
贵州（10）	清镇 *、水城 *、绥阳、习水、普定 *、大方 *、思南 *、凯里、都匀、荔波 *
云南（9）	东川、会泽 *、彝良 *、玉龙 *、永德 *、广南 *、鹤庆 *、香格里拉 *、德钦 *

注：表中带“*”的为“十三五”石漠化治理重点县，共 29 个。

第二节 石漠化治理的社会经济影响分析

石漠化是喀斯特脆弱生态环境叠加人类不合理经济活动所产生的最终表现形式。石漠化不仅仅是单纯的生态问题，还是复杂的经济社会问题，主要表现为石漠化地区经济落后，人口压力增加，土地资源的不合理利用，土地生产力退化严重等；石漠化与贫困化彼此影响，石漠化通过减少可利用资源对经济发展产生约束，从而造成贫困化；反过来，因为贫困又导致人类进行不合理的资源开发，对生态环境同样会产生胁迫。

从社会经济的角度看，促进经济发展、消除贫困是治理石漠化的最根本途径，同时，根据林业生态建设、农业现代化、城镇化建设的需要，调整不合理的农村产业结构和土地利用结构，减轻石漠化地区人口压力，将加速石漠化治理的进展。

2011~2015 年 50 县主要社会经济指标的分析结果表明，石漠化地区经济加速发展，贫困程度减轻，经济结构、人口结构、土地利用结构均朝着有利于石漠化治理的方向调整，石漠化治理的社会经济目标初步实现，但人地矛盾突出、经济相对落后、替代产业发展缓慢的状况没有根本改变，石漠化治理仍任重道远。大力发展基础设施和高速铁路建设，以优质生态资源替代传统产业，彻底打破人口—土地—生态恶性循环经济链条，实现弯道超车，是加快石漠化治理的可行途径。

一、经济增长和农民增收速度快于全国平均

经济发展是消除贫困、解决人类不合理经济活动对石漠化影响的根本途径。经过近 20 年的石漠化治理，国家投入的大量资金不仅直接通过植被恢复等改善石漠化地区的生态状况，而且，通过改善农村基础设施建设、转移支付等，直接和间接增加石漠化地区农民收入，调整农村产业结构，发挥了改善生态和生计的双重作用。

分析结果显示，石漠化地区经济发展和农民增收幅度快于全国，为石漠化治理提供经济基础。

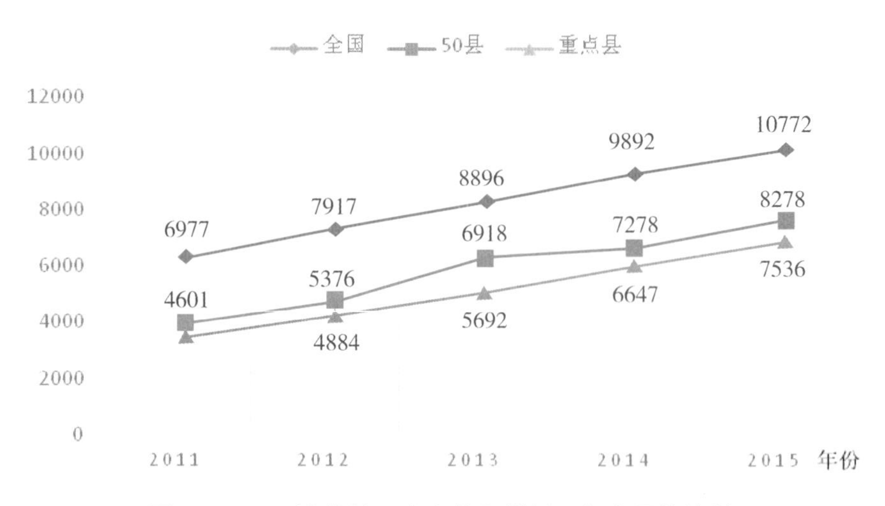

图 16-1　石漠化地区农户收入增长及与全国的比较

（一）GDP 增幅高于全国平均

与 2011 年相比，50 县的地区生产总值从 4031.46 亿元增加到 6663.90 亿元，增长 65.30%，重点县的地区生产总值从 1853.37 亿元，增加到 3185.45 亿元，增长 71.87%，同期，我国 GDP 从 489300.6 亿元增加到 689052.1 亿元，增长 40.82%，石漠化县的经济增长速度快于全国平均。

（二）农民收入快速增长

2015 年，50 县的平均农村居民人均纯收入为 8278 元，比 2011 年增长 79.91%，重点县的平均农村居民人均纯收入为 7986 元，比 2011 年增长 81.41%。同期，全国农村居民人均纯收入增长 54.39%，石漠化地区的农民收入增长高于全国平均。

二、经济结构加速调整，对土地资源的压力有所减轻

（一）第三产业比重增加，经济结构加快调整

2011 年，50 县第一、第二和第三产业比重分别 17.75%、48.06% 和 34.19%，2015 年第一产业和第二产业比重分别下降到 16.45% 和 45.7%，下降 1.3 和 2.36 个百分点，同时，第三产业比重从 34.19% 提高到 37.85%，上升 3.66 个百分点。

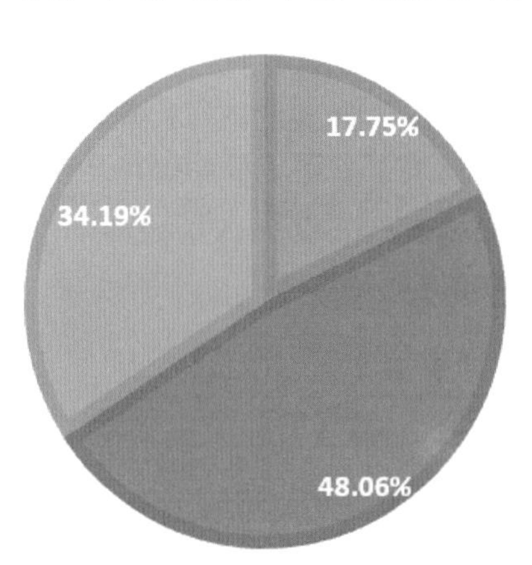

图 16-2　2011 年 50 县三产结构

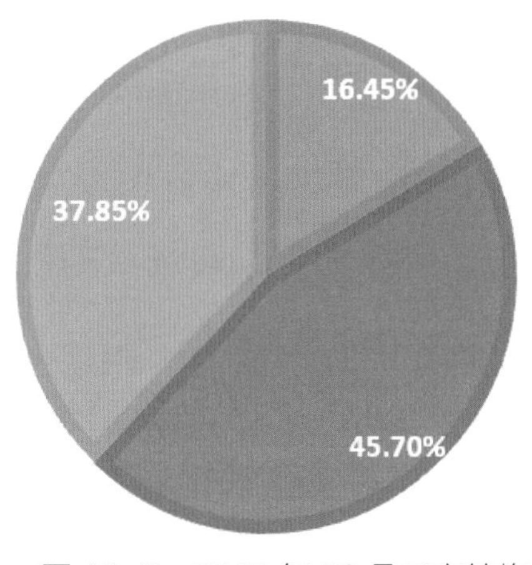

图 16-3　2015 年 50 县三产结构

（二）外出务工人数持续增加，石漠化重点地区外出务工人数增加更快

从 2011~2015 年，50 县外出务工人数从 428.55 万人增加到 468.96 万人，增加 40.41 万人，增长 9.43%。同期，重点县外出务工人数从 238.34 万人增加到 268.80 万人，增长 12.78%，石漠化重点地区外出务工人数增加更快。

（三）牲畜存栏数量及畜牧业产值比重双下降，土地放牧压力有所减轻

50 县大小牲畜存栏头数从 2011 年的 2837 万头下降到 2015 年的 2747 万头，下降 3.15%；在牲畜存栏头数下降的同时，畜牧业在石漠化县经济中的比重也有所下降，2011 年畜牧业产值占农林牧渔总产值的比重为 38.42%，2015 年畜牧业产值占农林牧渔总产值的比重下降到 35.34%，下降 3.08 个百分点，表明在此期间，石漠化地区土地的放牧压力有所减轻。

（四）农村能源向太阳能、沼气等新能源快速转变，有效降低对薪柴的依赖

传统农村能源如薪柴等的过量消耗是导致植被减少、加剧石漠化的驱动因素之一，加大沼气池、太阳能等新能源的利用、替代传统农村能源是石漠化治理的措施之一。监测结果发现，从 2011~2015 年，建沼气池的农户数增加 28.31%，使用太阳能的农户数增加 122.51%[1]。

（五）森林旅游产业快速发展，有望成为新经济增长点

发展替代产业，减轻石漠化土地经营压力，是石漠化治理的重要途径。近年来，石漠化地区森林旅游业快速发展，有效地替代传统产业，成为石漠化地区新经济增长点。与 2011 年相比，2015 年，石漠化地区森林旅游收入增长 178.58%，森林旅游人次增长 117.98%[2]。

（六）林下经济发展较快，干鲜果品产量增速超全国平均

2015 年 50 县[3] 干鲜果品产量达 249 万 t，比 2011 年的 180 万 t 增长 38.23%，同期，全国水果产量增长 20.23%，高于全国水果产量增长 18 个百分点。

三、石漠化综合治理初见成效，土地生产力有所提高

（一）总耕地和人均耕地面积增长均高于全国平均，耕地恢复成效初显

2015 年与 2011 年相比，50 县耕地面积从 129.00 万 hm^2 增加到 191.28 万 hm^2，增

1　是 28 个退耕县的监测结果。

2　为 28 个退耕县的监测数据。

3　为 43 个县的数据，7 个县没有数据。

长 14.92%，同期，全国耕地面积增长 10.42%，50 县耕地面积增长幅度高于全国 4.5 个百分点。

在总耕地面积增长的同时，石漠化地区人均耕地面积增加幅度也高于全国。2015 年同 2011 年相比，50 县人均耕地面积增长 10.21%，高于全国人均耕地面积增长（8.23%）1.98 个百分点。

值得注意的是，无论总耕地面积还是人均耕地面积，石漠化重点县的增长幅度不仅均超过全国平均水平，而且也超过石漠化 50 县，表明石漠化治理的耕地恢复成效初显（表 16-2、表 16-3）。

表 16-2 2011~2015 年耕地面积变化情况

年份	全国	50 县	重点县
2011 年 /hm^2	122258700	1912583	1069230
2012 年 /hm^2	135158500	2062483	1175077
2013 年 /hm^2	135163400	2152084	1245636
2014 年 /hm^2	135057300	2190503	1277228
2015 年 /hm^2	135000000	2197873	1290000
2015 年比 2011 年增长 /%	10.42	14.92	20.65

表 16-3 2011~2015 年人均耕地面积变化情况

年份	全国	50 县	重点县
2011 年 /hm^2	1.36	1.08	1.08
2012 年 /hm^2	1.50	1.14	1.17
2013 年 /hm^2	1.49	1.16	1.22
2014 年 /hm^2	1.48	1.18	1.24
2015 年 /hm^2	1.47	1.19	1.28
2015 年比 2011 年增长 /%	8.23	10.21	18.62

（二）粮食总产量和粮食单产均较快增长，石漠化地区耕地生产力趋于提高

2011 年 50 县粮食总产量 944.81 万 t，到 2015 年粮食总产量增加到 1018.64 万 t，增长 7.81%；同期，石漠化重点县的粮食总产量增长 12.13%。在粮食总产量提高的同时，石漠化地区粮食单产也有较明显的提高，50 县粮食单产从 2011 年的 523 斤 / 亩，增加到 2015 年的 560 斤 / 亩，增长 7.19%；重点县粮食单产从 2011 年的 490 斤 / 亩，增加到 2015 年的 527 斤 / 亩，增长 7.47%，同期，全国粮食单产增长 6.13%，石漠化地区的粮食单产增长高于全国平均，一定程度上反映了石漠化治理促进土地生产力提高的成效。

表 16-4　2011~2015 年粮食单产变化情况

年份	全国	50 县	重点县
2011 年 /（斤 / 亩）	689	523	490
2012 年 /（斤 / 亩）	707	546	518
2013 年 /（斤 / 亩）	717	542	508
2014 年 /（斤 / 亩）	718	551	517
2015 年 /（斤 / 亩）	731	560	527
5 年平均单产 /（斤 / 亩）	712	545	512
2015 年比 2011 年增长 /%	6.13	7.19	7.47

第三节　问　题

石漠化地区的生态系统具有天生的脆弱性，不稳定性，对干扰的反应迅速而且强烈。同时，由于石漠化地区经济仍依赖土地资源，人地矛盾突出、贫困程度深的问题在短期内不会有决定性的改变，因此，从社会经济的角度看，石漠化治理仍任重道远。

一、经济落后、农民收入较低的状况没有根本改变

尽管国家在扶贫、石漠化治理等政策上加大了对石漠化地区的支持力度，但由于地处偏远、经济增长乏力，石漠化地区整体经济落后的状况尚未根本改变。2015 年，50 县农民人均纯收入为 8278 元，仅相当于全国平均水平的 76.84%，重点县农民人均纯收入更低，为 7536 元，相当于全国平均水平的 69.96%。经济落后、农民贫困将相对降低替代产业发展的潜力，延缓石漠化治理的进程。

二、种养业比重相对较大，经济整体仍依赖土地资源

2015 年 50 县第一产业增加值占地区生产总值的比重为 16.45%，虽然比 2011 年的 17.75% 下降 0.6 个百分点，但仍高于 2015 年的全国平均水平（8.83%）。同时，50 县农林牧渔总产值及农业产值的增长均超过全国平均水平，与 2011 年相比，2015 年 50 县农林牧渔总产值和种植业产值分别增长 45.31% 和 51.52%，同期，全国农林牧渔总产值和种植业产值分别增长 31.67% 和 37.27%，分别高于全国 13.63 个和 14.25 个百分点，表明石漠化地区对土地产出的依赖性较大。

三、人口增长趋缓，但人口密度仍远大于全国平均水平

2015 年，50 县总人口 2901.26 万人，比 2011 年增长 1.36%，同期，重点县人口从 1553.73 万人增加到 1570.67 万人，增长 1.09%，重点县的人口增长低于 50 县；同时，

全国人口增长幅度为2.02%，石漠化地区的人口增长幅度低于全国，表明，石漠化地区的人口增长已经趋缓。

但是，石漠化地区的人口密度仍远大于全国，人地矛盾突出的状况没有根本改变。2011年，50县人口密度为204人/km²，全国平均人口密度从140人/km²，50县人口密度为全国的1.45倍；到2015年，50县人口密度增加到208人/km²，同期，全国平均人口密度也增加到143人/km²，但50县人口密度仍为全国平均的1.45倍，石漠化地区人地矛盾突出的状况没有根本改变。

表16-5　2011~2015年人口增长比较

年份	全国	50县	重点县
2011年/万人	134735	2862.38	1553.731
2012年/万人	135404	2881.667	1569.568
2013年/万人	136072	2883.116	1566.927
2014年/万人	136782	2907.157	1583.357
2015年/万人	137462	2901.263	1570.675
2015年比2011年增长/%	2.02	1.36	1.09

第四节　主要结论

一是，2011~2015年50县主要社会经济指标的分析结果表明，石漠化地区经济加速发展，贫困程度减轻，经济结构、人口结构、土地利用结构均朝着有利于石漠化治理的方向调整，石漠化治理的社会经济目标初步实现。

二是，人地矛盾突出、经济相对落后、替代产业发展缓慢的状况没有根本改变，石漠化治理仍任重道远。

三是，大力发展基础设施和高速铁路建设，以优质生态资源替代传统产业，彻底打破人口—土地—生态恶性循环经济链条，实现弯道超车，是加快石漠化治理的经济途径。

第十七章　石漠化区域（长江、珠江）流域河流泥沙含量动态变化

为全面掌握我国石漠化区域近年主要河流监测站点泥沙含量变化特征，并摸清与石漠化土地生态修复进程、区域水流失状况的相互关系，为下阶段继续推进石漠化综合治理工程提供数据支撑，国家林业局在第三次石漠化监测中特组织开展岩溶地区长江、珠江流域河流泥沙含量动态变化监测专题报告。

主要依托《中国河流泥沙公报》《中国水资源公报》《长江三峡工程生态与环境监测公报》等数据，通过对现有监测成果数据的整理与统计分析，分析长江、珠江流域的水沙特征变动总体状况；根据岩溶土地与石漠化分布集中状况及危害程度，分别选择长江干流的寸滩，长江支流乌江武隆水文监测站，珠江流域浔江的大湟江口、红水河的迁江水文监测站和南盘江小龙潭水文监测站进行重点分析，摸清其水沙特征与降水及区域生态环境状况的关系等，为下阶段与全国石漠化监测成果等进行对接与分析，根据数据提出3点的支撑性结论。

第一节　长　江

一、长江干流

（一）总体状况

长江流域干流主要水文控制站2015年水沙特征值与多年平均值（20世纪50年代至2015年）比较，汉口站和大通站实测年径流量基本持平，其他站偏小7%~25%，且近15年来各水文监测站年径流量波动规律基本一致，2006年长江干流径流量整体偏小，而2012年长江干流径流量普遍偏大；2015年各站实测输沙量比多年平均值偏小53%~100%，且近15年来各水文监测站输沙量与径流量呈现正相关，径流量大的年份，输沙量亦较大，且输沙量呈现总体下降的态势。2015年各站年平均含沙量比多年平均值偏小38%~100%，近15年来宜昌及其下游的沙市、汉口和大通的年平均含沙量整体平衡，略有下降，而宜昌以上的朱沱、寸滩及屏山总体呈现下降，但与流域径流量呈现正相关，2012年后下降趋势明显。2015年各站输沙模数与输沙量变动规律基本一致。

与近10年平均值（2005~2014年）比较，2015年大通站实测径流量偏大9%，直门达站和石鼓站分别偏小34%和23%，其他站基本持平；各站实测输沙量偏小6%~99%。

大通站2015年实测输沙量与近10年平均值基本持平，其他站减小22%~73%；各站2015年年平均含沙量与近10年平均值普通相比降低，减少幅度为19%~100%，尤其是中上游区域减少幅度均超过70%；各站2015年输沙模数均低于近10年平均值，减少幅度为13%~89%，宜昌以上站点减少幅度在80%以上，输沙模数下降显著。长江干流主要水文监测站点年平均输沙量变化详见图17-1。

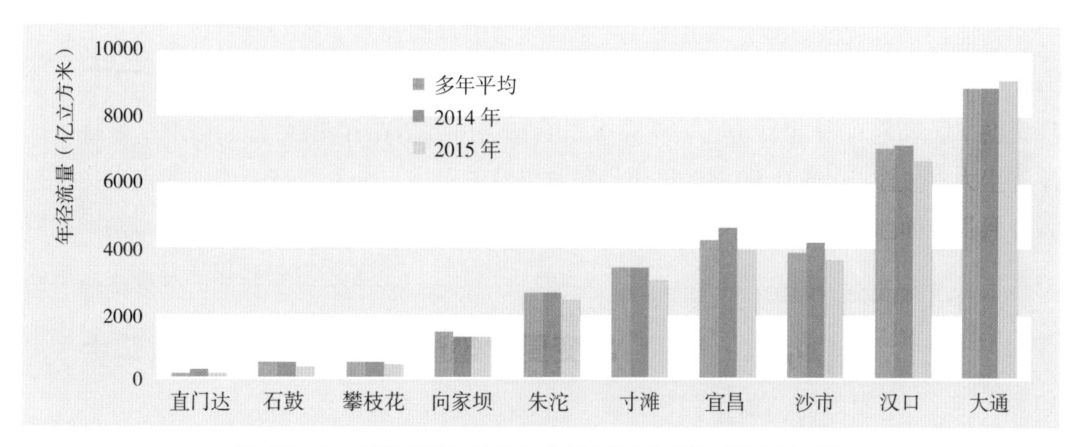

图17-1 长江干流主要水文控制站实测年径流量对比

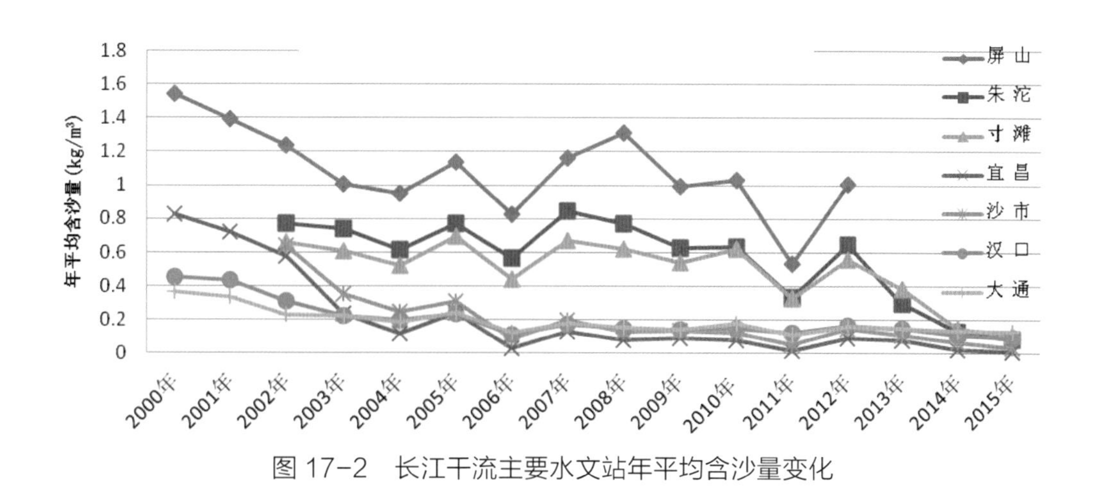

图17-2 长江干流主要水文站年平均含沙量变化

2015年三峡水库库区淤积泥沙0.278亿t，水库排沙比为13%；1968~2015年，丹江口水库库区淤积泥沙14.103亿t。2008年9月~2015年12月，重庆主城区河段累积冲刷量为0.156亿m^3。2002年10月~2015年10月，荆江河段河床持续冲刷，平滩河槽总冲刷量为8.318亿m^3。2003年11月~2015年11月，城陵矶至汉口河段总体为冲刷，平滩河槽总冲刷量为2.011亿m^3。

注：2000年前长江水流含沙量不高，但因水量丰沛，输沙量大。例如，宜昌水文站

1950~2000 年平均含沙量约 1.14kg/m^3，相应的年均输沙量达 5.01 亿 t。输沙量的 90% 集中于汛期。且沙量主要来源于上游。据长江干流屏山、宜昌、汉口、大通等水文站年均输沙量沿程变化显示，宜昌站输沙量最大。

（二）寸滩水文站

寸滩水文站位于重庆市江北区寸滩三家滩 50 号，东经 106°36′，北纬 29°37′，距长江嘉陵江汇口处的重庆朝天门港约 7.5km，位于长江与嘉陵江汇合口下游 7.5km 处，距离河口 2495km，控制流域面积 86.66km^2，是长江上游重要的基本水文站，亦是长江三峡库尾水文监测站，是四川、贵州、云南及重庆岩溶石漠化区域水土流失的重要入库河段。

1. 径流量

寸滩 1950~2015 年的年径流量相对稳定，变化趋势不明显，主要受流域年度降雨量波动影响。2015 年径流量 3044 亿 m^3，较多年平均值减少 11.4%，较近 10 年平均值高 6.9%，亦体现长江干流寸滩以上河段年径流量总体呈现减少的态势（图 17-3）。

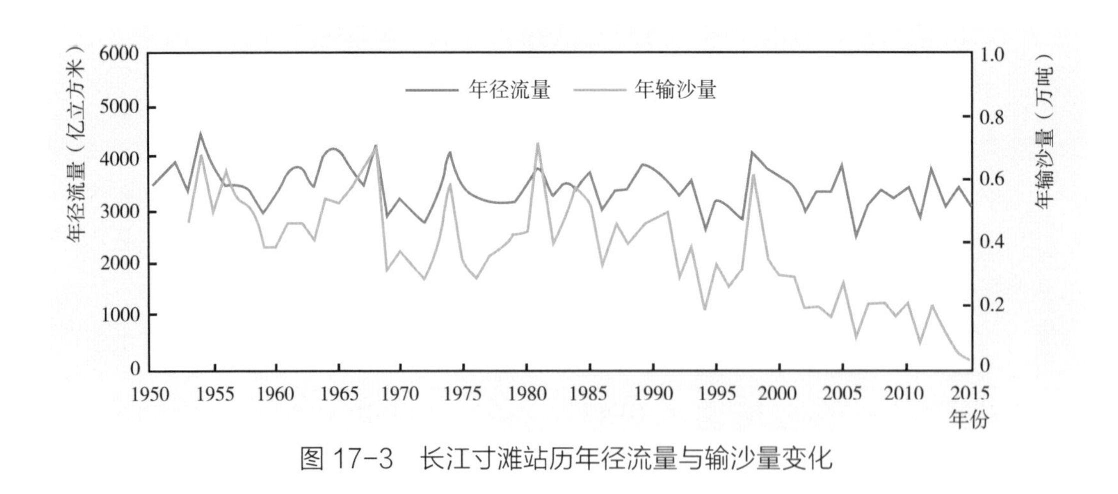

图 17-3　长江寸滩站历年径流量与输沙量变化

寸滩 2015 年月径流量呈现抛物线特征，2 月份径流量最低，9 月份径流量最大，月季变化显著，9 月份径流量为 2 月份的 5 倍以上。

2. 输沙量

寸滩 1950~2015 年输沙量变动总体趋势不明显，但 1998 年长江特大洪水前，输沙量总体较大；而 1998 年后，寸滩水文站年输沙量呈现显著下降趋势。2015 年实测输沙量为 0.328 亿 t，仅为多年平均输沙量的 8.8%，为近 10 年平均输沙量的 19.8%，近 10 年平均输沙量为多年平均输沙量的 44.4%。2015 年寸滩河段月份输沙量与径流量基本同步，且主要集中在5~10月，其径流量占全年的72%，输沙量则占全年的95%，尤其以汛期6~8月份输沙量高，3个月径流量仅占全年径流量的37%，而输沙量却占到全年输沙量的近60%（图17-4）。

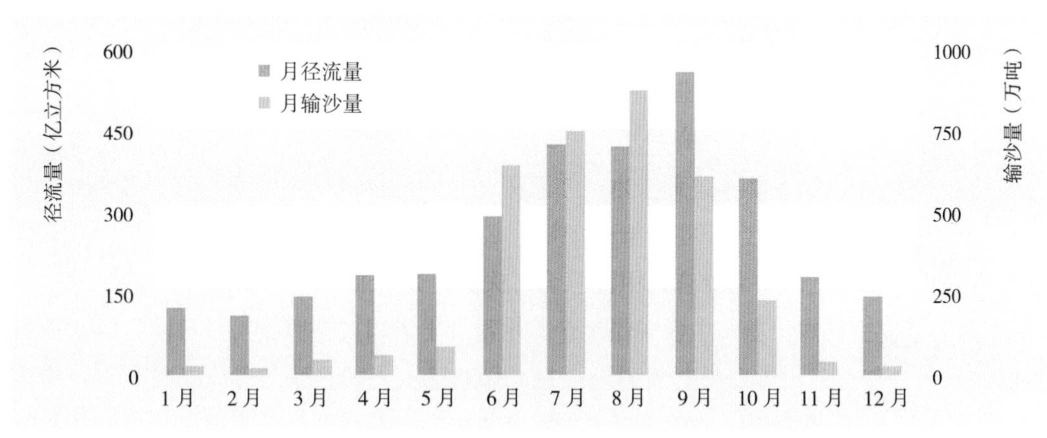

图17-4 长江寸滩站2015年逐月径流量与输沙量变化

3.年平均含沙量

寸滩2000~2015年年平均含沙量总体呈现下降趋势，尤其是2010年以来下降趋势明显。2015年平均含沙量0.108 kg/m^3，仅为多年平均的9.9%，是近10年平均值的21.6%，表明河流泥沙含量显著下降（图17-5）。

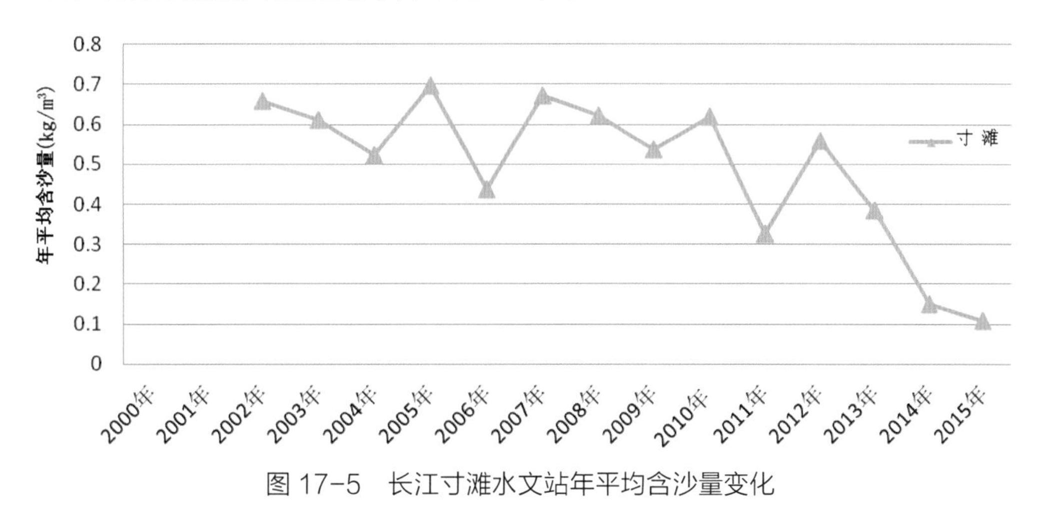

图17-5 长江寸滩水文站年平均含沙量变化

（三）长江三峡水库

三峡水库是世界上规模最大的三峡水电站建成后蓄水形成的人工湖泊，总面积1084km^2，范围涉及湖北和重庆的21个县（市、区），1992年获得中国全国人民代表大会批准建设，1994年正式动工兴建，2003年6月1日下午开始蓄水发电，于2009年全部完工。三峡水电站大坝高程185m，蓄水高程175m，水库长600余km，总库容 393 亿 m^3。

2015 年 1 月 1 日起三峡水库坝前水位由 171.46m（吴淞基面，下同）逐步消落，至 6 月 19 日坝前水位消落至 146.48m，随后转入汛期运行，9 月 10 日起进行 175m 试验性蓄水，当时坝前水位为 156.01m，至 10 月 28 日水库坝前水位达到 175m。

1. 进出库水沙量

2015 年三峡入库径流量和输沙量（朱沱站、北碚站和武隆站 3 站之和）分别 3358 亿 m^3 和 0.320 亿 t，与 2003~2014 年三峡水库蓄水运用以来平均值相比，径流量偏小 7%、输沙量偏小 83%。

三峡水库出库控制站黄陵庙水文站 2015 年径流量和输沙量分别为 3816 亿 m^3 和 0.0425 亿 t。宜昌站 2015 年径流量和输沙量分别为 3946 亿 m^3 和 0.0371 亿 t，与 2003~2014 年三峡水库蓄水运用以来平均值相比，径流量偏小 2%，输沙量偏小 91%。

2. 水库淤积量

根据三峡水库入库与出库沙量之差，在不考虑区间来沙的情况下，2015 年三峡库区淤积泥沙 0.278 亿 t，水库排沙比为 13%。2015 年三峡水库淤积量年内变化，泥沙淤积主要发生在 6~9 月。

2003 年 6 月三峡水库蓄水运用以来至 2015 年 12 月，三峡入库悬移质泥沙 21.152 亿 t，出库（黄陵庙站）悬移质泥沙 5.118 亿 t，不考虑三峡库区区间来沙，水库淤积泥沙 16.034 亿 t，年均淤积泥沙 1.283 亿 t，水库排沙比为 24.2%，长江中下游河水泥沙含量显著减少。

二、长江支流

（一）总体状况

2015 年长江主要支流水文控制站实测水沙特征值与多年平均值比较，其年径流量变化趋势不明显，雅砻江桐子林站和乌江武隆站年径流量基本持平，其他站偏小 17%~23%；年输沙量雅砻江桐子林站变化不明显，其余各站年输沙量偏小 43%~96%，岷江高场站自 20 世纪 90 年代后开始呈减少趋势，嘉陵江北碚站、乌江武隆站从 20 世纪 80 年代后开始呈减少趋势，汉江皇庄站输沙量自丹江口水库蓄水后明显减少，1985 年后趋于稳定。

与近 10 年平均值比较，2015 年武隆站年径流量偏大 13%，其他站偏小 10%~25%；各站年输沙量偏小 65%~78%。与上年度比较，2015 年汉江皇庄站年径流量增大 69%，桐子林站基本持平，其他站减小 15%~21%；皇庄站年输沙量增大 149%，其他站减小 20%~80%。

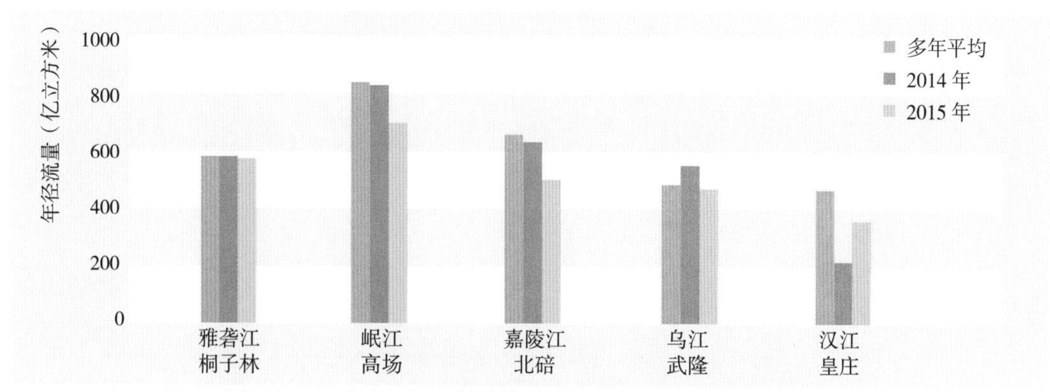

图 17-6 长江主要支流水文控制站实测年径流量对比

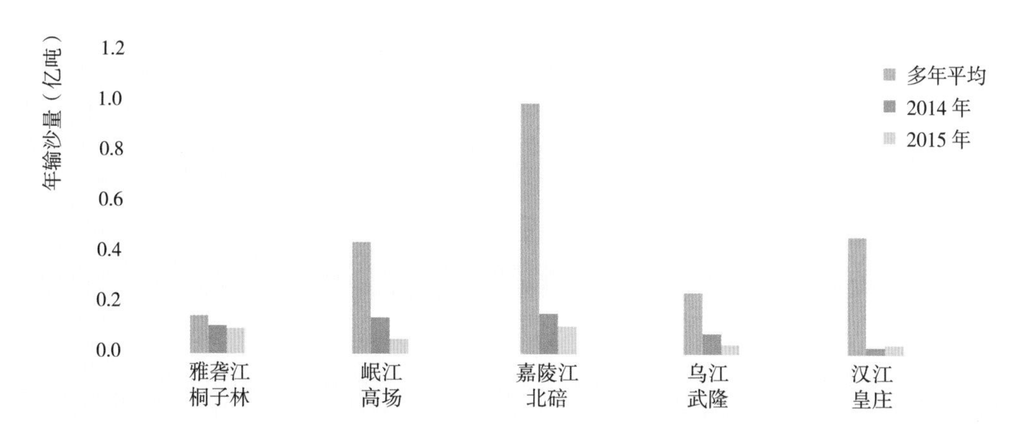

图 17-7 长江主要支流水文控制站实测年输沙量对比

（二）乌江武隆水文站

武隆水文站设立于 1951 年 6 月，是国家基本水文站，位于重庆市武隆县建设中路 80 号，东经 107°45′，北纬 29°19′，隶属于长江水利委员会，为中央报汛站，控制流域面积 8.3 万 km^2，在下游约 60km 处涪陵汇入长江，是我国石漠化集中分布的云贵高原东北部主要河流乌江流域的重要水文监测站点。

1. 径流量

武隆 1956~2015 年的年径流量相对稳定，波动幅度为 -35%~29%，变化趋势不明显，主要受流域年度降雨量波动影响，但 2000 年以前多年平均值为 493.6 亿 m^3，2000 年后多年平均值为 446.9 亿 m^3，呈现出径流量总体减少的态势。2015 年径流量 466.5 亿 m^3，较多年平均值减少 3.4%，较近 10 年平均值偏高 13.0%（图 17-8）。

武隆 2015 年月径流量呈现抛物线特征，月季变化较显著，11 月至次年 2 月份径流量相对较低，尤以 6、7 月份径流量大，6、7 月径流量占到全年径流量的三分之一，其他月份径流量差异不显著。

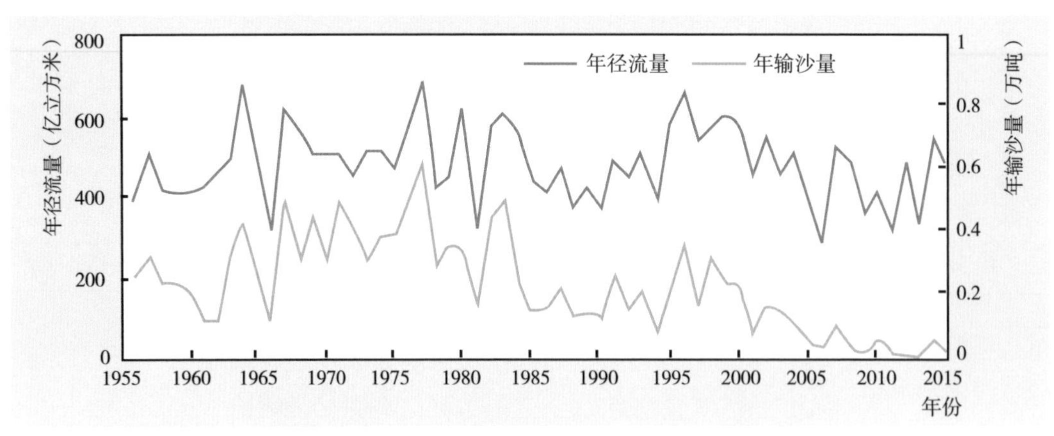

图 17-8　乌江武隆站历年径流量与输沙量变化

2. 输沙量

武隆 1956~2015 年输沙量变动总体趋势不明显，但 1998 年长江特大洪水前，输沙量总体较大，尤其是 20 世纪 60~80 年代初期输沙量维持高位运行；而 1998 年后，武隆水文站年输沙量呈现下降趋势，年输沙量远低于多年平均值，并呈现逐年下降态势；且河流年输沙量与径流量总体呈正相关，即年径流量大的年份，其输沙量亦较大。2015 年实测输沙量为 0.013 亿 t，仅为多年平均输沙量的 5.8%，为近 10 年平均输沙量的 33.3%，近 10 年平均输沙量为多年平均输沙量的 17.3%。2015 年武隆河段月份输沙量与径流量基本同步，且主要集中在 5~10 月，其径流量占全年的 70%，输沙量则占全年的 96%，尤其以汛期 6、7 月份输沙量最为集中，2 个月径流量仅占全年径流量的 34%，而输沙量却占到全年输沙量的近 76%，其他季节河流输沙量总体较低（图 17-9）。

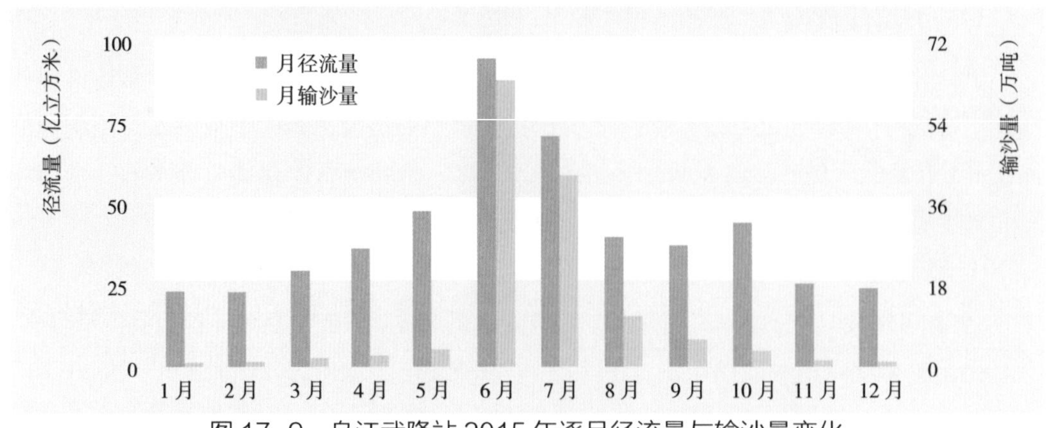

图 17-9　乌江武隆站 2015 年逐月径流量与输沙量变化

3. 年平均含沙量

武隆 2000~2015 年年平均含沙量总体呈现下降趋势。2015 年平均含沙量 0.027 kg/m^3，仅为多年平均的 5.8%，是近 10 年平均值的 29.7%（图 17-10）。

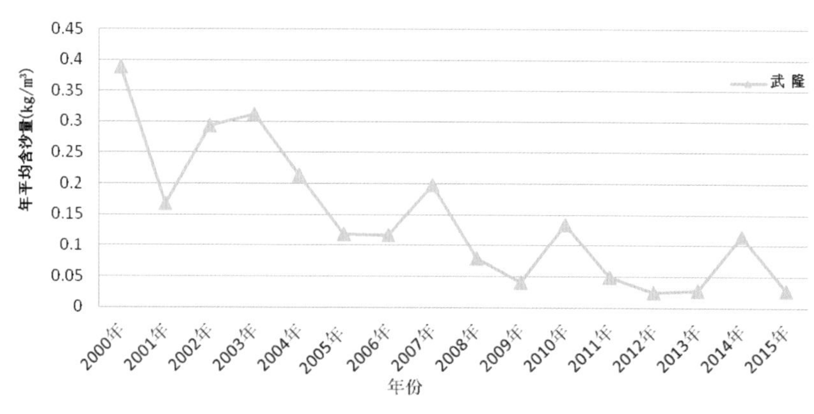

图 17-10　乌江武隆水文站平均含沙量变化

（三）丹江口水库

丹江口水利枢纽位于汉江中游、丹江入江口下游 0.8km 处，于 1958 年动工建设，自 1968 年开始蓄水，1973 年建成初期规模，坝顶高程 162m，2014 年丹江口大坝坝顶高程加高至 176.6m，正常蓄水位 170m。

1. 进出库水沙量

丹江口水库入库主要水文控制站干流白河站、堵河黄龙滩站、天河贾家坊站、丹江西峡站和荆紫关站（5 站共控制丹江口库区 85.7% 的流域面积）的入库径流量和输沙量之和作为入库水沙量，2015 年入库径流量和输沙量分别为 249 亿 m^3 和 113 万 t，与 1968~2014 年的平均值相比，径流量和输沙量分别偏少 19% 和 96%。

黄家港站是丹江口水库的出库控制站，2015 年径流量为 281.5 亿 m^3，与 1968~2014 年的平均值相比，径流量偏少 17%；年输沙量 1968~2014 年的平均值为 52.2 万 t，2015 年丹江口水库未开闸泄洪，河水清澈，含沙量接近于零，年输沙量近似为零。

2. 水库淤积量

丹江口水库经过多年蓄水运用，库区以淤积为主。根据丹江口水库入库与出库沙量之差，1968~2015 年丹江口水库入库输沙量为 14.348 亿 t，出库输沙量为 0.245 亿 t。在不考虑区间来沙的情况下，1968~2015 年丹江口库区淤积泥沙 14.1 亿 t，其中 2015 年泥沙淤积量为 113 万 t。

第二节　珠　江

一、总体状况

珠江流域主要水文控制站 2015 年水沙特征值与多年平均值比较，南盘江小龙潭站和东江博罗站实测径流量分别偏小 6% 和 22%，郁江南宁站基本持平，其他站偏大 8%~44%；近 15 年来，珠江流域年径流量变动规律总体不明显，而西江流域各水文站年径流量变动规律总体趋势一致，2008 年、2015 年全流域径流量偏大，而 2011 年年径流量整体偏小，2008 年、2015 年径流量是 2011 年的 1.87 和 1.92 倍；2011~2015 年区域年径流量总体呈现增加趋势。

柳江柳州站 2015 年实测输沙量与多年平均值比较偏大 87%，其他站偏小 17%~91%，体现珠江流域年输沙量总体减少，但受降雨量及强度影响，输沙量年度差异显著；2002~2015 年间，除小龙潭的径流量与年输沙量变动规律不吻合外，且年平均含沙量变动差异显著；其余各站基本呈现径流量与输沙量呈正相关，年平均含沙量变动总体差异不显著。与近 10 年平均值比较，2015 年博罗站和小龙潭站实测径流量偏小 22% 和 6%，其他站偏大 8%~47%；南宁、石角和博罗各站实测输沙量偏小 20%、14.9% 和 70%，其他站偏大 12%~142.9%。与 2014 年比较，2015 年南宁站和博罗站实测径流量分别减小 6% 和 17%，其他站增大 13%~42%；石角、小龙潭、南宁和博罗各站实测输沙量减小 13%~45%，浔江大湟江口站基本持平，其他站增大 31%~347%。

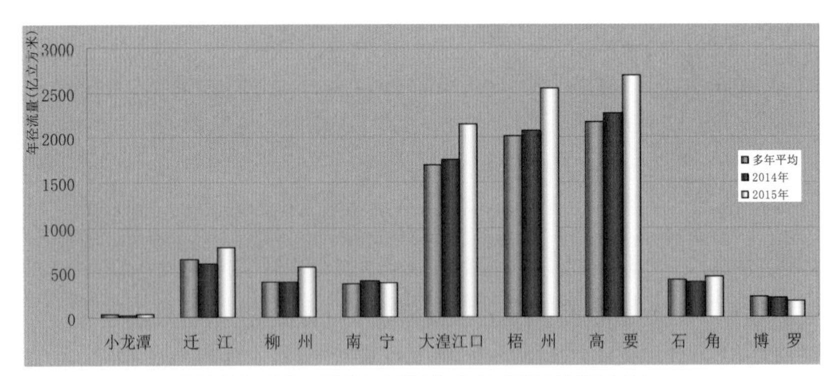

图 17-11　珠江主要水文站年径流量对比

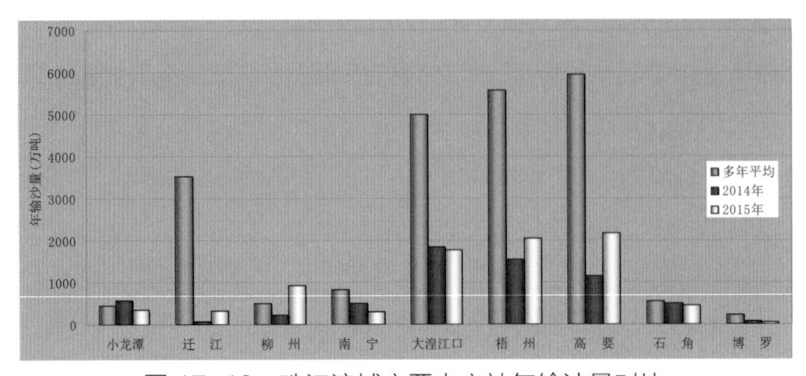

图 17-12　珠江流域主要水文站年输沙量对比

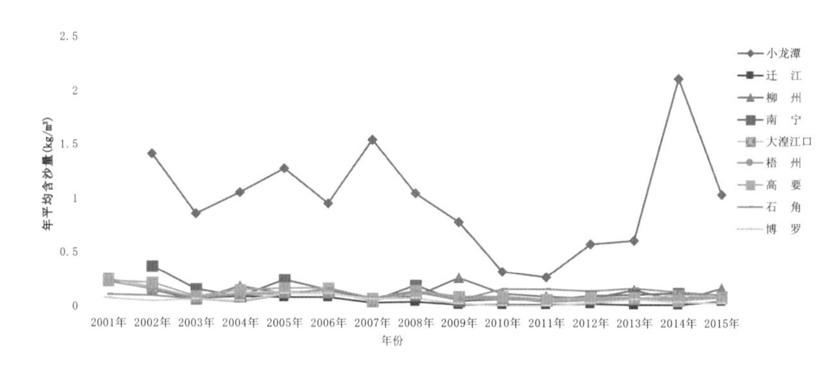

图 17-13　珠江流域主要水文控制站年平均含沙量变化

二、浔江大湟江口水文站

大湟江口水文站地处广西桂平市江口镇江口街，位于东经 110°12′，北纬 23°24′，是浔江干流主要控制水文站，自 2008 年 1 月 1 日起采用调车 85 基准高程，控制流域面积 28.85 万 km^2。

1. 径流量

大湟江口 1954~2015 年的年径流量变化情况复杂，最大年份径流量是最小年份的 2.5 倍以上，1954~2015 年多年平均径流量为 1696 亿 m^3，而 1954~2000 年的多年径流量为 1717 亿 m^3，2001~2015 年多年径流量为 1627 亿 m^3，近 15 年年径流量较 2000 年前年径流量偏小，且年径流量波动幅度相对较小。2015 年径流量 2148 亿 m^3，较多年平均值偏多 26.7%，较近 10 年平均值高 41.0%，较 2014 年偏多 23.0%，表明 2015 年大湟江口年径流量偏大。

大湟江口 2015 年月径流量呈现错综复杂，每年 5~10 月份径流量占到全年的 80% 左右。通常多年径流量年际变化分析，大湟江口水文站每年径流量会出现 2 次高峰，而 7、8 月份通常有 1 个月份径流量偏低，不同于长江流域的年度径流量变动规律。

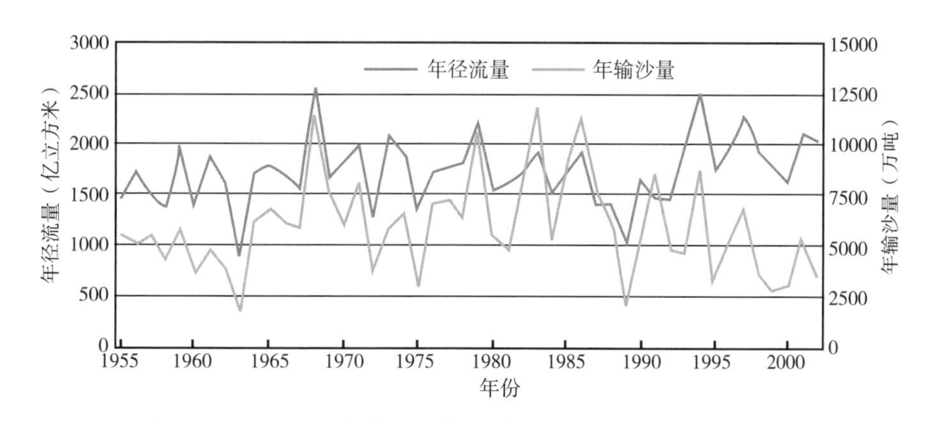

图 17-14　浔江大湟江口水文站万年径流量与输沙量变化

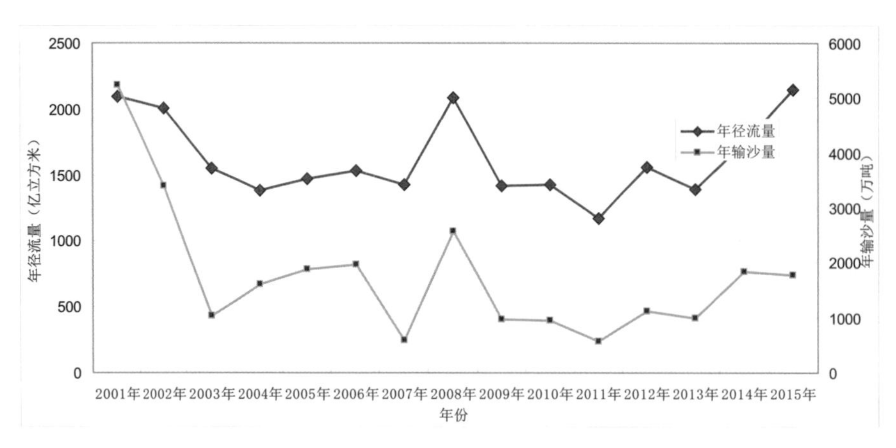

图 17-15　浔江大湟江口年径流量与年输沙量变化

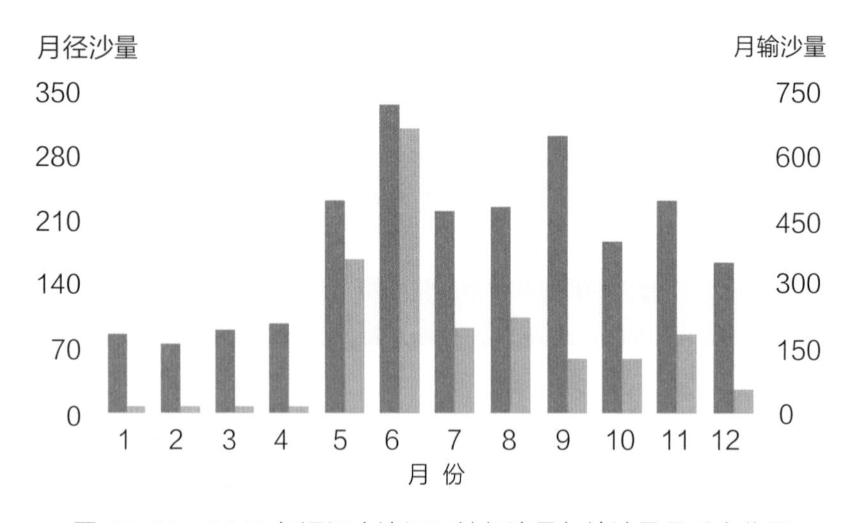

图 17-16　2015 年浔江大湟江口站径流量与输沙量月季变化图

2. 输沙量

大湟江口 1954~2015 年年输沙量变动总体趋势与径流量呈正相关，通常径流量大的年份其年输沙量较大，比如 2013 年以来区域径流量呈现增加态势，其年输沙量亦呈现增长关系；但年输沙量总体呈现减少趋势，多年平均年输沙量为 5010 万 t，2000 年前多年平均输沙量为 6045.8 万 t，2000 年后多年平均输沙量仅为 1764 万 t。2015 年实测输沙量为 1780 万 t，仅为多年平均输沙量的 35.5%，为近 10 年平均输沙量的 132.8%，而 2015 年年流量为近 10 年平均径流量的 140.5%，亦体现出径流量大，其输沙量高的特征。大湟江口月份输沙量基本集中在 5~10 月，通常占到全年的 80% 以上，尤其是汛期 5、6 月份更为突出，7~10 月虽径流量较大，但其输沙量较小，比如 2015 年 5、6 月份的径流量占全年的 25%，但其输沙量占到全年的 50%；而 7~10 月，其径流量占到全年的 40%，而其输沙量仅占到全年的 25%。

3. 年平均含沙量

大湟江口多年平均含沙量为 0.295kg/m³，而 2000~2015 年年平均含沙量为 0.102kg/m³，2000 年后总体呈现下降趋势；但与年径流量呈正相关，既年径流量高的年份，河流年平均含沙量总体偏高，年输沙量亦大。2015 年平均含沙量 0.083kg/m³，仅为多年平均的 28.1%，是近 10 年平均值的 104.0%，但其径流量为近 10 年平均值偏高 41.0%，亦表明河流泥沙含量呈现下降（图 17-17）。

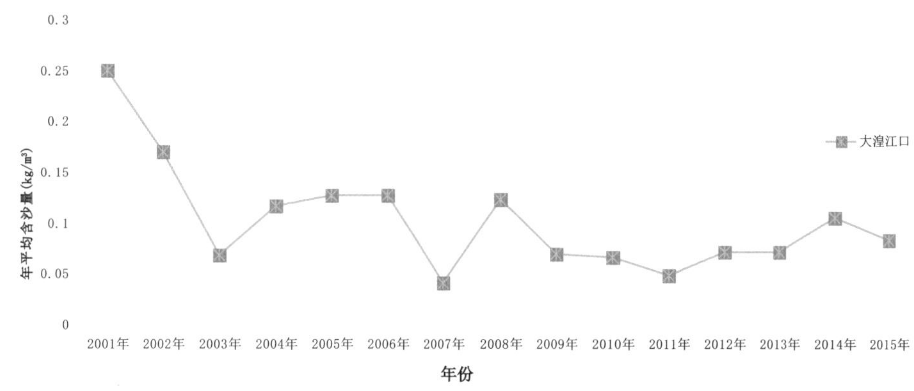

图 17-17 珠江流域大湟江口水文站年平均含沙量变化

三、红水河迁江水文站

该站位于来宾市兴宾区迁江镇境内，位于东经 110°12′，北纬 23°24′，是红水河流域的主要控制水文站，控制流域面积 12.89 万 km²。

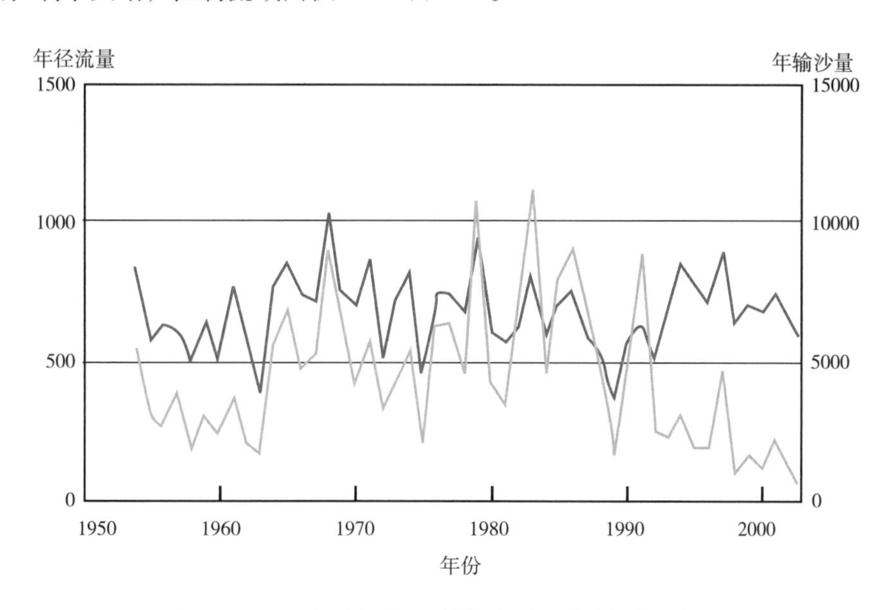

图 17-18 红水河迁江站年径流量与输沙量变化

1. 径流量

迁江水文站1954~2015年的年径流量变化情况复杂，最大年份径流量是最小年份的2.0倍以上，1954~2015年多年平均径流量为646.6亿m^3，而1954~2000年的多年径流量为674.6亿m^3，2001~2015年多年径流量为558.8亿m^3，近15年年径流量较2000年前年径流量偏小。2015年径流量783.9亿m^3，较多年平均值偏多21.2%，较近10年平均值高52.9%，较2014年偏多30.1%，表明2015年红水河年径流量偏大。

红水河迁江各年度月径流量变动呈现错综复杂，月季变化显著，但总体以每年5~10月份径流量为主，通常占到全年径流量的65%以上。但2011年、2013年较特殊，各月份径流量差异不大，5~10月份径流量分别仅为全年的60%和58%。2015年年动态变化亦较为特殊，11、12月份径流量远超同期水平，月度分配相对均衡（图17-20）。

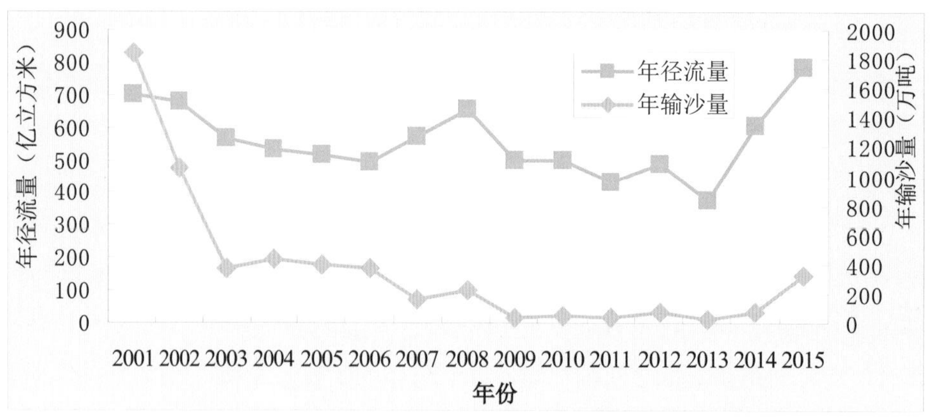

图17-19　红水河迁江水文站历年径流量与输沙量变化

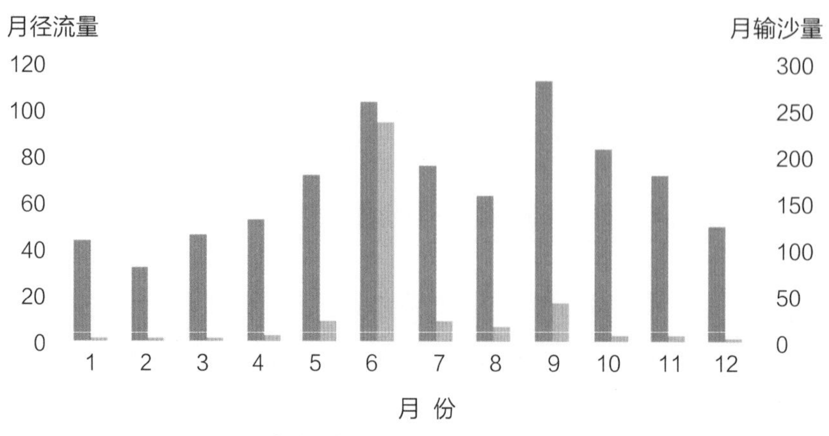

图17-20　2015年红水河迁江水文站径流与输沙量月季变化图

2. 输沙量

迁江水文站1954~2015年年输沙量变动总体趋势与径流量呈正相关，通常径流量大的年份其年输沙量较大；特别是20世纪90年代以来，流域输沙量呈现显著下降，迁江水文站多年平均年输沙量为3530万t，而2000年前多年平均输沙量为4615.1万t，在20世纪70年代末至80年代中期，其年均输沙量基本在5000万t以上，1983年输沙量达11000万t；2000年后多年平均输沙量仅为1764万t，且年最大输沙量均低于2000万t，特别是2009~2014年，流域年输沙量均在100万t内，输沙量维持在较低水平。

2015年实测输沙量为326万t，仅为多年平均输沙量的9.2%，为近10年平均输沙量的225.4%，而2015年年径流量为近10年平均径流量的153.1%，亦体现出径流量大，其输沙量高的特征。

迁江月份输沙量基本集中在5~10月，通常占到全年的80%以上，尤其是汛期5、6、7月份更为突出，其他月份虽径流量大，但其输沙量较小。比如2015年6月份的径流量占全年的13.3%，但其输沙量占到全年的73.6%；2014年6~8月输沙量占全年的82.3%，而径流量仅占到全年的40.6%。

3. 年平均含沙量

迁江水文站多年平均含沙量为0.547kg/m^3，而2002~2015年年平均含沙量为0.045kg/m^3,2000年后总体呈现下降趋势；但与年径流量呈正相关，既年径流量高的年份，河流年平均含沙量总体偏高，年输沙量亦大。2015年平均含沙量0.083kg/m^3，仅为多年平均的28.1%，是近10年平均值的104.0%，但其径流量为近10年平均值偏高41.0%，亦表明河流泥沙含量呈现下降。

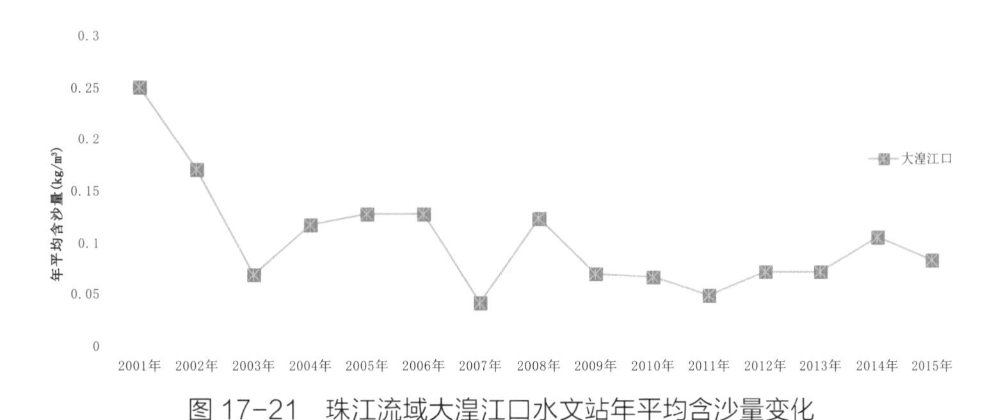

图17-21 珠江流域大湟江口水文站年平均含沙量变化

四、南盘江小龙潭水文站

该站位于云南省红河州哈尼族彝族自治州开远市小龙潭大山脚境内，是南盘江流域的主要控制水文站，是珠江流域源头的重要水文监控站，控制流域面积1.54万km^2，其上游水利设施较少，可消除其他河流因水利设施对泥沙阻滞的影响，比较直接体现区域石漠化土地演变与石漠化综合治理成效对区域水土流失的直接变化。

1. 径流量

小龙潭水文站1954~2015年的年径流量变化情况复杂，最大年份径流量是最小年份的7.0倍，1953~2015年多年平均径流量为35.95亿m^3，而1954~2000年的多年径流量为38.68亿m^3，2001~2015年多年径流量为27.18亿m^3，近15年年径流量较2000年前年径流量减少29.7个百分点。2009~2013年南盘江径流量远低于多年径流量，2014年接近多年径流量；2015年径流量783.9亿m^3，较多年平均值偏少6%，较近10年平均值高43.14%，较2014年偏多28.1%，表明2015年南盘江年径流量偏大。

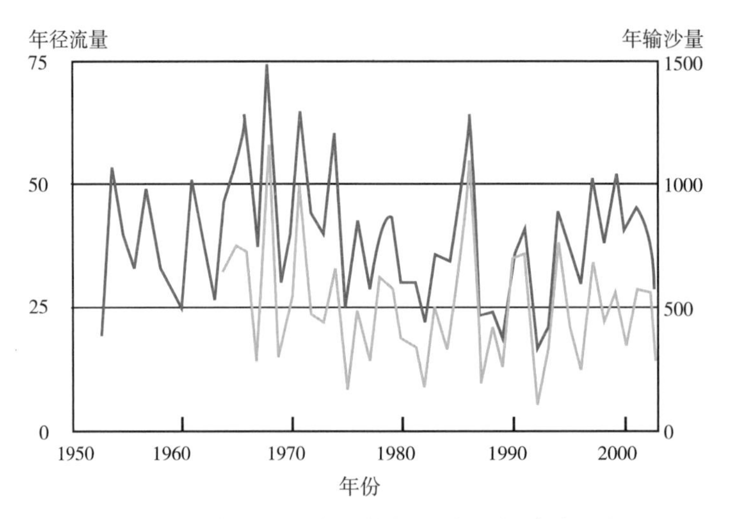

图17-22　南盘江小龙潭站年径流量与输沙量变化

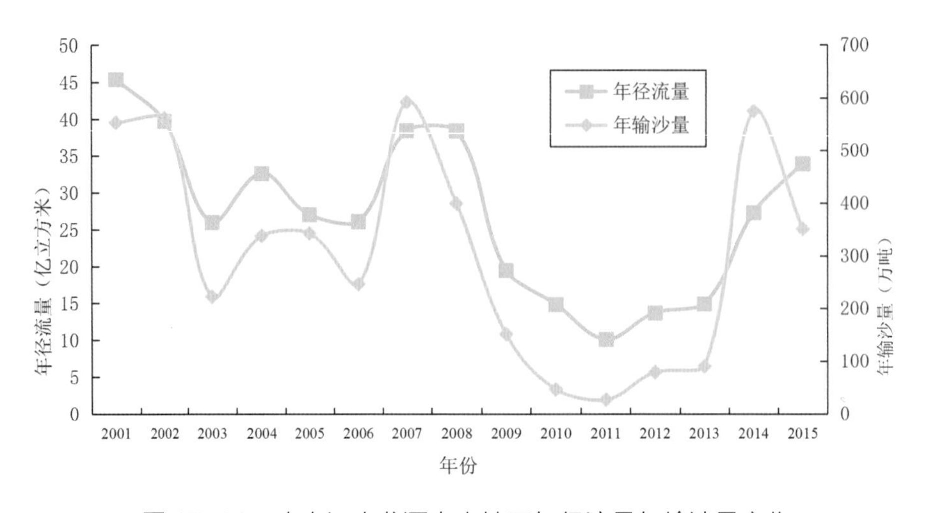

图17-23　南盘江小龙潭水文站历年径流量与输沙量变化

南盘江小龙潭站各年度月径流量变动呈现错综复杂，月季变化显著，但总体以每年5~12月份径流量为主，通常占到全年径流量的85%以上，但2011年较为特殊，以1~7月径流量较大，占到全年的79%。2012年该流域1~4月径流量不到全年的10%，每月均低于0.5亿 m^3，干旱现象特别突出。2015年年动态变化亦较为特殊，5~12月占到全年90%，其中7~9月份占到全年的50%以上，月季分布极为不均。

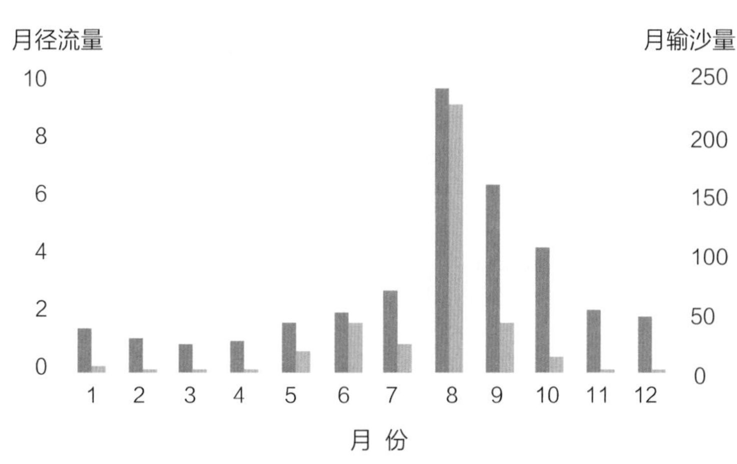

图 17-24　2015年南盘江小龙潭站径流与输沙量月季变化图

2. 输沙量

小龙潭水文站1953~2015年年输沙量变动总体趋势与径流量呈正相关，通常径流量大的年份其年输沙量较大；特别是21世纪以来，南盘江输沙量总体保持在低位运转，小龙潭水文站多年平均年输沙量为448万t，而2000年前多年平均输沙量为506万t；2000年后多年平均输沙量仅为304.9万t，且年最大输沙量均低于600万t。

但2014年、2015年因径流量较大，输沙量整体较大，尤其是2014年输沙量较近15年均值高出88.59%，主要是2010~2013年因降雨量偏小干旱，亦径流量远低平均水平，其输沙量均在100万t以下，而随着2014年降雨量增加，疏松的土壤水土流失强烈，而2015年虽径流量大于2014年，因可流失的土壤与泥沙在2014年已大部分流失，而2015年输沙量反而小于2014年。

2015年实测输沙量为351万t，仅为多年平均输沙量的78.3%，为近10年平均输沙量的137.35%，而2015年年径流量为近10年平均径流量的143.1%，亦体现出径流量大，其输沙量高的特征。

小龙潭月份输沙量基本集中在5~10月，通常占到全年的80%以上，尤其是汛期6、7、8月份更为突出，其他月份虽径流量大，但其输沙量较小。但2014年，输沙量以9月份最高，与其8月份输沙量小，而9月份径流量异常大，区域耕地秋收后等原因密切相关。2015年1~7月份径流量偏小，而8月份的径流量接近全年的25%，但其输沙量占到全年的 65.5%，9 月份虽径流量大，但其输沙量亦较小。

3. 年平均含沙量

小龙潭水文站河水多年平均含沙量为 1.2kg/m^3，而 2002~2015 年年平均含沙量为 0.984kg/m^3，河水较 2000 年前年平均含沙量总体呈现降低；但与年径流量呈正相关，既年径流量高的年份，河流年平均含沙量总体偏高，年输沙量亦大。其中 2009~2013 年年平均含沙量均低于 0.8kg/m^3，河水含沙量较低；而 2014 年前 4 年因降雨量偏小，水土流失量总体较小，而 2014 年 1~5 月份严重干旱，表土层干裂，而降雨量集中在 6~9 月，尤以秋收后 9 月暴雨强度大，水土流失严重，当月河水输沙量大，并导致 2014 年平均含沙量超过 2.0kg/m^3（《2013 年水旱灾害公报》，西南地区发生冬春旱及夏伏旱，其中云南部分地区连续 4 年受旱；《2014 年水旱灾害公报》，西南地区冬春连旱 2014 年 1~6 月，西南地区降水持续偏少，部分江河来水较多年同期平均值偏少 1~3 成持续干旱少雨导致部分地区水利工程蓄水不足）；2015 年年平均含沙量 1.03kg/m^3，仅为多年平均的 85.8%，是近 10 年平均值的 120.0%，但其径流量为近 10 年平均值偏高 43.1%，表明河流泥沙含量呈现下降。

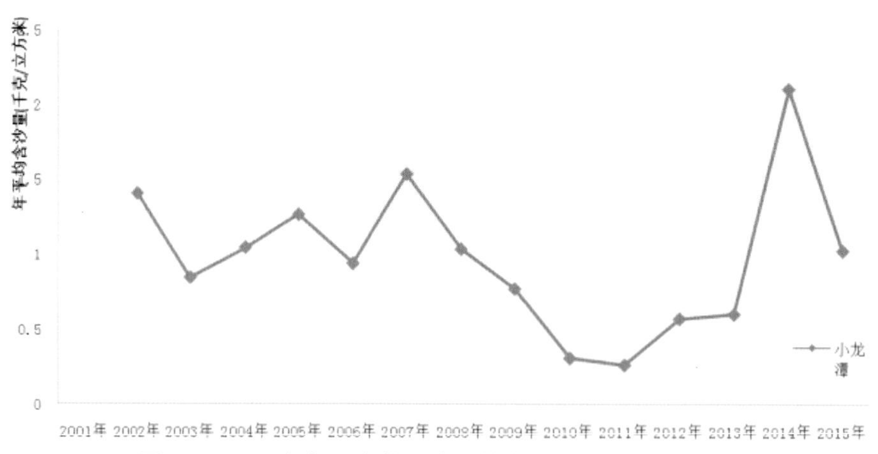

图 17-25　南盘江小龙潭水文控制站平均含沙量变化

4. 河流径流量与降雨量的关系

根据《云南省水资源公报（2010—2015 年）》和《全国河流泥沙含量公报》，对云南省珠江流域（主要在南盘江流域）的降雨量、地表水资源量、河流径流量的关系进行研究（表 17-1）。

从上表表明珠江流域的降水量与地表水资源量、地表水资源量、河流径流量及年输沙量总体呈现正相关，降雨量大，则径流量大，亦河流年度输沙量大。

但南盘江流域因 2010~2013 年普遍干旱，降雨量较常年偏少 7.8 个百分点以上，2011 年偏少甚至达 41 个百分点，2014 年降雨量较同期增加 7.4 个百分点，河流径流量同步增加，年输沙量较前10年平均值翻倍；而2015年虽降雨量较常年增加13.9个百分点，但年输沙量却较2014年减少近200万t，主要是因2013年前因降雨量低，土壤干旱疏松，且2014年降雨集中在9月份，降雨强度大，又是秋收过后耕地地表裸露，导致表土层水土流失严重；而2015年虽降雨量多，8月份强度大，但因庄稼生长茂盛，且地表疏松土层有限，2015年虽降雨量和径流量较2014年大，但其年输沙量反而小。

表 17-1　云南省珠江流域历年水资源与泥沙含量状况表

年度	降水量较常年变动 /%	地表水资源量较常年变动 /%	地下水资源量较常年变动 /%	小龙潭径流量 / 亿 m^3	年输沙量 / 万 t
2010 年	−19	−33	−29	14.82	46.2
2011 年	−41	−55	−51	10.06	26.7
2012 年	−14.5	−40.8	−40	13.66	78.6
2013 年	−7.8	−42.6	−45.3	14.87	89.9
2014 年	7.4	9.6	−9.1	27.26	575
2015 年	13.9	9.3	2.3	33.92	351

注：2012年水资源数据引用南盘江。

第三节　岩溶地区气候变化影响

以岩溶石漠化集中分布区云南、广西、贵州三省（自治区）为例，分析了近30年来西南岩溶地区气候变化状况。基于气象站点的气温与降水分析表明，1982~2011年西南喀斯特地区植被生长季（4~11月）月均温呈显著的增加趋势，增加的幅度为0.18℃/10年。近30年西南地区植被生长季气温累积距平曲线绝对值最大出现在1997年，突变检验未达气候突变标准（S/N=0.59<1），说明近30年来西南地区气温一定程度上转为偏高。对于降水来说，降水则以3.656mm/10年的速度呈不显著的下降趋势（$P>0.1$），说明近30年来西南地区植被生长季降水有减弱趋势但不显著，降水累积距平曲线绝对值最大出现在2002年，也没达到气候突变的标准。

为了同时考虑地表蒸散发对降雨地表径流的影响，进一步计算了西南岩溶区的标准化降水蒸散指数SPEI（Standardized Precipitation Evapotranspiration Index）。SPEI指数不仅考虑了降水统计分布规律，同时也考虑了地表潜在蒸散发，本研究使用以12个月为时间尺度的SPEI数据综合反映研究区的干旱状况，SPEI数值越大表明气候越湿润，越小越干旱。在1982~2014年间，可综合反映区域干旱情况的SPEI指数以0.021/10年的速度呈不显著的下降趋势，即为微弱的干旱化。

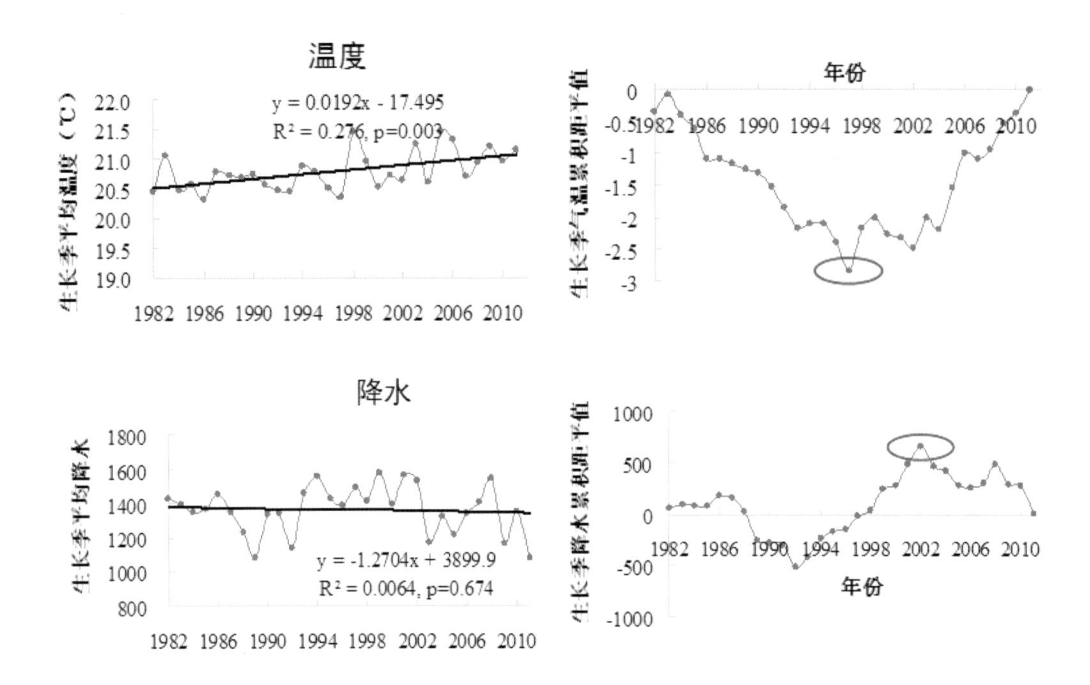

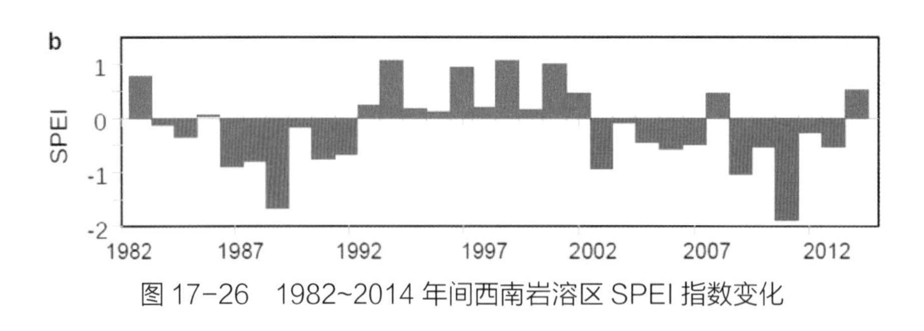

图 17-26　1982~2014 年间西南岩溶区 SPEI 指数变化

上述结果说明近 30 年来西南地区植被生长季气候呈一定程度的趋于暖干趋势，将一定程度上减少降水地表径流的产生，进而缓解岩溶地区主要河流泥沙含量的增加。但近 30 年来西南岩溶地区趋于暖干化的气候条件，将对岩溶地区生态环境状况的改善将存在一定的不利影响，不利于植被的恢复生长。

以植被总初级生产力变化为例，进一步利用植被动态变化模型 LPJ-GUESS（Lund-Potsdam-Jena General Ecosystem Simulator）模拟了当前气候条件下（不受大规模生态工程影响）云南、贵州、广西三省（自治区）的植被总初级生产力变化状况。LPJ-GUESS 模型是一个可以在斑块、景观、区域以及全球尺度上模拟生态系统结构与功能的多尺度动态过程模型。该模型在 LPJ-DGVM(Dynamic Global Vegetation Model) 模型的基础上发展而来，同时耦合了模拟植物种群动态过程的 GUESS 模型以及模拟植被生理和生态系统生物地球化学过程的 BIOME3 模型，因而使得 LPJ-GUESS 模型除了可以模拟不同尺度（如物种、群落、生态系统、景观以至全球尺度）陆地生态系统结构和功能动态变化过程外，还能细化植被个体水平的模拟，使植被组成、结构及其功能对气候变化响应的动态模拟过程更加精细。

结果显示，在 1982~2000 年间，研究区模拟的植被 GPP 以 0.027 GPP /10 年的速度呈不显著的上升趋势（P>0.1）；在 2001~2015 年间，模拟的植被 GPP 以 0.026 GPP/10 年的速度呈不显著的下降趋势（P>0.1）。研究区模拟的植被 GPP 随气候（SPEI）波动而变化，且在研究时段的后期里植被 GPP 随干旱程度的增加而呈减少趋势，具体表现在：在 20 世纪 90 年代的湿润气候条件下（SPEI 指数高于多年平均值），模拟的植被 GPP 呈正距平趋势，即植被呈增加趋势；但在 2009~2011 年的干旱期间（SPEI 指数低于多年平均值），模拟的植被 GPP 则呈负距平趋势，即植被呈减少趋势。而研究区实测植被变化趋势表明，2001 年以前云南、贵州、广西三省（自治区）区域尺度上的植被生长季 NDVI（GSN）以 0.0011 GSN / 年（P<0.05）的速率呈微弱的增加趋势；但 2001 年后，植被 GSN 的变化速率提高为 0.0014 GSN/ 年（P<0.05）。结果表明在云南、贵州、广西三省（自治区）区域尺度上气候趋于暖干趋势的不利条件下，若不考虑人类活动对植被恢复的作用，喀斯特地区的植被将呈现退化趋势。

上述研究结果表明，近 30 年来西南地区气候变化对植被恢复的影响有限，西南地区植被恢复生长与退耕还林、荒山造林、石漠化综合治理等生态工程的实施有关，植被的显著恢复生长将一定程度减少地表径流产沙量，进而使岩溶地区主要河流的泥沙含量在大规模生态保护与建设背景下进一步降低。

第四节 生态建设影响

自 1988 年开始，国家启动了长江上游水土流失重点防治工程，简称“长治”工程。截至 2000 年，累计治理面积 6.3 万 km^2。

21 世纪以来，岩溶地区继续实施林业生态建设工程和国家水土保持重点工程，主要有退耕还林工程、长防珠防工程、农业综合开发水土保持项目、坡耕地水土流失综合治理工程、石漠化综合治理工程等，每年完成水土流失治理和林业生态建设面积超过 10000km^2，其中仅 2013 年完成水土流失治理面积 8466km^2，2015 年完成水土流失治理面积 6159.42km^2，区域林草植被盖度增加，生态环境状况明显，水土流失整体呈现下降趋势，河流年平均含沙量与输沙模数亦体现下降趋势。

长江、珠江近 15 年修建的重要水利水电设施，水利设施建设起到调蓄洪水，阻滞河流泥沙，影响江河下游河水泥沙含量与下游径流变化。其中：向家坝水电站是金沙江下游规划的最末梯级水电站，坝址位于四川省宜宾县和云南省水富县交界处，水库正常蓄水位 380m，死水位 370m，总库容 51.63 亿 m^3，为不完全季调节水库。向家坝水电站于 2006 年 11 月正式开工建设，2008 年 11 月截流，2012 年 10 月完成初期 354m 蓄水任务。向家坝水库初期蓄水将对出库泥沙量及坝下游径流变化和河道演变产生影响。

2013 年长江上游新增蓄水水库较多，主要有金沙江鲁地拉、雅砻江锦屏一级、金沙江溪洛渡和嘉陵江亭子口、乌江沙沱等水库，各水库累计拦蓄水量 160 亿 m^3，其中死水位以下拦蓄 106 亿 m^3。长江上游新建水库的蓄水将对水库下游的水沙条件和河道冲淤变化产生影响。

2014 年金沙江流域新增蓄水的重要水库有观音岩、锦屏一级及溪洛渡水库，其中观音岩水库为初期蓄水，锦屏一级及溪洛渡水库为初期蓄水第二阶段，各水库累计拦蓄水量约 94.82 亿 m^3。长江上游新建水库的蓄水将对水库下游的水沙条件和河道冲淤变化产生影响。

第五节　总体结论

一、年输沙量呈现总体下降的态势

通过对岩溶地区长江、珠江干流及其支流年输沙量、年平均含沙量及输沙模数等历年监测数据研究，2000 年前泥沙含量指标多年平均值远大于 2000 年后多年平均值，表明 2000 年后岩溶地区主要河流泥沙含量呈现明显下降，区域水土流失总量降低。此外，近 15 年以来，各水文监测站年输沙量、年平均含沙量等指标总体呈现减少趋势，尤其是长江干流的泥沙含量指标下降趋势突出。

二、河流径流量与泥沙含量呈正相关

据研究，各水文监测站输沙量与径流量呈现正相关，普遍存在径流量大的年份，输沙量亦较大。

三、降雨量直接决定着水资源状况与径流量

据研究，各流域的降雨量直接影响着区域地表、地下水资源及河流径流量，降雨量大的年份，地表水与地下资源丰富，河流径流量亦较大。

四、水利设施阻滞泥沙作用明显，下游泥沙含量显著下降

根据各水文监测站历年监测数据，南盘江小龙潭水文监测站自 1964~2015 年历年平均含沙量达 1.2kg/m^3，是长江、珠江干流与支流中含沙量较高的，是长江支流乌江（1956~2015 年）历年平均含沙量的 2.58 倍，是珠江支流柳江（1955~2015 年）历年平均含沙量的 9 倍，主要是该地区由三叠系砂页岩风化成的红壤和石灰岩风化成的棕色土，

且多暴雨，而南盘江小龙潭水文站以上没有大型水利水电设施。

而红水河含沙量的年际变化，从红水河迁江水文站资料（1954~1979 年）可以看出：1954~1959 年平均含沙量 0.511kg/m^3，比多年平均值 0.67kg/m^3 低 23.7%，20 世纪 60 年代平均含沙量 0.655kg/m^3，比多年平均值低 2.2%；70 年代平均含沙量 0.712kg/m^3，比多年均值高 6.3%；而从 80 年代在红水河区域相继开展 10 级梯级电站建设，到 2003 年龙滩电站截流成功，红水河迁江水文站的平均含沙量显著下降，2000 年前历年平均含沙量达 0.69kg/m^3，而 2003 年龙滩电站截流后迁江水文站的平均含沙量不超过 0.127kg/m^3。而长江干流，随着 2012 年后，金沙江向家坝、鲁地拉、溪洛渡、观音岩、锦屏、雅砻江锦屏一级和嘉陵江亭子口等梯级电站相继蓄水发电，长江干流的寸滩、朱沱水文站的年输沙量急剧下降，分别由 2012 年的 2.1 亿 t、1.89 亿 t，下降到 2015 年的 0.328 亿 t、0.212 亿 t。

表 17-2 珠江流域主要水文控制站实测水沙特征值与多年平均值比较

河流		南盘江	红水河	柳江	郁江	浔江	西江	西江	北江	东江
水文控制站		小龙潭	迁江	柳州	南宁	大湟江口	梧州	高要	石角	博罗
控制流域面积 / 万 km^2		1.54	12.89	4.54	7.27	28.85	32.7	35.15	3.84	2.53
年径流量 / 亿 m^3	多年平均值	35.95（1953~2015 年）	646.6（1954~2015 年）	393.3（1954~2015 年）	368.3（1954~2015 年）	1696（1954~2015 年）	2016（1954~2015 年）	2173（1957~2015 年）	417.1（1954~2015 年）	231（1954~2015 年）
	2001 年					2092	2411	2550	537.6	297.1
	2002 年	39.74	677.1	529.2	392.7	2003	2352	2499	492.7	139.6
	2003 年	25.99	1545	1879	562.6	307.4	334.8	1822	359.1	188.8
	2004 年	32.62	1383	1680	530.6	363.4	248.4	1780	244.3	110.7
	2005 年	27.02	1467	1807	515.5	342	294.4	1847	417.4	237.4
	2006 年	26.07	1535	1860	493.8	359.7	295.2	2007	506.1	376
	2007 年	38.43	569.7	328.8	244.7	1430	1589	1667	323.6	267.4
	2008 年	38.42	654.8	460.6	508.8	2084	2442	2704	450.9	307.4
	2009 年	19.46	496	340.6	267.1	1416	1607	1690	253.8	134.4
	2010 年	14.82	498	330	281.4	1428	1725	1925	478.2	217.6
	2011 年	10.06	432.9	257.3	251.5	1174	1289	1341	287.9	144.4
	2012 年	13.66	486.9	389.9	344.6	1561	1847	2111	451	188.4
	2013 年	14.87	377.3	320.2	336.7	1392	1819	2009	487.4	284
	2014 年	27.26	602.5	400.6	410.6	1747	2077	2272	399.5	218
	2015 年	33.92	783.9	568	385.7	2148	2541	2690	451	180.2

（续表）

河流		南盘江	红水河	柳江	郁江	浔江	西江	西江	北江	东江
水文控制站		小龙潭	迁江	柳州	南宁	大湟江口	梧州	高要	石角	博罗
年输沙量 / 万 t	多年平均值	448（1964~2015 年）	3530（1954~2015 年）	496（1955~2015 年）	815（1954~2015 年）	5010（1954~2015 年）	5570（1954~2015 年）	5960（1957~2015 年）	538（1954~2015 年）	226（1954~2015 年）
	2001 年					5240	5340	5760	561	210
	2002 年	562	1060	763	1450	3400	3530	5210	473	55.5
	2003 年	222	1040	1280	374	148	511	1560	202	115
	2004 年	338	1610	1740	436	635	215	2560	86.9	44
	2005 年	343	1870	2020	396	373	693	2930	432	270
	2006 年	246	1960	2130	372	397	440	3330	790	405
	2007 年	592	167	213	105	583	897	1140	223	149
	2008 年	399	222	405	967	2570	2850	3680	576	203
	2009 年	151	37.5	873	109	972	1110	1470	121	23.3
	2010 年	46.2	53.4	376	170	945	1290	1670	724	101
	2011 年	26.7	37.4	211	122	565	420	806	435	
	2012 年	78.6	69.2	277	323	1110	898	1660	606	42.2
	2013 年	89.9	19	473	332	983	1092	1470	798	168
	2014 年	575	72.9	218	504	1840	1560	1150	511	81.8
	2015 年	351	326	927	298	1780	2040	2170	444	44.7
年平均含沙量 / (kg/m^3)	多年平均值	1.2（1964~2015 年）	0.547（1954~2015 年）	0.126（1955~2015 年）	0.221（1954~2015 年）	0.295（1954~2015 年）	0.276（1954~2015 年）	0.268（1957~2015 年）	0.125（1954~2015 年）	0.094（1954~2015 年）
	2001 年					0.25	0.22	0.23	0.1	0.071
	2002 年	1.41	0.157	0.144	0.367	0.17	0.15	0.21	0.096	0.04
	2003 年	0.85	0.068	0.068	0.067	0.048	0.153	0.085	0.056	0.061
	2004 年	1.05	0.116	0.103	0.087	0.175	0.087	0.144	0.036	0.04
	2005 年	1.27	0.127	0.112	0.077	0.109	0.236	0.159	0.104	0.114
	2006 年	0.944	0.127	0.115	0.075	0.111	0.149	0.166	0.156	0.108
	2007 年	1.54	0.029	0.065	0.043	0.041	0.057	0.068	0.069	0.056
	2008 年	1.04	0.034	0.088	0.19	0.123	0.117	0.136	0.127	0.066
	2009 年	0.776	0.008	0.259	0.041	0.069	0.069	0.087	0.047	0.017
	2010 年	0.312	0.011	0.114	0.06	0.066	0.075	0.087	0.151	0.046
	2011 年	0.266	0.009	0.082	0.049	0.048	0.033	0.06	0.151	0.020
	2012 年	0.575	0.014	0.071	0.094	0.071	0.049	0.078	0.134	0.022
	2013 年	0.605	0.005	0.148	0.099	0.071	0.06	0.073	0.163	0.059
	2014 年	2.11	0.012	0.054	0.123	0.105	0.075	0.051	0.128	0.037
	2015 年	1.03	0.042	0.163	0.077	0.083	0.08	0.081	0.099	0.025

（续表）

河流		南盘江	红水河	柳江	郁江	浔江	西江	西江	北江	东江
水文控制站		小龙潭	迁江	柳州	南宁	大湟江口	梧州	高要	石角	博罗
输沙模数 / [t/(km^2·a)]	多年平均值	291（1964~2015 年）	274（1954~2015 年）	109（1964~2015 年）	112（1954~2015 年）	174（1954~2015 年）	170（1954~2015 年）	170（1957~2015 年）	140（1954~2015 年）	89.4（1954~2015 年）
	2001 年									
	2002 年									
	2003 年	144.2	36	39.1	29	32.6	70.3	44.4	52.6	45.5
	2004 年	219.5	55.8	53.2	33.8	139.9	29.6	72.8	22.6	17.4
	2005 年	223	64.8	61.8	30.7	82.2	95.3	83.3	113	107
	2006 年	160	67.8	65.2	28.9	87.4	60.5	94.7	206	160
	2007 年	384	13	46.9	14.4	20.2	27.4	32.4	58.1	58.8
	2008 年	259	17.2	89.2	133	89.1	87.1	105	150	80.2
	2009 年	98.1	2.91	192	15	33.7	34	41.8	31.3	9.21
	2010 年	30	4.14	82.8	23.4	32.8	39.4	47.5	189	39.9
	2011 年	17.3	2.9	46.5	16.8	19.6	12.8	22.9	113	11.5
	2012 年	51	5.37	61	44.4	38.5	27.5	47.2	158	16.7
	2013 年	58.4	1.47	104	45.7	34.1	33.4	41.8	208	66.4
	2014 年	373	5.66	48	69.3	63.8	47.7	32.7	133	32.3
	2015 年	228	25.3	204	41	61.7	62.4	61.7	116	17.7

表 17-3　长江干流主要水文控制站实测水沙特征值与多年平均值比较

水文控制站		屏山	朱沱	寸滩	宜昌	沙市	汉口	大通
控制流域面积 / 万 km^2		45.86	69.47	86.66	100.55	3914	148.8	170.54
年径流量 / 亿 m^3	多年平均值	1436（1956~2010 年）	2648（1954~2015 年）	3434（1950~2015 年）	4304（1950~2015 年）	3903（1955~2015 年）	7040（1954~2015 年）	8931（1950~2015 年）
	2000 年	1772			4712		7420	9266
	2001 年	1742			4155		6553	8250
	2002 年	1503	2429	2977	3928	3745	7687	9926
	2003 年	1547	2592	3361	4097	3924	7380	9248
	2004 年	1552	2676	3315	4141	3901	6773	7884
	2005 年	1648	2994	3887	4592	4210	7443	9015
	2006 年	1089	2009	2479	2848	2795	5341	6886
	2007 年	1288	2384	3124	4004	3770	6450	7708
	2008 年	1560	2751	3425	4186	3902	6728	8291
	2009 年	1393	2431	3229	3822	3686	6278	7819
	2010 年	1326	2544	3400	4048	3819	7472	10220
	2011 年	1010	1934	2808	3393	3345	5495	6671
	2012 年	1492	2920	3763	4649	4224	7576	10020
	2013 年		2296	3137	3756	3538	6358	7878
	2014 年		2637	3435	4584	4123	7200	8919
	2015 年		2387	3044	3946	3645	6752	9139
年输沙量 / 亿 t	多年平均值	2.39(1956~2010 年)	2.69(1956~2015 年)	3.74(1953~2015 年)	4.03(1950~2015 年)	3.51(1956~2015 年)	3.37(1954~2015 年)	3.68(1951~2015 年)
	2000 年	2.72			3.9		3.36	3.39
	2001 年	2.43			2.99		2.85	2.76
	2002 年	1.87	1.87	1.95	2.28	2.41	2.39	2.75
	2003 年	1.56	1.91	2.06	0.976	1.38	1.65	2.06
	2004 年	1.48	1.64	1.73	0.64	0.956	1.36	1.47
	2005 年	1.88	2.31	2.7	1.1	1.32	1.74	2.16
	2006 年	0.93	1.13	1.09	0.091	0.245	0.576	0.848
	2007 年	1.5	2.01	2.1	0.527	0.751	1.14	1.38
	2008 年	2.04	2.12	2.13	0.32	0.492	1.01	1.3
	2009 年	1.39	1.52	1.73	0.351	0.506	0.874	1.11
	2010 年	1.36	1.61	2.11	0.328	0.48	1.11	1.85
	2011 年	0.54	0.646	0.916	0.062	0.181	0.686	0.718
	2012 年	1.51	1.89	2.1	0.427	0.618	1.26	1.61
	2013 年		0.683	1.21	0.3	0.402	0.928	1.17
	2014 年		0.346	0.519	0.094	0.276	0.805	1.2
	2015 年		0.212	0.328	0.037	0.142	0.63	1.16

（续表）

水文控制站		屏山	朱沱	寸滩	宜昌	沙市	汉口	大通
年平均含沙量 / (kg/m³)	多年平均值	1.66 (1956~2010 年)	1.02 (1956~2015 年)	1.09 (1953~2015 年)	0.936 (1950~2015 年)	0.901 (1956~2015 年)	0.478 (1954~2015 年)	0.414 (1951~2015 年)
	2000 年	1.54			0.828		0.451	0.366
	2001 年	1.39			0.718		0.435	0.336
	2002 年	1.24	0.769	0.657	0.578	0.642	0.31	0.227
	2003 年	1.01	0.737	0.61	0.238	0.352	0.224	0.223
	2004 年	0.954	0.612	0.522	0.115	0.246	0.201	0.186
	2005 年	1.14	0.773	0.696	0.239	0.313	0.233	0.239
	2006 年	0.829	0.564	0.438	0.032	0.088	0.108	0.123
	2007 年	1.16	0.845	0.672	0.131	0.198	0.176	0.179
	2008 年	1.31	0.77	0.622	0.077	0.127	0.149	0.157
	2009 年	0.995	0.625	0.538	0.092	0.137	0.139	0.142
	2010 年	1.03	0.634	0.62	0.081	0.126	0.149	0.181
	2011 年	0.534	0.334	0.326	0.018	0.054	0.125	0.108
	2012 年	1.01	0.646	0.56	0.092	0.146	0.166	0.161
	2013 年		0.298	0.385	0.08	0.114	0.146	0.148
	2014 年		0.132	0.151	0.021	0.067	0.112	0.135
	2015 年		0.089	0.108	0.009	0.039	0.093	0.127
年平均中数粒径 /mm	多年平均值	0.015 (1956~2010 年)	0.011 (1987~2015 年)	0.01 (1987~2015 年)	0.007 (1987~2015 年)	0.018 (1987~2015 年)	0.012 (1987~2015 年)	0.01 (1987~2015 年)
	2000 年							
	2001 年							
	2002 年	0.014	0.01	0.011	0.008	0.009	0.012	0.012
	2003 年	0.015	0.011	0.009	0.007	0.018	0.012	0.01
	2004 年	0.014	0.011	0.01	0.005	0.022	0.019	0.008
	2005 年	0.016	0.012	0.01	0.005	0.013	0.011	0.008
	2006 年	0.012	0.008	0.008	0.003	0.099	0.011	0.008
	2007 年	0.015	0.01	0.009	0.003	0.017	0.012	0.013
	2008 年	0.016	0.01	0.008	0.003	0.017	0.017	0.012
	2009 年	0.014	0.01	0.008	0.003	0.012	0.007	0.01
	2010 年	0.017	0.01	0.01	0.006	0.01	0.013	0.013
	2011 年	0.015	0.01	0.01	0.007	0.019	0.021	0.009
	2012 年	0.008	0.012	0.011	0.007	0.012	0.021	0.011
	2013 年		0.011	0.011	0.009	0.012	0.013	0.009
	2014 年		0.012	0.011	0.008	0.027	0.017	0.012
	2015 年		0.012	0.011	0.009	0.046	0.015	0.011

（续表）

水文控制站		屏山	朱沱	寸滩	宜昌	沙市	汉口	大通
输沙模数 / [t/(km^2·a)]	多年平均值	513 (1956~2010 年)	387 (1956~2015 年)	432 (1950~2015 年)	401 (1950~2015 年)		226 (1954~2015 年)	216 (1951~2015 年)
	2000 年							
	2001 年							
	2002 年	385	269	225	227		161	161
	2003 年	322	275	238	97.1		111	121
	2004 年	305	236	200	63.6		91.4	86.2
	2005 年	388	333	312	109		117	127
	2006 年	197	163	126	9.04		38.7	49.7
	2007 年	327	289	242	52.4		76.6	80.9
	2008 年	445	305	246	31.8		67.9	76.2
	2009 年	303	219	200	34.9		58.7	65.1
	2010 年	297	232	243	32.6		74.6	108
	2011 年	118	93	106	6.2		46.1	42.1
	2012 年	329	272	242	42.5		84.7	94.4
	2013 年		98.3	140	29.8		62.4	68.6
	2014 年		49.8	59.9	9.35		54.1	70.4
	2015 年		30.5	37.9	3.69		42.3	68

表 17-4 长江主要支流水文控制站实测水沙特征值与多年平均值比较

河流		雅砻江	岷江	嘉陵江	乌江	汉江
水文控制站		桐子林	高场	北碚	武隆	皇庄
控制流域面积 / 万 km^2		12.84	13.54	15.67	8.3	14.21
年径流量 / 亿 m^3	多年平均值	590.3（1999~2015 年）	841.8（1956~2015 年）	655.2（1956~2015 年）	482.9（1956~2015 年）	467.1（1950~2015 年）
	2000 年			93.1	579.1	454
	2001 年			458.5	450.7	324.5
	2002 年			417.3	551.4	279.2
	2003 年		810.9	678	461.1	550.9
	2004 年		827.1	515.9	510.2	391
	2005 年		965.3	809.8	372.8	678.9
	2006 年		635.2	381.3	287.7	330.4
	2007 年		707.2	665.3	524.8	446.2
	2008 年		781.6	586.4	491.5	332.1
	2009 年		740.9	671.9	361.4	454.6
	2010 年		799.7	762.4	415.1	656.3
	2011 年		673.6	767.1	314	513.3
	2012 年		948.9	760.3	485.3	432.6
	2013 年		783.3	718.1	330.7	326.4
	2014 年	587.1	836.1	634.7	548.6	215.2
	2015 年	577.8	701.1	504.3	466.5	363.7
年输沙量 / 亿 t	多年平均值	0.134（1999~2015 年）	0.428（1956~2015 年）	0.967（1956~2015 年）	0.225（1956~2015 年）	0.442（1951~2015 年）
	2000 年			0.363	0.225	0.153
	2001 年			0.234	0.075	0.026
	2002 年			0.126	0.162	0.027
	2003 年		0.475	0.306	0.144	0.14
	2004 年		0.332	0.175	0.108	0.05
	2005 年		0.585	0.423	0.044	0.171
	2006 年		0.206	0.034	0.034	0.028
	2007 年		0.306	0.273	0.104	0.083
	2008 年		0.153	0.143	0.039	0.046
	2009 年		0.184	0.296	0.014	0.049
	2010 年		0.315	0.622	0.056	0.124
	2011 年		0.143	0.355	0.015	0.054
	2012 年		0.228	0.288	0.012	0.037
	2013 年		0.211	0.576	0.009	0.015
	2014 年	0.096	0.119	0.145	0.063	0.007
	2015 年	0.076	0.048	0.095	0.013	0.017

（续表）

河流		雅砻江	岷江	嘉陵江	乌江	汉江
水文控制站		桐子林	高场	北碚	武隆	皇庄
年平均含沙量 /(kg/m^3)	多年平均值	0.228（1999~2015 年	0.508（1956~2015 年）	1.48（1956~2015 年）	0.466（1956~2015 年）	0.946（1951~2015 年）
	2000 年			0.566	0.388	0.34
	2001 年			0.511	0.167	0.081
	2002 年			0.302	0.293	0.096
	2003 年		0.586	0.451	0.312	0.254
	2004 年		0.401	0.339	0.213	0.127
	2005 年		0.608	0.521	0.119	0.252
	2006 年		0.324	0.089	0.117	0.084
	2007 年		0.433	0.41	0.198	0.185
	2008 年		0.196	0.245	0.079	0.139
	2009 年		0.248	0.441	0.04	0.107
	2010 年		0.393	0.814	0.135	0.19
	2011 年		0.211	0.461	0.049	0.104
	2012 年		0.24	0.38	0.024	0.085
	2013 年		0.27	0.803	0.028	0.047
	2014 年	0.163	0.143	0.229	0.116	0.034
	2015 年	0.133	0.068	0.189	0.027	0.048
年平均中数粒径 /mm	多年平均值		0.017（1987~2015 年）	0.008（2000~2015 年）	0.007（1987~2015 年）	0.05（1987~2015 年）
	2001 年					
	2002 年			0.005	0.006	0.023
	2003 年		0.023	0.007	0.006	0.084
	2004 年		0.025	0.007	0.006	0.066
	2005 年		0.02	0.008	0.006	0.032
	2006 年		0.019	0.004	0.004	0.109
	2007 年		0.021	0.008	0.007	0.019
	2008 年		0.022	0.005	0.006	0.014
	2009 年		0.017	0.006	0.007	0.095
	2010 年		0.015	0.009	0.01	0.018
	2011 年		0.01	0.01	0.011	0.038
	2012 年		0.016	0.01	0.011	0.044
	2013 年		0.012	0.012	0.013	0.027
	2014 年		0.012	0.01	0.01	0.022
	2015 年		0.011	0.01	0.01	0.051

（续表）

河流		雅砻江	岷江	嘉陵江	乌江	汉江
水文控制站		桐子林	高场	北碚	武隆	皇庄
输沙模数 / [t/(km²·a)]	多年平均值	104（1999~2015年）	316（1956~2015年）	617（1956~2015年）	271（1956~2015年）	311（1951~2015年）
	2000 年					
	2001 年					
	2002 年			80.7	195	18.9
	2003 年		351	196	173	98.6
	2004 年		245	112	130	35
	2005 年		432	271	53.2	120
	2006 年		152	21.9	40.7	19.6
	2007 年		226	174	125	58.3
	2008 年		113	91.2	46.5	32.5
	2009 年		136	189	17.3	34.1
	2010 年		233	397	67.4	87.3
	2011 年		106	226	18.4	37.7
	2012 年		168	184	14.2	26.1
	2013 年		156	367	11.4	10.8
	2014 年	74.7	87.9	92.5	76.4	5.15
	2015 年	59.6	35.4	60.9	15.4	12.2

第十八章　石漠化监测技术特点与发展

石漠化是我国西南岩溶地区最大的生态问题，自20世纪90年代，广大科研人员与国家行业部门以遥感+计算机技术相结合，针对行业实际积极探索与启动石漠化监测与防治工作[1]。贵州省水利厅于2000年资助“喀斯特石漠化的遥感——GIS典型研究”项目，利用遥感解译和地理信息系统数据管理相结合方式对贵州省石漠化进行调查，2001年初步掌握了石漠化的等级类型、面积和分布等基础性质[2]。1999年，国土资源部开展全国第一轮国土资源大调查，针对岩溶地区石漠化特征，采用遥感解译判读与野外验证的方式，重点针对地表基岩裸露及植被盖度状况，开展岩溶地区地下找水与石漠化调查，2002年全面结束，初步掌握了西南岩溶地区石漠化的现状、分布与特征[3,4]。林业行业作为我国森林、荒漠生态系统保护与建设承担部门，也是我国生态环境脆弱区域生态修复的主力军，国家林业局于2001年提出建立石漠化监测技术指标体系，探索先进的监测方法，2004年国家林业局下发了《岩溶地区石漠化监测技术规定》，于2005~2006年采用地面调查与遥感技术相结合，以地面调查为主的技术路线，利用Landsat TM/ETM影像资料，再通过人机交互解译，提取石漠化信息和初步区划，然后组织大量的技术人员到实地进行调查核实，调查完成后建立了我国西南岩溶地区石漠化数据库，第一次全面系统查清了西南岩溶石漠化面积、程度与分布现状[5,6]。

2011~2012年国家林业局组织进行了第二次西南岩溶地区石漠化监测，比较第一次，重点在变化监测，期间正值我国大规模的开展石漠化治理，在监测中还增加了治理效果、变化原因的因子调查，进一步完善了石漠化监测技术标准，建立了石漠化信息系统[7]。

2016~2017年国家林业局组织进行了第三次西南岩溶地区石漠化监测。第三次石漠化监测全面采用国产高分辨率卫星影像数据、首次开发并全面应用了石漠化监测野外数据采集系统等，监测技术与手段全面提高。

第一节　第三次石漠化监测主要技术特点

在保证监测范围、内容与主要技术标准不变的情况下，本次监测仍采用遥感与地面调查相结合的监测技术路线，与前两次监测相比，具有如下特点。

一、采用国产高分辨率卫星影像数据，提高判读精度

本次监测共获取并处理了1318景分辨率2.5m以上的高分一号和资源三号遥感影像数据，其中高分一号卫星影像数据956景、资源三号卫星影像数据275景、高分二号等

卫星影像数据 87 景；对各类遥感卫星数据根据其不同摄取时间及不同地形地貌区域的石漠化监测效果进行多种算法比对，按其效果由高到低确定覆盖影像顺序，确认每类型影像组合算法，个别极端情况根据实际效果进行单景影像算法调整，最大限度提升第三次岩溶地区石漠化监测室内判读精度，提高工作效率，减轻外业工作量。同时对 50 个县采用了分辨率更高的航片资料辅助调查，通过在比例尺高于 1:10000 的影像图上进行解译和区划，区划的四至界线更为精细、准确，解译结果与实际吻合度更高，提高了区划精度。本期监测平均小班面积由上期的 19.6hm^2 降低至本期 11.7hm^2；细化小班面积 152.8 万 hm^2，占岩溶土地总面积的 3.38%。

二、开发移动端数据采集系统，提升监测技术手段

本期外业监测全部采用移动端数据采集系统，系统对软硬件环境要求不高，几乎目前所有具有 GPS 功能的 Android 平板、智能手机均可安装；系统接口友好，可以与石漠化监测信息管理系统及其他地理信息软件实现无缝对接，真正实现无纸化办公；系统提供了数据交互、坐标定位、图形和属性编辑、小班拍照、关键因子计算等功能，实现监测数据在外业实时更新，很好地满足了应用需求。外业调查人员应用数据采集系统开展外业工作时仅需携带安装本系统的平板电脑，无须携带手持 GPS、照相机、图纸等传统设备，采集的外业数据直接进入桌面系统数据库，大大减轻了外业调查人员的工作量，为第三次石漠化监测工作的顺利开展打下了良好的基础。同时，部分监测县还采用了无人机低空航拍或拍照进行调查与验证，丰富了监测技术手段，提升了监测精度。

三、充分利用近期生态监测成果，保证监测数据的准确性

本监测期内，各地相继开展了森林资源、地理信息和国土资源调查、规划工作，云南、贵州等省份完成了新一轮森林资源二类调查，重庆、湖南等完成了最新地理国情普查，这些省份充分借鉴、利用相关监测成果，大大提高了本次监测区划与监测因子调查的准确性。

四、完善石漠化监测信息管理平台，提高监测数据管理水平

石漠化监测信息管理系统除沿用了前期的“3S”技术、数据库技术和网络技术等核心技术外，本次监测还采用了面向对象及组件式的开发方式、海量数据管理技术等先进技术进行补充开发完善，丰富了系统管理、查询、处理和统计的功能，增加了快速自行定制查询专题、实时统计分析图表结构、即时空间分析报表结构、制作和浏览各类专题图件等特色功能，构建了功能更加强大、操作更加便捷的集石漠化图斑区划、数据管理、数据检查、统计分析、专题查询、动态分析等功能于一体的信息管理系统，实现了石漠化监测管理工作的信息化、标准化、规范化。

五、采用移动数据采集系统进行特征点复位，提高复位准确性

本次监测利用平板电脑的 GPS 定位、拍照等接口模块开发了移动野外采集系统具有“坐标双定位”和前后期特征点照片对比的小班拍照功能，外业人员利用平板电脑对小班拍照的同时记录相机坐标和所拍景物坐标，并根据坐标生成特征点与照片一一对应，便于复核或后期调查时复位，确保了 GPS 特征点复位准确性。同时，该系统导入前期照片数据后可在外业调查时直观对比前后期石漠化土地的变化状况，对变化原因分析更直观。

六、构建监测人员之间的良好沟通平台，实现信息共享

依托即时通信技术，建立了工作 QQ 群和微信群组成的信息平台，及时解决监测过程中遇到的各类技术问题，及时掌握监测工作动态。

七、开展专题研究，丰富监测成果内容

委托中国科学院亚热带生态研究所、北京林业大学、国家林业局经研中心等科研院所开展石漠化治理生态效益、社会经济效益、水土流失及典型地区石漠化动态演替等专题研究，丰富了监测成果内容。

总之，通过监测技术方法与监测手段的不断改进和完善，监测指标更加丰富，监测体系日趋完善，监测数据管理更加高效，监测结果更为科学、可靠。

第二节　存在的主要问题

一、监测手段仍有提升空间

总体上说三次石漠化监测的技术手段还是在逐步提升的，第一次监测采用空间分辨率为 30 多光谱遥感数据（Land Sat）作为监测信息源在 1:50000 地形图上区划图斑、开展外业调查，设置 GPS 特征点；第二次监测在首次石漠化监测成果图斑的基础上，叠加空间分辨率 5m 的多光谱遥感数据（SPOT5 和 ALOS 数据），先在室内用 ArcGIS 系统对发生变化的图斑目视解译区划，再输出 1:25000 比例尺工作手图开展外业调查，野外现地核实图斑边界、调查监测因子及对上期典型小班 GPS 特征点进行复位拍照；本次监测在前两期监测成果数据的基础上叠加空间分辨率 2m 的多光谱遥感数据（高分一号和资源三号数据）进行区划并采用带有全球卫星定位系统的平板数据采集器现地开展小班界线核实修正、因子调查和典型小班 GPS 特征点照片采集等野外调查工作，用国家林业局石漠化监测中心开发的“石漠化监测管理信息系统（第三期）”，完成石内业分析。

历次监测在调查基础数据源、调查精度、调查手段方面均有所进步，但是外业信息采集与调查方式仍是以传统的人海战术为主，调查手段进步幅度仍落后于现代技术进步

幅度。以本次监测而言，无人机调查这种精确、及时的调查手段应用面仍然较窄，还有大量提升空间。

二、监测管理仍有改善可能

石漠化监测主要由林业部门为主导作业来开展各项工作，石漠化监测又是涉及水利、国土、农业等多部门的工作，政府的参与度还不够高，监测工作开展起来难度比较大，如以当地政府牵头来进行石漠化监测，可以更大效率上推动监测工作的进行。

三、各省监测成果分析仍有提高必要

通过前几次石漠化监测结果可以看出，目前石漠化监测成果还仅仅以监测报告为主，缺少深入的分析研究，在监测后可以加强数据分析和总结，产出一大批质量较高的专著和学术论文，以提高石漠化监测在全社会的影响。

四、维持监测人员稳定，提高监测人员待遇，也是下一轮监测要考虑的问题

石漠化监测是一个连续性的工作，而几期监测队伍的不固定造成多次培训，专业人才流失等问题，应提高监测人员的相关待遇，使得监测队伍能够固定下来，保证监测队伍的连续性。

五、缺少系统的专题分析、调研和重点区域的细化监测

石漠化监测是一个系统的工作，而当前石漠化监测涉及专题研究不够全面，仅仅是针对社会普遍关注度较高的地区和方面进行专题研究，应该加大专题分析的广度和深度，有针对性地从石漠化形成机理到石漠化防治对策形成一系列专题研究项目，下一轮监测中应提前布局，即专题研究、跟踪监测，应从本期末开始，为下一轮监测打下基础。

第三节　石漠化监测工作建议

一、加大投入，充分利用新技术、新工具、新方法，是下一轮监测工作改进的重点

岩溶区石漠化是区域水土流失和植被破坏，加上人为干扰，经过长的时间尺度逐渐形成，所以石漠化治理也不是一蹴而就的事情，需要长期连续投入治理才能保持现有治理效果。在当今社会高速发展的时代，各种监测方法和技术手段日新月异，石漠化治理过程中，虽然传统林业在监测时可靠度较高，但是石漠化面积依然庞大，尤其是程度较重石漠化治理难度会越来越大，单位面积治理投资标准应逐步提高。根据本次监测情况，

在下一期监测时采用更先进监测方法和技术手段，使监测结果进一步接近真实值，使得监测结果客观反映岩溶区现状，为后期精准治理打下基础。

二、建立石漠化大数据系统，逐步实现石漠化变化年度监测

近几年，随着大数据迅速发展，林业大数据引来快速发展，基于森林资源云计算的数据处理与应用模式，通过数据的整合共享，交叉复用，进行林业生态工程成效监测、森林培育方法优选、森林经营方式优化等方面的应用即将实现。2016 年，国家林业局先后编制完成《中国林业大数据发展战略研究》《国家林业局落实〈促进大数据发展行动纲要〉的三年工作方案》，随后，中国林业数据开放共享平台正式上线，标志着中国林业政府数据开放取得突破性进展。石漠化监测作为林业重要生态监测之一，可以搭上林业大数据系统建设这班快速车，逐步建设石漠化大数据系统，实现石漠化动态变化年度监测。

三、加大科学研究，建立石漠化监测预警预测系统，特别是灾害性气候影响的变化预测

石漠化由于其形成机理的复杂性和治理难度的逐渐加大，开展国内外多学科联合科学研究，结合科研院校进行石漠化监测和治理势在必行。本期监测数据显示，石漠化逆向演替中灾害性气候所占的比例为 15.73%，石漠化生态系统的脆弱性导致逆向演替一旦发生就很难治理恢复，很有必要在今后石漠化监测工作中加入石漠化灾害预警系统，同时加强灾害性气候对石漠化的影响研究。

四、加大各工程实施效益监测，完善监测体系

近年来对于石漠化治理各项生态工程的投入逐年加大，生态工程治理成效是评价今后工程选择的重要依据，落实石漠化综合治理工程和其他林业生态工程的成效监测体质，监测岩溶区石漠化土地状况和变化动态，科学评价石漠化土地生产能力和区域生态环境质量，优化石漠化治理相关工程搭配结构和实施范围的重要依据，在后续监测中应当加大各工程实施效益的监测，科学评价各生态工程对石漠化治理的贡献，完善监测体系。

五、建立我国石漠化监测定位系统，并将其列入我国生态监测和林业监测系统之中，奠定石漠化监测在我国生态监测中应有的地位

石漠化与沙化、黄土高原水土流失作为我国的三大生态危害之一，沙化和黄土高原水土流失都有定位监测站点，到目前已进行了三期石漠化监测，全国仍然没有一个石漠化定位监测站点，应加快建立我国石漠化定位监测体系，并拉入我国林业生态监测系统，提高石漠化监测在我国生态监测的地位。

六、加强全国和各省份监测结果的分析深度，扩大社会发布面，充分发挥监测成果的综合效益

石漠化监测作为我国林业监测的重要组成部分，监测结果对石漠化工程治理成效的唯一依据，应加强监测结果的分析深度，全面剖析石漠化发生机理和防治对策，同时由于石漠化主要发生在南方岩溶地区，具有地域局限性，应加大石漠化监测结果的宣传力度，让全社会关注并参与石漠化防治工作，通过监测结果客观反映石漠化区域的生态现状和石漠化治理工程的成效。

参考文献

[1] 周忠发．遥感和GIS技术在贵州喀斯特地区土地石漠化研究中的应用[J]．水土保持通报，2001(03):52-54+66．

[2] 熊康宁，黎平，周忠发，等．喀斯特石漠化的遥感——GIS典型研究[M]．北京：地质出版社，2002．

[3] 李文辉，余德清．岩溶石山地区石漠化遥感调查技术方法研究[J]．国土资源遥感，2002(01):34-37．

[4] 童立强．西南岩溶石山地区石漠化信息自动提取技术研究[J]．国土资源遥感，2003(04):35-38+77．

[5] 刘拓，周光辉，但新球，等．中国岩溶石漠化：现状、成因与防治[M]．北京：中国林业出版社，2009．

[6] 吴协保，孙继霖，吴照柏．我国岩溶石漠化监测体系探讨[J]．中南林业调查规划，2010，29(04):7-11．

[7] 但新球，屠志方，李梦先，等．中国石漠化[M]．北京：中国林业出版社，2014．

后　记

西南喀斯特区是我国典型的生态脆弱区和最大面积的连片贫困区。大规模生态保护与建设背景下，西南喀斯特区石漠化面积已呈现持续“净减少”的趋势，但面临治理成效巩固困难、缺乏可持续性等问题。为更好落实十九大提出的“美丽中国”战略，以及回答如何将喀斯特绿水青山转化为金山银山，根据中科院20多年喀斯特区长期观测试验，建议石漠化治理的重点应由增加植被覆盖、减少石漠化面积为主，向以生态系统服务功能的恢复与提升为主的战略转变，提升石漠化治理成效的可持续性，为“美丽中国”战略的贯彻实施及“一带一路”沿线50多个喀斯特分布国家生态治理提供“范例样板”和“中国方案”。

一、中国政府石漠化治理成效得到国际科学界高度认可

《自然》子刊证实与邻国相比，西南喀斯特石漠化地区植被恢复显著。2018年1月，《自然》子刊 Nature Sustainability 创刊号封面论文，刊发中科院西南喀斯特区生态恢复评估的成果，证实生态工程显著改善了区域尺度生态服务，区域生态恢复与生态工程的实施具有较好的一致性。与越南、老挝和缅甸等邻国相比，生态工程实施前后喀斯特区植被地上生物量固碳速率提高了1倍。工程实施后仅云南、贵州、广西三省（自治区）地上植被生物量固碳达到4.7亿t，比工程实施前增加了9%。

《自然》专文评述西南喀斯特区植被恢复成果，认为“美丽中国”正在变得“更绿”。2018年1月25日《自然》针对上述中科院论文发表长篇评述“卫星影像显示中国正变得更绿”，充分肯定中科院喀斯特生态恢复评估成果，高度肯定生态工程对西南地区植被恢复的大尺度积极效应，令人信服地证实了中国政府的生态工程显著促进西南喀斯特区植被恢复的研究结论。同时也提出尽管中国生态工程的植被恢复积极效应“鼓舞人心”，还需识别其他潜在的可增强工程效应的干预措施。

《自然》持续关注西南喀斯特区石漠化治理，并肯定其成效。2018年7月12日《自然》以长篇综述论文的形式，科学审视了中国16个旨在提高环境与民生可持续发展的重大生态工程（包括石漠化综合治理工程），认为中国政府在改善自然环境可持续发展与农村民生方面取得巨大成就，对喀斯特地区而言植被覆盖增加、石漠化面积减少。同时，也提出中国生态工程的具体影响也受到城镇化、独生子女政策、家庭联产承包责任制等政策因素制约，需要对这些工程进行综合评价，特别是要关注不可持续的工程措施影响。

二、当前石漠化治理存在的主要问题

石漠化地区是我国最大的连片贫困区，面临生态治理与脱贫攻坚的双重压力。碳酸盐岩背景下喀斯特土壤形成极为缓慢，土层浅薄，植被具有旱生特点，高强度扰动下水土流失以地下漏失为主、地表过程为辅，极易退化。目前仍有石漠化 10 万 km^2，集中连片特殊困难县和国家扶贫开发重点县 217 个，贫困人口约 3000 万，占全国贫困人口的 40% 左右，是我国扶贫开发的难点。作为长江、珠江上游生态安全屏障区，开发与生态保护的矛盾突出。

石漠化治理取得初步成效，但生态服务提升滞后。西南喀斯特地区 2001~2015 年的地上植被生物量的增加速率是生态工程实施前（1982~2000 年）的 2 倍，工程区比非工程区的植被覆盖度高 7%，石漠化面积呈持续“净减少”态势。但相对于植被覆盖的快速提升，土壤固持、水源涵养等生态服务恢复滞后，亟待转变治理重点。

当前的治理工程分区较多考虑地质地貌背景，忽略了人类活动强度的空间差异，一些地区坡地大规模开发容易加剧区域性水土资源失衡的风险。由于城镇化、劳务输出等影响，人类活动压力有所缓解，但云南断陷盆地等区域仍人地矛盾尖锐。对人类活动强度变化对生态恢复的影响关注还不够，人为耕作扰动土壤是导致石漠化的主要诱因，部分地区为了快出政绩，不顾生态适应性建设大规模连片经济林果，对土壤扰动和地表灌草被破坏较大，存在流域性水土资源失衡、出现新的石漠化的风险。经济林生长也受喀斯特区土层浅薄、土壤总量有限、矿质养分不足的制约难以持续。

部分恢复技术和模式缺乏可持续性。喀斯特区具有地上—地下二元水文地质结构，土壤受到扰动后地下漏失加剧，而现有治理工程大多照搬黄土高原和南方土山区等高梯土、砌墙保土、植物篱笆等措施，没有充分考虑水土运移的特殊性，部分生态工程事倍功半。

三、提升石漠化治理成效可持续性的建议

十九大报告提出树立和践行绿水青山就是金山银山的理念，形成人与自然和谐发展的新格局，满足人民日益增长的优美生态环境的需求。喀斯特区生态保护亟需在前期植被初步恢复的基础上向生态服务持续提升为主的战略转变，巩固其长江、珠江上游的西南生态屏障功能，服务脱贫攻坚与民生改善。

部署区域生态网络监测，系统评估生态工程成效，明确后续治理重点与关键区域。建议科技部、中科院专项支持区域生态系统监测评估，将地面观测网络与卫星遥感监测结合开展生态成效评价，系统评估与发现前期工程存在问题，明确后续工程治理重点与关键区域，揭示生态工程对减缓贫困、改善民生的作用。

加强人类活动对喀斯特生态恢复影响研究，调整人地关系，以自然恢复为主，谨慎发展大面积用材林和经济林果，适度培育喀斯特特色生态衍生产业。关注喀斯特地区高

强度人为干扰有所缓解下，特别是城镇化、劳务输出对喀斯特区域生态恢复的贡献，揭示生态恢复的政策作用。部分喀斯特区域大面积的低效人工林已产生较大的生态经济风险，自然恢复为主，培育特色生态衍生产业。

调整农业结构，由传统玉米种植为主模式向保护性种植与近自然林业的生态高值复合农林业转变。喀斯特区传统的玉米种植等农耕模式对土壤扰动较大，加剧了土壤地下漏失，建议调整农业结构与农业布局，在有条件地区选择保护性牧草种植和近自然林业替代高强度传统种植方式，建设西南喀斯特复合农牧带，形成新的增长点。

创新区域生态修复与监管机制，建立发改委牵头的跨部门协调机制。石漠化治理涉及发改委、林业、生态环境、自然资源等部门，建议充分发挥国家发改委的协调职能，将石漠化治理与扶贫开发、人居环境改善、产业发展等有机结合，形成多元化、可持续的石漠化治理提质增效与绿色发展管控机制。